모든 사람을 위한
지진 이야기

모든 사람을 위한
지진 이야기

한국인이라면 미리 알아야 할 지진학 열두 강좌

이기화

사이언스
SCIENCE BOOKS 북스

나에게 지구 물리학과 지진학을 가르쳐 준

피츠버그 대학교 월터 파일런트(Walter L. Pilant) 교수에게

이 책을 바친다.

책을 시작하며

1978년 10월 7일 홍성에서 규모 5.0의 지진이 발생했다. 이 지진은 20세기에 한반도 남부에서 발생한 가장 파괴적인 지진으로 홍성읍내 홍주읍성이 무너지고 많은 건물이 파손되었으며 당시 돈으로 5억원의 재산 피해가 발생했다. 이 지진은 한반도 남부 광범위한 지역에서 감지되었다. 당시 서울과 광주에 설치되어 있던 기상청의 지진계 중 서울의 것은 강력한 진동으로 파손되었다. 이 지진은 한반도가 지진 안전 지역이라고 믿어 왔던 국민들에게 큰 충격을 주었고, 정부가 범국가적 차원의 지진 재해 대책을 강구하게 된 계기가 되었다.

그해 초 서울대학교에 지구 물리학 교수로 부임했던 필자는 이 홍성 지진의 현지 조사에 참여함으로써 한반도 지진 연구의 첫걸음을 내딛게 되었다. 필자는 미국 피츠버그 대학교에서 지진학으로 박사 학위를 취득하고 캐나다의 빅토리아 지구 물리학 연구소(Victoria Geophysical Observatory)에서 캐나다 서해안 지역의 지진 활동(seismicity)을 연구하다 귀국했지만, 우리나라는 지진 발생의 빈도가 낮기 때문에 귀국 후의 연구 주제에 대해 고민하던 터였다. 그러나 홍성 지진은 전공 분야 연구를 국내에서도 지속할 수 있는 귀중한 기회를 제공했다.

당시 국내의 지진 연구는 황무지 상태나 마찬가지였다. 우선 지진 관측 시스템이 미비했다. 홍성 지진으로 서울의 지진계가 파손되자 광주에 있는 단 한 대의 지진계로는 한반도 내에서 발생하는 지진들의 진앙조차 결정할 수 없었다. 또 진앙 결정에 필요한 한반도의 지각 구조에 대한 정보도 전무했다. 그러나 다행히 한국전력에서 부산 고리와 경주 월성에 원자력 발전소들을 짓느라 내진 설계를 위해 수집한 이전의 지진 자료가 있었다. 이중 가장 귀중한 자료가 일제 강점기 조선 총독부 기상 관측소의 와다 유지(和田雄治)가 『삼국사기』, 『고려사』, 『조선왕조실록』 등에서 수집한 1,640여 개의 역사 지진 자료였다. 다른 것으로는 하야타 고치(隼田公地)가 작성한, 1936년 7월에 발생한 쌍계사 지진에 대한 보고서가 있었다. 이 자료는 나에게 한반도 지진 연구를 시작할 수 있는 교두보가 되었다.

「쌍계사 지진 보고서」는 한반도 지각 구조를 결정하는 데 결정적인 도움이 되었다. 이 보고서로부터 귀국 다음 해인 1979년에 한반도 35킬로미터 지하에 모호로비치치 불연속면(모호면이라고도 하는데, 뒤에서 자세히 설명할 것이다.)이 뚜렷이 존재함을 밝혔고, 한반도를 이루는 지각 상층부의 P파와 S파의 속도, 그리고 맨틀 상부의 P파 속도를 결정할 수 있었다. 또 국립지리원의 중력 자료를 분석해 한반도가 전체적으로 지각 균형을 유지함을 밝힐 수 있었다. 이는 한반도가 지구동역학적으로 안정한 지역이고 지각의 두께가 대체로 평야 지역에서 산악 지역으로 갈수록 두꺼워진다는 뜻이었다. 우리가 발을 딛고 살아가는 이 땅의 지각 구조를 지진의 도움을 받아 처음으로 과학적으로 분석해 낸 것이다.

와다 유지의 역사 지진 자료는 지진들의 진앙과 크기가 명확하게 결정되어 있지 않아 한반도의 지진 활동을 정량적으로 분석하기에는 미흡했다. 또 그의 자료가 완전한가 하는 의문도 제기되었다. 나는 이 문제를 두 가지 관점에서 접근했다.

첫째는 와다 유지의 자료를 보충하는 역사 지진 자료를 추가적으로 발굴하는 일이었다. 국사학자인 서울대학교 한영우 교수와의 공동 연구를 통해, 그리고 독자적인 연구를 통해 580여 개의 추가 자료를 발굴하는 데 성공했다. 둘째로 역사 지진의 진앙과 크기를 지진학적 견지에서 합리적으로 결정하는 객관적인 방법을 개발했다. 한반도 지진 자료만이 아니라 인접한 중국의 지진 자료들 포괄해 독자적으로 개발했다.

한반도 지진 연구가 내 실험실의 주된 연구 주제가 되자 대학원생들과 함께 이 주제를 더 깊이 그리고 다양하게 추구할 수 있게 되었다. 그 주된 수확의 하나가 1983년에 양산 단층이 활성 단층임을 밝힌 것이다. 당시 우리 학계에서는 한반도에 활성 단층이 존재하지 않는다고 보고 있었다. 그런 판단을 바탕으로 양산 단층 주변에 원자력 발전소들이 지어졌다. (양산 단층으로부터 최단 거리로 25킬로미터 정도 떨어져 있는 고리 원자력 발전소 1호기는 1971년에 착공해 1977년에 완공되었다.)

양산 단층이 활성 단층이라는 나의 연구 결과는 이 원자력 발전소들의 지진 안전성 문제와 연관되어 학계 및 산업계에 큰 충격을 주었다. 만약 양산 단층이 활성 단층이라면 이 단층이 비활성 단층이라는 전제하에 설계된 주변 원자력 발전소들의 내진 설계는 원천적으로 재검토되어야 하는 문제가 제기된다. 따라서 이 문제에 관한 뜨거운 논쟁이 시작되었다. 시간이 지날수록 양산 단층이 활성 단층이라는 주장이 힘을 얻게 되었다. 현재 활성 단층에 대한 연구는 국내 지구 과학계의 주요한 연구 분야가 되어 있다. 또한 한반도의 역사 지진 자료가 정리됨에 따라 한반도의 지진 재해에 관한 연구도 시작되었다. 양산 단층에서 지진이 일어나 원자력 발전소에 피해를 입히는 일이 벌어질까? 이 문제와 관련한 내 연구 결과와 주장을 이 책 10장에서 자세히 소개할 것이다.

홍성 지진 이후로 기상청의 지진 관측망이 확대되고 개선되어 한반도의 지진 활동과 지각 구조에 대한 추가 연구들이 가능하게 되었다. 내가 은퇴하던 해인 2006년도에 《미국 지진학회지》에 그간 내 실험실에서 장기간 수집 분석한 한반도의 역사 지진 자료에 관한 논문이 출판되었다. 이 논문에서 한반도에서 발생한 2,200여 회의 역사 지진들의 진앙 및 규모 등이 분석되어 그 목록이 제시되었고 역사 지진 활동의 특성이 밝혀졌다. 한반도 지진 활동에 관한 대부분의 정보가 역사 지진에 포함되어 있기 때문에 역사 지진 활동의 특성은 고스란히 한반도 지진 활동의 특성을 나타낸다고 볼 수 있다. 또 2007년에는 기상청의 80여 개 지진 관측소의 지진 기록을 분석해 한반도 지각의 상세한 3차원적 구조를 결정한 논문을 출판했다.

한반도 역사 지진 자료의 포괄적 수집과 분석, 그리고 상세한 지각 구조의 결정으로 지진학자로서 내가 서울대학교에 재직한 29년에 걸친 주요한 연구가 마무리된 셈이다.

한반도는 지진 활동이 적은 편이라 국민들의 지진에 대한 전반적인 이해가 낮을 수밖에 없다. 해외에서 종종 대규모 지진들이 발생하면 언론 매체에 관련 피해 상황이 보도되지만 지진에 대한 전반적인 지식이 부족하면 이 지진들의 지구 과학적 의미를 이해할 수 없게 된다. 필자는 이러한 문제를 해결하기 위해 일반 국민들에게 지진의 과학을 쉽게 이해시킬 수 있는 지진학 입문서가 필요하다고 느껴 왔다.

우리나라는 지난 1970년대 이후 급속한 산업화로 국가 경제의 규모가 급팽창하면서 원자력 발전소, 대규모 댐, 철도, 교량 등 주요 산업 구조물과 도시 내 고층 건물들이 급증했다. 앞으로 한반도에서 대규모 지진이 발생할 경우 막대한 재산 피해와 인명 피해를 불러올 수 있다. 이러한 맥락에서 일반 대중을 위한 적절한 지진학 입문서의 저술은 국내 지진학계의 더 이상 미룰 수 없는 과제라고 생각되었다. 지진 재해에 대한 가장 합리적인 대책은 지진에 대한 국민의 지식과 이해를 증진시키는 것이기 때문이다. 이 책은 그러한 취지에서 저술되었다.

지진학은 지구에 관한 물리적 현상을 취급하는 지구 물리학의 중요한 분야로 지진과 이에 연관된 현상을 연구하는 학문이다. 지진학은 지진 기록을 정량적으로 분석할 수 있는 지진계가 개발된 19세기 말부터 과학으로서 면모를 갖추게 된 상대적으로 젊은 과학이다. 그러나 지난 세기에 지진학이 지구 과학 전반에 기여한 바는 경이롭다고 할 수 있다.

인간이 접근할 수 없는 반지름 6,371킬로미터의 지구 내부가 지각, 맨틀, 외핵, 내핵으로 구성되어 있음이 전적으로 지진파의 분석을 통해 밝혀졌다. 또 20세기 지구 과학에 혁명을 불러온 판구조론(plate tectonics)도 지진학적 증거가 그 이론 정립에 결정적인 기여를 했다. 지진을 일으키는 단층 운동과 그 원인이 되는 지구조력의 작용도 지진파 분석으로 규명할 수 있다. 지진학이 이런 역할을 할 수 있었던 것은 지구 내부를 통과해 지표에 도달하는 지진파가 그 경로 상에 있는 물질의 상태와 운동에 대한 정보를 포함하고 있기 때문이다. 이것이 지진학의 순수 과학적 측면이다.

응용적인 측면도 살펴보자. 지진파로 지각 상층부의 구조를 정밀하게 조사해 석유 등 주요 지하 자원을 탐사할 수 있다. 또 지진 활동과 지반 진동에 대한 연구는 공학자들에게 건조물들이 지진에 견딜 수 있도록 설계하는 내진 설계에 필요한 기본 자료를 제공한다.

이 책은 일반 대중을 위한 지진학 입문서다. 그래서 읽기 쉽도록 기술하려고 노력했다. 그림들을 많이 포함시키고 또 재미있게 읽을 수 있도록 지진학에 관한 일화를 많이 소개했다. 이 책의 저술에서 필자는 또한 과학에 관심을 갖는 청소년들이 지진학에 흥미를 느끼도록 지진의 물리학을 보론으로 소개했다. 지진학이 기본적으로 물리학인

지라 불가피하게 지진학의 주요 개념을 설명하는 데 수식을 사용했지만 나름 최소화하려고 노력했다. 청출어람(靑出於藍)이라고 앞으로 뛰어난 후진 학자들이 배출되기를 바라는 것은 국내 모든 과학자들의 바람이라고 생각한다. 한편 국가 지진 재해 대책 입안자들과 국내 건조물의 내진 설계에 관심을 갖는 지진 공학자들을 위해 한반도의 지진 활동과 지진 재해 분석의 기본적인 개념을 입문서 수준 이상으로 서술했다.

책을 본격적으로 시작하기에 앞서 나에게 지진학과 지구 물리학을 폭넓게 가르쳐 준 피츠버그 대학교의 월터 파일런트(Walter L. Pilant) 교수에게 깊이 감사드린다. 그는 훌륭한 교사였다. 그의 가르침이 내가 귀국해 우리나라 지진학 및 지구 물리학의 발전에 기여할 수 있는 기초가 되었다. 다음에 서울대학교에 재직 중 척박한 연구 환경에서 나와 함께 지진학과 지구 물리학의 여러 분야를 함께 공부한 모든 제자들에게 고마운 마음을 전한다. 지진학이 내 실험실의 주 연구 분야였지만 국내 지구 물리학의 전반적 발전을 위해 중력, 지자기, 지열, 물리 탐사 분야의 연구도 학생들과 함께 수행했다. 이 책을 쓰는 데 필요한 여러 가지 자료의 수집에 취리히 연방 공과 대학교(ETH Zurich) 지진 연구소의 송석구 박사의 도움을 입었다. 그는 현재 한국지질자원연구원에서 일하고 있다. 서울대학교 이용일 교수, 한국교원대학교 경재복 교수, 기상청 이덕기 박사, 서울대 이준기 교수, 원자력안전기술원 최호선 박사, 송석구 박사들이 초고의 일부를 읽고 더 좋은 책이 될 수 있도록 유익한 조언을 주었다. 진주 지역의 단층 사진은 부경대학교의 김영석 교수 그리고 한반도 지진 재해도는 지질 자원 연구원의 전정수 박사가 제공했다. 초고의 편집을 한국극지연구소 이원상 박사와 서울대학교 대학원 박사 과정의 이상현이 도와주었다.

(주)사이언스북스 편집부의 조언으로 초고가 독자들에게 훨씬 친절하고 쉽게 다가갈 수 있게 되었다. 이 점에 대해 감사드린다.

이 책의 집필을 시작할 때 30여 년 만에 우리 집에 귀한 식구가 생겼다. 사랑하는 손자 지호이다. 그리고 집필을 마칠 무렵 지훈이가 태어났다. 그들의 재롱을 보며 때로 지루한 시간을 매울 수 있게 된 것은 기쁨이었다.

2015년 여름을 보내며

이기화

차례

보론 **지진의 물리학 특강**

부록 **세계와 한반도의 지진**

1장

지진학의 역사를 바꾼 두 번의 지진

1906년 샌프란시스코 지진과 1960년 칠레 지진

조물주의 뜻은 헤아릴 수 없지만,

나쁜 의도를 가진 것은 아니다.

—알베르트 아인슈타인

매일 지구에서는 수많은 지진들이 발생한다. 매년 사람들이 느낄 수 있는 지진들이 대략 10만 회 발생하고, 그보다 규모가 작아 오직 지진계에만 감지되는 지진들이 대략 50만 회 발생한다. 그중 1995년 일본 고베 지진처럼 피해 지역의 거의 모든 건물들을 파괴하는 대규모 지진들은 연간 100회 정도 발생한다. 다행히 이 지진들의 대부분이 바다나 아니면 사람들이 많이 살지 않는 오지에서 발생해 인류에 큰 피해를 주지 않는다. 한반도의 지진 활동이 비교적 적은 편이라 우리는 대규모 지진이 발생할 때 수반되는 여러 종류의 재해와 지진 현상을 체험할 기회가 없다. 지진에 대한 전반적인 이해를 증진시키기 위해 지진학의 발전에 크게 기여한 20세기의 두 대규모 지진인 1906년 샌프란시스코 지진과 1960년 칠레 지진을 서술하기로 한다.

샌프란시스코 지진은 장거리에 걸쳐 지표면에 뚜렷한 단층 운동을 보여 주었을 뿐만 아니라 오랜 기간 지진학의 근본적인 숙제로 남아 있었던 지진 발생 메커니즘의 비밀을 드러내 주었다. 또한 사람과 건물이 밀집한 메트로폴리스 지역에서 지진 재해가 어떤 식으로 어떤 형태로 일어나는지 잘 보여 주었다. 특히 이 지진으로 발생한 화재는 지진 화재의 고전적인 예이기도 하다.

칠레 지진은 20세기에 발생한 가장 큰 규모의 지진으로서 광범위한 지역을 침강 또는 융기시켰을 뿐만 아니라 화산 활동을 동반했다. 또 대규모 쓰나미(지진 해일)를 발생시켜 칠레는 물론 하와이와 일본까지 피해를 입혔다. 또 이 지진으로 지구 전체가 마치 종처럼 진동하는 자유 진동(free oscillation)이 발생해, 과학자들은 여기에서 지구 내부의 심부 구조를 규명하는 새로운 차원의 연구 자료를 얻게 되었다.

1906년 샌프란시스코 대지진

1906년 4월 18일 오전 5시 12분, 샌프란시스코 시민 80만의 대부분이 잠들어 있었다. 그때 골든게이트(Golden Gate)에서 몇 킬로미터 떨어진 곳에서 암석의 일부가 깨어져 샌앤드리어스 단층(San Andreas Fault)을 따라 미끄러지기 시작했다. 이 운동은 단층을 따라 빠르게 남쪽과 북쪽으로 퍼져나갔다. (그림 1-1)

이 암석층의 파열(rupture)이 증대함에 따라 지진파가 지구 내부로 전파하면서 캘리포니아 주와 네바다 주의 광범위한 지역을 흔들었다. 이 지진은 남북 방향으로는 1,170킬로미터 떨어져 있는 로스앤젤레스와 오리건 주, 동쪽으로는 단층에서 540킬로미터 떨어진 네바다 주에서도 사람들이 감지할 수 있었다.

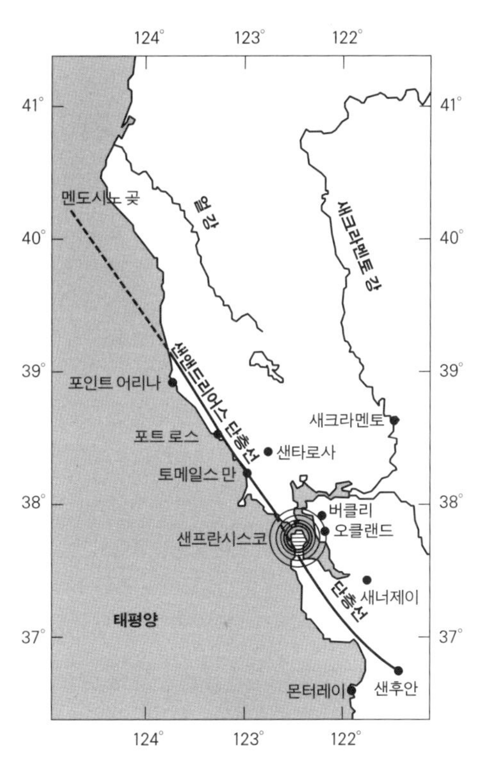

그림 1-1. 샌프란시스코 지진으로 인해 깨진 샌앤드리어스 단층의 일부가 실선으로 표시되어 있다. 샌앤드리어스 단층은 서쪽의 태평양판과 동쪽의 북아메리카판의 경계를 이루는 1,300킬로미터의 거대한 단층이다. 진앙은 동심원으로 표시되어 있다.

샌프란시스코 시내에서는 상상할 수 없을 정도로 격렬한 진동이 일어났고 건물들이 비틀리고 무너지는 무서운 소리에 사람들이 놀라 깨어났다. 도처에서 종루(鐘樓)가 격렬하게 흔들리면서 교회의 종들이 미친 듯이 울려댔다. 많은 사람들이 무너진 지붕과 굴뚝에 깔려 침대 위에서 목숨을 잃었다. 거리에 있던 사람들도 마찬가지로 끔찍한 경험을 했다. 시내 도처가 격렬히 진동했고 특히 매립지에서는 지면이 마치 파도치듯이 요동하면서 포장 도로가 깨지고 전차 길이 뒤틀렸다. (그림 1-2) 배내기, 굴뚝, 건물의 장식들이 무너져 내렸으나 다

그림 1-2. 맨 위. 샌프란시스코 시 유니언 가의 깨진 포장 도로와 뒤틀린 전차 길. **그림 1-3.** 왼쪽 아래. 지진과 화재로 파괴된 샌프란시스코 시청. **그림 1-4.** 오른쪽 위. 지진에 잇달아 발생한 불. **그림 1-5.** 오른쪽 아래. 지진으로 폐허가 된 시내를 수습하는 시민들.

행스럽게도 그 시간에 거리에 사람들이 거의 없었다.

지진은 처음에는 비교적 작은 진동으로 시작했으나 점차 증대되어 약 40초 후에 진동이 최대치에 이르렀다가 갑자기 약 10초간 중단되었다. 다시 한층 더 격렬한 진동이 시작되어 약 25초간 지속되었다. 이로서 본진(main shock)은 끝났고 그 후로 몇 달간 더 작은 규모의 수많은 여진(after shock)들이 뒤따랐다. 중규모 이상의 지진이 발생할 때 다수의 지진이 일어나는데 그중 가장 큰 규모의 지진을 본진이라고 하며 본진이 끝난 후 이어지는 더 작은 규모의 지진들을 여진이라 한다.

60초간의 본진 때 견고한 암석 언덕 위에 있던 건물들의 피해는 비교적 경미했다. 굴뚝들이 무너지고, 유리창들이 깨어지고, 가구·접시·기물들이 부서졌으나 건물에 중대한 구조적 손상은 발생하지 않았다. 그러나 언덕들 사이 덜 견고한 지반 위에 세워진 건물들, 특히 벽돌 건물들은 매우 큰 손상을 입었다. 많은 벽돌 벽들이 거리로 무너져 내렸다. 가장 인상적인 피해로는 샌프란시스코 시의 자랑이었던 시청이 완전히 파괴된 것을 들 수 있다. (그림 1-3)

게다가 부두 근처의 넓은 지역이 만(灣)을 메운 매립지였다. 이 땅은 천연의 토양보다 치밀하지 않아, 이 지역의 피해는 매우 컸다. 많은 집들이 완전히 무너졌고, 다른 집들도 그 하부의 토양이 내려앉아 흉물스럽게 기울었다. 이 매립지에서 네 채의 목조 호텔들이 완전히 붕괴해 많은 사람들이 죽었다. 매립지는 부두에만 국한되지 않았다. 시내의 도랑들이 매립된 곳에서도 큰 피해가 있었고 예전의 물길을 파악할 수 있을 정도로 거리가 파괴되었다.

그러나 진정한 공포는 이제부터 시작이었다. 지진 피해를 평가할 겨를도 없이 시내 50여 지점에서 무너진 굴뚝이나 뒤집혀진 난로에서 불길이 치솟기 시작했다. (그림 1-4) 대부분의 소방서들이 파괴되었고 경보 시스템도 지진으로 인해 작동하지 않았으나 다행히도 소방관들이 빨리 소집되어 조직적으로 일하기 시작했다. 처음에는 그들의 노력이 성공하는 것같이 보였으나, 얼마 지나지 않아 소방용수가 동나 버렸다. 마침내 상수도의 본관(本管)까지 파괴된 것이다. 그들은 결국 물 없이 불과 싸울 수밖에 없었다. 그들은 도랑, 물통, 우물과 만에서 물을 길어 왔으나 불길을 감당할 수 없었다. 목조 가옥과 건물이 많던 지역에서 일어난 불길은 그들이 진압할 수 없을 정도로 빠르게 퍼지기 시작했다. 열이 증가함에 따라 건물의 내부가 발화점 이상으로 가열되어 스스로 폭발하기 시작했다. 소방관들은 불길을 잡으려고 다이너마이트를 터뜨렸으나 불이 너무 빨리 번져 별 소용이 없었다. 18일 자정쯤에는 샌프란시스코 중심가 거의 전 지역이 소실되어 버렸다.

불길은 사흘 동안 세 방향으로 번져 갔으나 소방관들의 줄기찬 진압 노력 끝에 점차 잡히기 시작했다. 그들은 불길 앞에 놓인 블록의 집들과 건물들은 폭파시키고 불태워 버렸다. 육지의 소방관과 그리고 만에 떠 있던 소방선이 합동으로 노력한 결과 21일 아침에는 부두와 배들을 위협하던 마지막 불길이 잡혔다.

불길이 잡히자 도시가 입은 피해가 파악되기 시작했다. 불은 시내 490개 블록을 덮쳤고 지진과 화재로 도시의 80퍼센트가 파괴되어 약 20만 명이 집을 잃었으며 약 3,000명이 죽었다. 시청, 도서관, 재판소, 교도소, 극장, 그리고 식당 들이 사라져 버리고 교통 시설은 완전히 파괴되어 버렸다. 그 파괴 중 얼마가 지진으로 인한 것이고 또 얼마가 화재로 인한 것인지 구분하기는 쉽지 않았다. 샌프란시스코 시민들은 이 재난을 '샌프란시스코 대화재'라고도 부른다. (그림 1-5) 지진으로 인한 피해가 전체 피해의 대략 10퍼센트에서 50퍼센트에 이르리라 추측되지만 정확히 알 수는 없다. 그러나 샌프란시스코 화재는 지진이 발생할 가능성이 있는 지역은 반드시 화재에 대한 예방책도 강구해야 한다는 귀중한 교훈을 주었다.

샌프란시스코 지진의 경우, 물을 공급하는 대부분의 저수 댐들은 지진을 견뎌 냈지만 이 물을 시내로 운송하는 수도관들은 거의 전부가 파괴되었다. 견고한 지반에 설치된 수도 본관들은 작은 피해를 입었지만 매립지나 늪지대에 매설된 오래된 수도 본관들은 부러지거나 깨어지고 뒤틀렸다. 시 당국은 도시 인프라를 복구하면서 물 공급 시스템을 다시 설계해 일상적인 물 공급 시스템 말고도 보조적인 고압 방화 시스템을 추가로 구축했다.

샌프란시스코 만 일대만이 지진의 피해를 입은 것이 아니었다. 샌앤드리어스 단층은 대략 430킬로미터 찢어졌고, 그 주위의 수십 킬로미터 범위 내의 모든 도시와 거주 지역이 지진 피해를 입었다. 단층에서 동쪽으로 11킬로미터 떨어진 팰러앨토(Palo Alto)에서는 거의 모든 상업용 건물들이 파괴되었다.

특히 설립된 지 15년이 되어 대규모 캠퍼스 확장 프로그램을 진행중이던 스탠퍼드 대학교의 피해는 막심했다. 새 건물들은 거의 모두 파손되었고, 그중 다수가 완파되어 버렸다. 샌프란시스코 동남쪽으로 약 64킬로미터, 그리고 단층 동쪽으로 20킬로미터 떨어진 새너제이(San Jose)에서 상업 지구의 많은 건물들이 복구할 수 없을 정도로 파괴되어 버렸다. 이 지진의 가장 끔직한 인명 피해는 새너제이 북쪽 약 10킬로미터 떨어진 정신 병원에서 발생했다. 병원 건물이 무너져 111명이 사망했다. 샌프란시스코 북쪽의 샌타로사(Santa Rosa)의 피해가 가장 컸다. 사망자가 75명이 넘었고 불이 일어나 파괴된 지역의 대부분을 태워 버렸으나, 다행히 주택가 지역으로 번지기 전에 진화되었다.

이 지진이 샌프란시스코 만 근처 주민들에게 가져다준 피해는 정말 막대했다. 그러나 이 지진은 지질학자들에게는 선물을 안겨 주었다. 샌프란시스코 대지진으로 근대 지질학 역사를 통틀어 최고의 장관이라 할 만한 단층 운동이 드러났기 때문이다. (그림 1-6) 남쪽의 샌후안(San Juan)부터 북쪽의 포인트 어리나(Point Arena)까지 거의 모든 지역의 지표면에서 단층으로 인해 갈라진 틈을 확인할 수 있었다. 그리고 이 단층을 관찰한 결과 지층이 영구적으로 이동했음을 확인할 수 있었다. 지진학에서는 이러한 지층의 영구 이동을 오프셋(offset)이라고 하는데, 샌프란시스코 대지진의 경우 오프셋이 거의 수평적으로 이루어졌음을 확인할 수 있었다. 서쪽의 태평양 쪽이 동쪽의 대륙 쪽에 비해 상대적으로 서북쪽으로 이동했다. 이러한 관측 결과는 이 단층이 태평양판과 북아메리카판이 만나는 경계이고 여기에서 거대한 지각 운동이 일어난다는 것을 가르쳐 주었다. 이 문제와 관련해서는 뒤에서 좀 더 자세히 설명하도록 하겠다.

토메일스 만(Tomalese Bay) 근처의 해안에서 최대 6미터의 오프셋이 발생했고 점차 양쪽으로 감소해 끝 부분에서 사라졌다. 최대의 수

그림 1-6. 캘리포니아 주 카리조 평원의 샌앤드리어스 단층. 1906년 샌프란시스코 지진 때 깨어져 지층이 영구적으로 이동하는 3~6미터 오프셋이 발생했다. 왼쪽의 태평양판이 북쪽으로 이동했고 오른쪽의 북아메리카판은 남쪽으로 이동했다.

직 오프셋은 1미터에 미치지 못했다. 샌프란시스코 지진과 이 지진에 연관된 샌앤드리어스의 단층 운동은 후에 설명하겠지만 지진학의 역사에서 가장 중요한 발견의 하나인 탄성 반발설을 성립시키는 데 결정적인 역할을 했다.

대규모 지진이 발생할 때 이에 수반해 지표에 생기는 단층을 보고 사람들은 단층은 지진으로 인해 생긴다고 생각했다. 그러나 1891년 10월 28일에 일어난 일본 역사상 최대 규모의 내륙 발생 지진인 미노(美濃)-오와리(尾張) 지진(노비(濃尾) 지진이라고도 한다.) 때 생긴 길이

80킬로미터의 단층(그림 2-3)을 보고 깊은 인상을 받은 도쿄 대학교의 고토 분지로(小藤文次郎) 교수는 지진으로 인해 단층이 생기는 것이 아니고 단층 운동으로 지진이 발생한다는 생각을 갖게 되었다. 그러나 그는 이 아이디어를 입증할 수 없었다.

1906년 샌프란시스코 지진이 발생하기 전과 후에 샌앤드리어스 단층에서 측지 작업이 수행되었다. 이 자료를 면밀하게 분석한 존스 홉킨스 대학교의 해리 라이드(Harry F. Reid) 교수는 지진이 단층의 양쪽에서 반대 방향으로 작용하는 힘으로 인해 지층이 변형되다가 어느 한계점에 이르면 지층이 갑자기 깨어지면서 원래의 변형이 없는 상태로 되돌아올 때 축적된 에너지가 방출하면서 발생한다는 탄성반발설(elastic rebound theory)을 제창했다. 이 이론은 지진 발생 메커니즘을 만족스럽게 설명한 최초의 이론으로 맨틀 깊은 곳에서 발생하는 지진을 제외한 모든 얕은 지진에 대해 적용되는데, 뒤에서 좀 더 자세히 설명할 것이다.

1960년 칠레 대지진

1960년 5월 21일 오전 6시경, 일련의 대규모 지진들이 발생하기 시작해 칠레 중남부를 강타했다. 이 지진은 1960년 발디비아 지진으로 불리기도 한다. (그림 1-7) 첫 지진의 피해는 상당히 컸으나 극단적인 것은 아니었다. 최초의 지진에 이어 더 작은 규모의 지진들이 그다음 날 오후까지 지속적으로 발생했다. 오후 3시 조금 전에 또 하나의 대규모 지진이 발생했다. 이 지진은 광범위한 지역에서 감지되었으나 그 피해는 그리 크지 않았다. 그러나 지속되는 지진에 신경이 예민해진 사람들이 거리로 뛰쳐나왔다. 약 30분 후에 세 번째의 대규모 지진이 발생했다. 이것은 전에 발생한 지진들보다 비교할 수 없을 정도로 더 컸다. 거리에 주차한 차들이 앞뒤로 흔들렸고, 나무들이 격렬하게 진동해 아파트를 부수고 또 뿌리째 뽑히기도 했다. 광범위한 지역의 땅이 몇 피트씩 침강했고 더 작은 범위의 지역이 같은 정도로 융기했다. 이 지진의 규모는 9.5로 19세기 말에 시작한 지진 관측 역사상 가장 큰 규모였다. 이전의 지진들로 이미 약해진 많은 건물들이 무너지거나 크게 기울었다. 이전의 지진들이 사람들을 거리로 내몬 것이 참으로 다행스러운 일이었다.

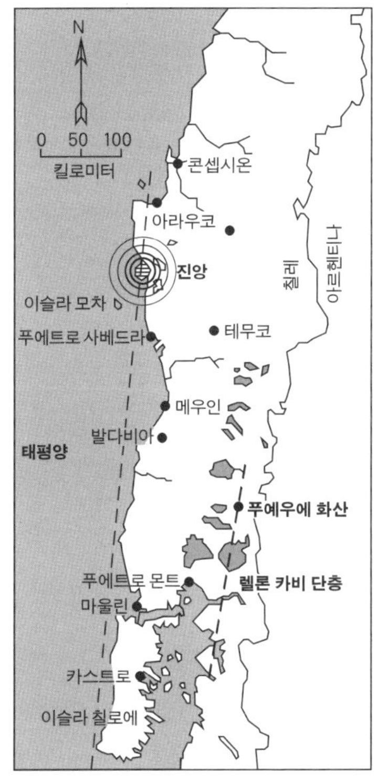

그림 1-7. 지진이 발생한 두 단층의 위치를 보여 주는 칠레 남부의 지도. 점선은 단층선을 나타낸다.

여진이 1960년 연말까지 지속되었다. 지진들이 발생했을 당시에는 잘 몰랐지만 그 후 여러 자료들을 종합해 볼 때 여러 개의 다른 지진들이 발생했음을 알 수 있었다. 두 지역이 가장 격렬히 진동했다. 즉 해안의 푸에르토 사베드라(Puerto Saavedra)에서 이슬라 칠로에(Isla Chiloe)에 이르는 지역과 호

그림 1-8. 위. 발디비아의 거리. 토양이 근처의 개울로 흘러들어 가옥들이 무너졌다. **그림 1-9.** 아래. 발디비아 근처의 들에서 일어난 해수 범람. 지진이 발생하기 전에 이 지역은 비옥한 농장이었다.

수가 많은 렐론카비 단층(Reloncavi Fault)을 따르는 지역이다. 호수 지역에서는 수천 회의 산사태가 발생해 일시적으로 강을 가로막았다. 어떤 호수에서는 진폭이 1미터에 이르는, 지진으로 생기는 파랑인 세이슈(seiche)가 발생했다. 해안 지역에서는 이슬라 칠로에에서 가장 큰 피해가 발생했다. 지면에 큰 균열이 생기고 격렬한 진동으로 나무들이 부러졌다. 어떤 나무들은 뿌리째 뽑혀 넘어졌다.

큰 진동이 일어난 지역의 대부분은 포화된 미사질 점토(silty clay)로 이루어져 있었는데 격렬한 진동으로 액상화(liquefaction)되었다. 이 액상화된 토양은 출구가 주어지면 물처럼 흘러간다. 한곳에서 콘크리트가 깨어진 길에 갇힌 작은 차가 그 밑의 흙속으로 가라앉았다. 발디비아(Valdivia)에서 액상화된 토양이 개울로 흘러나가자 지면이 침강하면서 목조 가옥들이 무너졌다. (그림 1-8) 푸에르토 몬트(Puerto Montt)에서는 모래와 진흙이 항구로 흘러들어 정박한 배를 완전히 에워쌌다. 그 배 주인은 배를 끌어낼 수 없어 호텔로 바꾸어 버렸다.

지면에도 커다란 변화가 일어났다. 아라우코(Arauco) 반도의 서쪽은 1미터 이상 융기해 새 해변을 드러냈고 이슬라 모차(Isla Mocha)는 2미터 이상 융기했다. 그러나 대부분의 해안 지역에서는 침강이 발생했다. 예를 들어 발디비아는 바다에서 수 킬로미터 떨어진 강의 항구였다. 지금은 강바닥이 전부 침강해 해수가 도시 상류로 범람한다. (그림 1-9) 또 마울린(Maullin) 근처와 이슬라 모차에서는 광대한 지역이 영구히 물에 덮여 버렸다.

칠레는 화산이 많은 나라이다. 이 나라 화산들 중 하나인 푸예우에(Puyehue)는 1905년 이후로 활동을 중지했으나 칠레 대지진의 본진이 발생한 후 38시간 후에 폭발하기 시작했다. 이 폭발로 화산회와 증기가 6킬로미터 높이로 솟아올랐다. 이 화산의 측면에 있는 5.5킬

그림 1-10. 푸예우에 화산의 폭발. 본진이 발생한 38시간 후에 폭발했다. 이 폭발은 수주간 지속되었다.

로미터의 파열을 따라 몇 지점에서 화산회와 증기가 분출되었고 이 활동은 7월 22일에야 종식되었다. (그림 1-10)

칠레 지진의 경우 야외에서 단층 운동을 볼 수 있었던 1906년 샌프란시스코 지진과 달리 그러한 단층 운동은 발견되지 않았다. 단층 운동보다 슬럼프(slump)에 의한 것으로 추정되는 지면의 균열이 호수 지역 여러 지점에서 관찰되었다. 렐론카비 단층에서 단층 운동이 발생한 것으로 추정되었다. 메우인(Mehuin)의 해안 근처에서 절벽(scarp)들이 발견되었지만 토양층에서 발생해 단층 운동과 직접 연관된 것처럼 보이지는 않았다.

여진들의 진앙을 표시해 단층이 해안선을 따라 그림 1-7에 점선으로 표시된 위치에 존재함을 추정할 수 있었다. 첫 지진과 뒤따른 본진이 해안선의 단층에서 발생되었고 이로 인한 주위 응력장의 변화가 렐론카비 단층을 움직인 것으로 여겨진다. 이 운동으로 지하수가 마그마 방(magma chamber)에 유입되어 푸예우에 화산이 폭발한 것으로 추정된다.

칠레 지진은 역사상 가장 극적인 쓰나미 중 하나를 발생시켰다. 지진 발생 직후 해안 지역의 주민들이 아직 집 밖에 머물고 있을 때, 바닷물이 급속히 멀리 물러감을 볼 수 있었다. 이전 지진의 경험으로 당국은 무엇이 다가오는지 알 수 있었다. 해안 마을의 주민들은 곧 더 높은 고지로 소개(疏開)되었다. 잠시 후, 10분 내지 20분 만에 바닷물은 최고 6미터에 이르는 높은 파고와 무서운 속도로 밀려왔다. 집과 가축, 그리고 많은 것이 파도 앞에서 부서져 휩쓸려 갔다. 푸에르토 사베드라에서는 내륙으로 거의 3킬로미터 지점에서 부스러기들이 발견되었다. 바다는 오후 내내 밀려가고 밀려오기를 거듭했다. 여러 곳에서 셋째 그리고 넷째 파도의 파고가 가장 높았으며 최대 파고는 25미터에 이르렀다. 해안으로 너무 빨리 돌아온 많은 사람들이 쓰나미로 사라지고 말았다.

쓰나미는 발디비아 전 지역 해안의 선착장 시설을 날려 버렸다. 작은 배들이 무수히 분실되었고 육지의 격렬한 진동을 피하고자 많은 사람들이 배를 탔으나 그 배들은 밀어닥친 첫 쓰나미로 산산조각이 나고 말았다. 일련의 재난이 끝나자 당국은 지진과 쓰나미로 인한 피해를 추산할 수 있었다. 3,000명 이상이 사망하고, 5만 8700채의 가옥들이 완전히 파손되어 살 수 없게 되었다. 10만 채의 가옥들이 부분적으로 파손되었다. 150제곱마일(약 390제곱킬로미터)의 땅이 침강해 영구적으로 물속에 잠겼다.

바닷물로 파괴된 곳은 칠레뿐만이 아니었다. 본진이 발생한 수분 내에 하와이의 지진학자들은 이 칠레 지진에 관한 자료를 수집하기 시작했다. 그들은 지진의 진앙을 결정하고 해일이 일어날 수 있음을 알고 태평양 연안의 여러 나라에 경고 메시지를 보냈다. 파도는 시속 650킬로미터의 속도로 태평양을 건넜다. 이전에 쓰나미를 경험한 하와이 당국은 해안에 사는 주민들을 대피시켰다. 파고는 우려했던 것보다 낮았으나, 힐로(Hilo)에서는 기대치를 초과했다. 파도가 연달아 밀려왔다. 첫째는 4피트, 둘째는 9피트, 그리고 셋째는 35피트에 이르렀다. 이 셋째 파도가 방파제를 부수고 밀어닥쳐 여러 블록의 건물들을 운반하고 큰 파괴를 불러왔다. 전선이 끊기고 힐로와 섬 대부분에 전력을 공급하던 발전소의 가동이 중단되었다. (그림 1-11)

그림 1-11. 위. 칠레 지진으로 파괴된 힐로의 부두. **그림 1-12.** 아래. 태평양 너머 칠레 지진으로 인해 큰 피해를 입은 일본 오후나토(大船渡) 시. 칠레 지진이 일으킨 쓰나미가 태평양을 넘어 일본 해안을 덮쳤고, 큰 어선들이 해수면 2.4미터 위로 떠올라 내륙으로 밀려가 가옥이 부서진 곳에 가라앉았다.

당국이 주민 소개를 명령하고 경찰이 거리를 돌며 이를 독려했기 때문에 처음에는 재산 피해만 발생하리라 예상되었다. 그러나 피해의 윤곽이 드러나자 61명이 사망하고 282명이 부상했음을 알게 되었다. 희생자들은 칠레에서 발생한 지진이 자신들이 사는 곳까지 영향을 미칠지 상상도 못했기에 재난이 다가온다는 경고를 믿지 않았던 것이다.

파도는 힐로를 덮치고 난 8시간 후, 즉 지진 발생 후 22시간 후 일본에 도달해 혼슈와 홋카이도의 해안선을 덮쳤다. 파고는 경사가 완만한 해안과 강이나 만의 입구에서 증폭되어 35피트가 넘었다. 진원으로부터 1만 7000킬로미터 떨어져 있었지만 선적물, 항구 시설, 그리고 부둣가 건물 들이 큰 피해를 입었다. (그림 1-12) 15만 명의 일본인들이 가옥이나 생계 수단을 잃었고 142명이 사망했다.

칠레 지진이 건조물에 입힌 피해를 조사하려고 전 세계의 지진학자들이 칠레로 모였다. 칠레는 오랜 기간 지진 발생을 기록해 왔으며 이 나라의 지진 공학자들은 지진에 견딜 수 있는 건물을 설계하는 데 많은 진전을 이루어 왔다. 칠레의 건축물 내진 설계 기준은 1939년 콘셉시온(Concepcion)에서 큰 지진이 발생했을 때 작성되었다. 이 기준에 따라 설계된 대부분의 건조물은 경미한 피해를 입었다. 1939년 이전에 세워진 가옥이나 건물 대부분은 지진에 취약한 비보강(unreinforced) 석조 건물이었다. 이 건조물의 대다수가 큰 피해를 입었고 콘셉시온에서 나온 사망자도 대부분 이러한 건조물의 붕괴로 피해를 입었다. 남쪽의 발디비아에서는 큰 지진이 발생하지 않아 내진 설계 기준이 덜 엄격했다. 그러나 많은 사람들이 죽지 않았다. 왜냐하면 대부분의 건물이 목재 건물이었기 때문이다. 목재 건물은 비틀리고 휘어지지만 잘 무너지지는 않는다. 공공 건물들은 얼마나 주의 깊게 설계되고 시공되었는가에 따라 그 피해의 정도가 달랐다.

얄궂게도 칠레 지진은 건축 관련 공학자들에게는 내진 설계 아이디어에 대한 야외 시험장이 된 셈이었다. 칠레를 찾은 외국의 공학자들은 지진을 견뎌 냈거나 경미하게 파손된 건조물을 주의 깊게 조사했다. 그들은 내진 설계와 관련해 칠레 공학자들과 도론하고 유익한 정보를 본국에 가져갔다. 이렇게 해서 칠레 발디비아 지진은 여러 나라의 내진 설계를 개선하는 데 큰 도움이 되었다.

전 세계인이 지진 피해를 입은 칠레를 도우려고 몰려왔다. 피해 지역 밖의 칠레 인들이 맨 먼저 의복, 음식, 가재 도구와 돈으로 도왔다. 남아메리카의 모든 국가가 도움을 주었고, 미국 공군 수송기들이 구호 물자들을 산티에고와 푸에르토몬트에 수송했다. 미국과 캐나다의 의료 지원단이 파견되었고, 미국, 독일, 네덜란드 등의 국가가 재건을 위한 많은 돈을 지급했다. 이것은 몇 년에 한 번씩 우리가 지구 주민임을 일깨우는 지진 재해에 대해 전 세계인이 관심을 갖고 돕는 국제 협력의 좋은 선례가 되었다.

칠레 지진은 엄청난 재난임에 틀림없다. 그러나 이 지진이 지진학의 발전에 크게 기여한 측면도 있다. 특히 지진의 규모 때문에 지대한 관심을 모았다. 당시 이론적 연구에 따르면 대규모 지진은 지구 전체를 마치 거대한 종처럼 진동시킬 것이라고 예측되었기 때문이다. 이 현상을 지구의 자유 진동이라고 한다. 대규모 지진이 아닌 경우에는 보통 P파나 S파나 또는 표면파가 발생한다. 그러나 대규모 지진으로 지구 전체가 진동하게 되면 여러 가지 형태의 자유 진동이 발생하며 그 주기는 매우 길어 수십 분에 이른다. (그림 6-9) 이 자유 진동은 P파와 S파 및 표면파와 함께 지구 내부 구조를 분석하는 새로운 자료가 된다. 따라서 칠레 지진이 지구의 자유 진동을 발생시켰는지가 비상한 관심사로 떠올랐다.

1952년 11월 4일 캄차카에서 규모 9.0의 지진이 발생했을 때 베니오프 지진대를 발견한 휴고 베니오프(Hugo Benioff)가 자신이 만든 변형 지진계(그림 5-10)에서 주기가 매우 긴 지진파들을 발견하고 그 중 주기가 대략 57분인 것을 자유 진동이라고 보고한 바 있다. 그러나 그 후 7년간 유사한 현상이 관측되지 않아 많은 지진학자들은 베니오프의 기록을 오류라고 생각했다. 그러나 1960년 규모 9.5의 칠레 지진이 발생했을 때 미국, 일본, 유럽 등 세계 여러 곳에서 주기가 긴 자유 진동이 관찰되어 더 이상 이 현상을 의심할 수 없게 되었다. 칠레 지진은 지구 내부를 연구할 수 있게 해 줄 새로운 수단을 지진학자들에게 선물한 사건이기도 하다.

2장

—

지진이 일어날 때

—

지진 발생 시 일어나는 특이 현상들

"기원전 1831년에 태산이 흔들렸다."

이것은 인류 역사상 최초의 지진 기록이다.

—「중국 지진 목록, 기원전 1831년부터 기원후 1969년까지」

지진이 발생하면 이에 수반하는 급격한 지반 진동과 지각 변동으로 인해 여러 가지 지질학적 현상이 일어나며 때로 지진 재해로 이어지기도 한다. 가장 광범위한 지역에 걸쳐 일어나는 현상으로는 대규모의 지진이 발생할 때 일어나는 지면의 융기 또는 침강을 들 수 있다. 그 대표적인 예의 하나로서 1811년과 1812년 사이에 미국 미주리주 뉴마드리드(New Madrid)에서 발생한 지진을 들 수 있다.

1811년 12월 16일 오전 2시경, 뉴마드리드에 대규모의 지진이 발생했다. 이 지진에 잇달아 매일 수회의 지진들이 거의 1년간 발생했으며 특히 1812년 1월 23일과 2월 7일에는 그 전해 12월 16일에 발생한 지

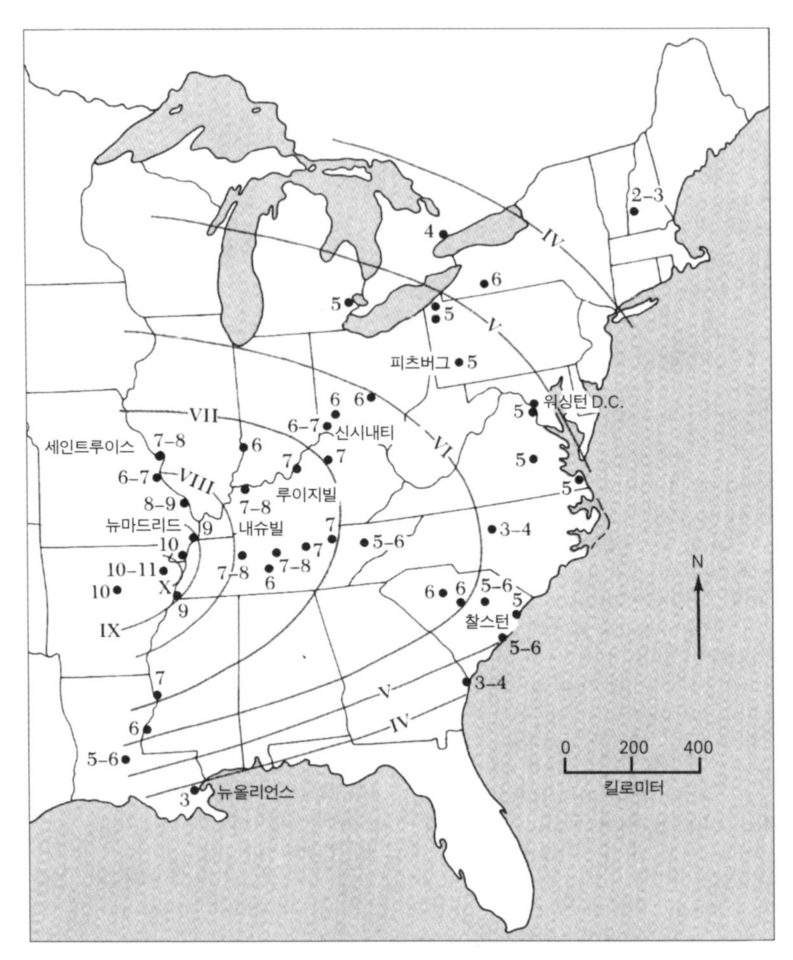

그림 2-1. 1811년 뉴마드리드 지진의 감진 지역을 표시한 등진도도. 지도의 아라비아 숫자는 수정 메르칼리 진도(Modified Mercalli Intensity scale)이고 등진도선은 로마 숫자로 표시되어 있다.

진들과 거의 같은 규모의 큰 지진들이 일어났다. 이 지진들은 뉴올리언스에서 캐나다까지 그리고 대서양 해안까지 수백만 제곱킬로미터의 광범위한 지역에서 감지되었다. (그림 2-1) 이 지진들로 이 일대의 수천 제곱킬로미터 지역이 큰 피해를 입었다. 강둑이 무너져 시가가 물길에 휩쓸렸고, 대부분의 농지가 경작할 수 없게 되어 버렸다.

이 지진으로 미시시피 강과 그 지류 지역의 지형에 커다란 변화가 일어났다. 이 지역의 낮은 땅들은 포화된 모래층 위에 쌓인 충적토로 이루어져 있었다. 이 미고결(未固結)의 토사들이 지진으로 인해 심하게 변형되어 여러 곳이 침강해 늪지가 생겼고, 숲이 있던 곳이 물에 덮여 영구적인 호수가 생겼다. (그림 2-2)

수 제곱킬로미터의 지역이 낮은 경우에는 1.5미터, 깊은 경우에는 6미터씩 침강해서 영구 호수가 되고 말았다. 당시 사람들은 "고지에서 자라던 큰 호두나무, 오크, 뽕나무들이 물 밑으로 3~6미터 잠겨 버렸다. 어떤 호수에서는 삼나무가 물속에 깊이 잠겨 그 가지 사이로 카누를 저어 나아갔다."라고 기술했다. 한편 이 일대의 다른 지역들은 상승했고 이는 이 지역 기반암의 지형에 변화가 생겼음을 의미한다.

지진으로 침강과 융기만 일어나는 것은 아니다. 대규모의 지진이 발생할 때 때로는 1906년 샌프란시스코 지진의 경우처럼 지표면이 갈라져 지각이 깨어지고 엇갈리는 단층 운동을 뚜렷하게 관찰할 수 있다. 1891년 10월 28일 일본 혼슈 지방을 강타한 미노-오와리 지진 때에는 약 80킬로미터의 단층을 지표면에서 관찰할 수 있었다. 최대 수평 오프셋은 8미터에 이르렀고, 여러 곳에서 2~3미터의 수직 오프셋이 나타났다. (그림 2-3)

지진이 발생할 때 기반암의 단층 운동이나 격렬한 진동으로 지표면에 지면 파열(ground rupture)이 발생하고 큰 지진의 경우에는 이 지면 파열이 수십 미터에 이르기도 한다. (그림 2-4) 만약 지면 파열이 일어나는 곳에 건조물이 있으면 붕괴되거나 큰 구조적 손상을 입는

그림 2-2. 위. 미국 테네시 주 릴푸트(Reelfoot) 호. 뉴마드리드 지진으로 인해 생긴 호수 중에서 가장 큰 호수이다. **그림 2-3.** 아래. 1891년 미노-오와리 지진으로 인해 생성된 길이 400미터의 단층 절벽(fault scarp). 북동쪽이 6미터 융기해 왼쪽으로 4미터 움직였다. 사진 중앙의 도로를 가로지르는 단층 절벽의 모습이 선명하다.

다. 지면 파열은 댐, 교량, 원자력 발전소 같은 중대형 구조물에 중대한 위협이 되고 따라서 이런 구조물들은 건설 전에 상세한 지질 및

그림 2-4. 왼쪽. 2010년 9월 4일 뉴질랜드 캔터버리(Canterbury)에서 발생한 규모 7.1의 지진으로 인해 생긴 지면 파열. **그림 2-5.** 오른쪽. 1976년 2월 4일 과테말라(Guatemala) 지진에 의해 축구장에 나타난 모타구아(Motagua) 단층의 자취. 두더지 자국의 모습을 나타내고 있다.

지구 물리학적 조사가 필요하다. 때로는 기반암의 단층 운동으로 지표면에 '두더지 자국(mole track)'으로 불리는 흙두덩의 연속이 나타나기도 한다. (그림 2-5)

지진이 산악 지역에서 발생할 경우에는 산사태가 발생한다. 1959년 8월 17일, 미국 몬태나 주에서 발생한 지진으로 산사태가 발생해 매디슨(Madison) 강 협곡의 입구를 막았다. (그림 2-6) 계곡 남쪽의 산에서 대량의 암석들이 쏟아져 골짜기를 막아 높이 100미터가 넘는 둑이 생겼고 길이 80킬로미터의 지진 호수(earthquake lake)가 생겼다. 이 사태로 매디슨 협곡 야영장에서 머물던 150명 중 28명이 죽었다. 살아남은 사람들의 증언에 따르면 사태가 발생하자 엄청나게 큰 바람이 불어 사람들이 날려가 산사태에 묻혀 사라졌고, 2톤의 자동차가 10미터 넘게 날아가 나무에 부딪쳐 부서졌다고 했다. 지진 호수의 물이 증가해 산사태로 생긴 댐이 붕괴할 우려가 발생하자, 댐 75미터 높이에 인공으로 수로를 뚫어 붕괴를 막았다.

그림 2-6. 왼쪽. 1959년 몬태나 주에서 발생한 지진으로 인해 발생한 매디슨 계곡의 산사태. 협곡 남쪽 산에서 굴러 내린 암석들이 매디슨 강을 막아 지진 호수가 만들어졌다. 저수량이 증가하자 댐에 물을 빼는 수로를 뚫어 붕괴를 예방했다. **그림 2-7.** 오른쪽. 2008년 5월 12일 쓰촨 지진으로 발생한 산사태.

2008년 5월 12일 중국 쓰촨 성(四川省)의 원찬(汶川)에서 규모 7.9의 지진이 발생했을 때에도 대규모 산사태가 발생했다. (그림 2-7) 이 산사태로 이 일대의 많은 강이 막혀 34개의 지진 호수가 생겼다. 이 호수들의 저수량이 증가해 댐이 무너질 경우 하류에 사는 주민 수백만 명의 생명이 위태로워질 우려가 있어 하류의 마을들이 소개되었다.

지진으로 인해 격렬한 지면 진동이 발생하면 토양층의 수평 방향의 진동에 대한 저항력, 즉 지구 물리학에서 말하는 전단 강도(shear srength)가 일시적으로 감소해 고체가 액체의 상태로 변하게 된다. 이러한 현상을 액상화라고 한다. 액상화 현상이 발생하면 지면이 가라앉아 파열이 생기거나 또는 토사층이 유체처럼 낮은 곳으로 흘러내리게 된다.

1964년 알래스카 지진으로 미국 앵커리지 일대의 토양층에 액상화가 발생해 주택가의 연약한 지반에 파열이 생겼다. (그림 2-8) 또 22미터 높이의 절벽의 토사층이 수많은 건물과 함께 바다 쪽으로 300미터 흘러갔다. 1장에서 언급한 것처럼 1960년 5월 21일 칠레 서해안에서 발생한 대규모 지진으로 광범위한 지역에서 액상화가 발생해 건물들이 땅 속으로 가라앉아 파괴되었다. (그림 1-8)

2011년 3월 11일 일본 동북부 태평양 산리쿠(三陸) 해역에서 규모 9.0의 대규모 지진이 발생했다. 이 지진은 일본 지진 관측사상 최대 규모의 지진으로 최대 파고 40.5미터에 이르는 쓰나미를 일으켰으며 혼슈 섬 전체를 2.4미터 동쪽으로 이동시켰고, 2만여 명의 사상자를 낳았다. 100만 채가 넘는 건물이 붕괴 또는 파손되었고 지진, 쓰나미, 화재로 일본 동북부 지역이 광범위하고 혹독한 피해를 입었다. 일본 수상 간 나오토(管直人)는, "제2차 세계 대전의 종결 이후 65년 동안, 이것은 일본에 닥친 가장 거칠고 가장 어려운 재난이다."라고 말했다. 이 지진은 '동일본 대지진'이라고 부른다. 동일본 대지진으로 진앙지에서 300킬로미터 이상 떨어진 도쿄 일대의 광범위한 지역에 액상화가 일어나 많은 건물이 수 미터씩 땅 속으로 침강하는 등 큰 피해를 입었다. (그림 2-9)

지진이 발생하면 가끔 지하수가 모래와 함께 분출하는 현상이 일어나며 이것을 지진 분수(earthquake fountain)라고 한다. 1975년 2월 중국 랴오닝 성(遼寧省)에서 규모 7.4의 지진이 발생했을 때 물과 모래가 지상 5미터로 분출되는 것이 관찰되었다. 뉴마드리드 지진의 경우 광범위한 지역에서 대량의 모래가 분출해 경작이 불가능해졌다. 지하수가 분출하는 현상은 지진파가 전파함에 따라 지하수를 포함하는 지층의 공극률이 감소해 발생한다고 여겨지고 있다.

대규모의 지진이 발생하면 내륙의 호수나 저수지의 물이 긴 주기

그림 2-8. 1964년 알래스카 지진 때, 앵커리지의 주택가에서 액상화에 의해 발생한 지면 파열.

를 갖고 진동하는 현상이 일어나며 이를 세이슈(seiche)라고 부른다. 1959년에 발생한 몬태나 지진으로 지진 호수의 수면이 대략 17분의 주기를 갖고 11시간 동안 앞뒤로 진동했다. 역사적으로 가장 유명한 세이슈는 1755년 포르투갈 대지진 발생 시 생긴 것으로 스코틀랜드, 스위스, 스칸디나비아 등 유럽의 서부와 북부의 거의 전 지역에서 관찰되었다.

때로 바다에서 지진이 발생하면 배는 별 피해를 입지 않지만 배를 탄 사람들은 배가 침몰된 폐선이나 암초에 걸려 프로펠러의 날이 부서진 것 같은 느낌을 받는 경우가 있다. 지진으로 생기는 해일을 지진 해일이라고 하며 지진 해일로 많은 피해를 본 일본 사람들이 이를 쓰나미(津波)라고 불렀다. 쓰나미가 해안선에 이르면 그 파고가 크게

그림 2-9. 2011년 동일본 대지진으로 진앙에서 300킬로미터 이상 떨어진 도쿄 지역에 액상화가 발생해 땅속으로 건물이 가라앉는 일이 벌어졌다.

증가해 커다란 피해를 주게 된다. 대표적인 예로 1896년 6월 15일 일본 산리쿠 부근에서 발생한 대규모 쓰나미가 있다. 이 쓰나미로 2만 7000여 명이 사망했고 9,000여 명이 부상을 입었다. 1만 600여 채의 집이 파도에 휩쓸려 나갔고, 2,500채 이상의 가옥이 파손을 당했다. 이 지진을 이마무라 아키쓰네(今村明恒) 도쿄 대학 교수는 다음과 같이 기술했다.

이 대규모 산리쿠 쓰나미는 마을 사람들이 휴일을 즐기던 축제일에 일어났다. 지진은 저녁 7시경에 일어났고 격렬한 진동이라기보다는 긴 시간의 느린 진동으로 느껴졌다. 산리쿠 해안에서 좀 떨어진 곳의 해저에서 큰 규모의 지진이 일어났음에 틀림없다. 잇달아 여진들이 몇 회 발생했다. 먼 곳에서 지진이 발생한 줄을 알지 못했음으로 주민들은 임박한 위험을 모르고 있었다. 첫 지진이 느껴진 후 20분쯤 바닷물이 빠져 나가는 것이 보였다. 그러나 8시가 조금 지나자 폭풍우와 같은 굉음이 들렸다. 이제 파고가 수십 미터에 이르는 바닷물의 장벽인 쓰나미가 휴일을 즐기던 사람들을 덮쳤고, 이 무서운 상황을 깨닫기도 전에 그들은 바닷물에 휩쓸려 익사했다. 살아남은 사람들의 말에 따르면 바다가 크게 요동쳤고 질풍과 같은 소음이 뒤따라 들렸다. 기적적으로 살아남은 소수의 사람들을 제외하고는 재앙이 닥친 그 순간까지 삶을 즐기던 그 고을의 모든 사람들이 흔적 없이 사라졌다. 한편 당시 근처의 바다에 있던 어부들은 특별히 이상한 것을 느끼지 못하고 집으로 돌아오고 있었다. 그다음 날 아침 그들은 수 킬로미터에 걸쳐 바다에 흩어진 파괴된 집들과 떠다니는 송장들을 발견하고 경악했다. 그때야 비로소 그들은 그 전날 밤에 비극이 발생했음을 깨달았다.

이마무라 교수는 1899년 이 산리쿠 지진이 해저 지각의 운동으로 인해 발생했다는 가설을 제시했다. 이 가설은 60여 년이 지난 후 성립된 판구조론의 효시라고 할 수 있다. 그는 또 1905년 50년 내에 도쿄 주변의 간토(關東) 지역에서 10만 명 이상의 사망자를 낳을 대지진이 발생하리라고 예측했다. 이 예측은 들어맞아 1923년 간토 대지진이 발생해 13만 3000명이 사망했다. (산리쿠는 현재 미야기 현 미나미산리쿠초 연안 해역이다. 이 지역은 1896년 메이지 산리쿠 쓰나미 이후에도 1933년 쇼와 산리쿠 쓰나미, 1960년 칠레 지진으로 인한 쓰나미, 2011년 동일본 대지진 쓰나미 등으로 큰 피해를 입었다.)

쓰나미는 해저에서 지진이 발생해 해저 지층의 드러스트 단층에서 수직 운동이 일어날 때 발생한다. 이 진동으로 흔들린 바닷물의 파동은 사방으로 전파되어 나가다가 근처 및 먼 곳의 해안을 만나면 높은 파도와 해일을 일으키며 육지로 범람한다. 쓰나미는 해저 수심의 제곱근에 비례하는 속도로 전파된다. 평균 수심이 5킬로미터 정도인 태평양에서 쓰나미가 일어날 경우 시속 800킬로미터로 달린다. 그 주기는 대략 1시간이고 파장은 대략 800킬로미터가 된다. 수심이 깊은 먼 바다에서 쓰나미의 파고는 수 센티미터에 불과하다. 따라서 1시간 주기로 진동하는 쓰나미의 해일을 진앙 근처를 항해하던 배라고 하더라도 감지하기는 어렵다. 이러한 까닭으로 쓰나미는 결코 바다에서 관측되지 않는 것이다. 그러나 쓰나미가 해안선에 접근하면 수심이 감소하고 그에 따라 쓰나미의 전파 속도도 감소하며 에너지 보존 법칙에 따라 그 운동 에너지를 유지하기 위해 파고가 증가한다. 때로는 높이가 수십 미터에 이르는 해수벽(water wall)이 형성되어 저지대의

그림 2-10. 쓰나미는 해저에서 지진이 발생할 때 일어나며 바다를 지나 해안 지역에 큰 피해를 줄 수 있다. 2011년 동일본 대지진으로 인해 발생한 쓰나미의 해수벽 사진이다.

해안 지역을 덮쳐 엄청난 피해를 입힌다. 쓰나미는 보통 지진 규모가 7.5 이상이어야 발생한다.

2011년 3월의 동일본 대지진은 1896년 산리쿠 지진의 진앙에서 동남 방향으로 대략 200킬로미터 떨어진 지점에서 일어났고, 이 지진으로 최대 파고 40.5미터에 이르는 대규모 쓰나미가 발생해 일본 동북 해안 지역을 덮쳐 막대한 피해를 입혔고 수만 명이 사망·실종되었다. (그림 2-10) 이 쓰나미는 태평양을 건너 알래스카에서 칠레까지 남북아메리카의 전 해안에 이르렀으나 그 피해는 경미했다.

특히 동일본 대지진에서 발생한 쓰나미는 후쿠시마(福島) 원자력 발전소의 냉각수 공급 시스템을 파괴했고, 과열된 원자로가 폭발해 방사성 물질이 누출되었다. 결국 발전소 주변 반지름 30킬로미터 안의 주민 수십만 명이 이주하는 등 엄청난 재난이 발생했다. 발전소에서 대기 중으로 방출된 방사성 물질은 이 일대의 광범위한 지역을 사람이 살 수 없게 만들었고 바다로 방출된 오염수는 국제적 분규를 일으켰다.

진앙 근처에서 지면파(earth wave)가 관찰되었다는 기록도 많다. 지면파는 지면이 물처럼 파도치는 것을 말하는데, 뉴마드리드 지진 때 한 박물학자는 켄터키에서 지면이 호수에 이는 파도처럼 위아래로 흔들렸고 옥수수 밭도 마치 바람이 부는 것처럼 물결처럼 출렁거렸다고 기술했다. 1978년 10월 7일 충남 홍성에서 지진이 발생했을 때에도 주민들이 들녘이 마치 파도처럼 흔들렸다고 말했다.

지진이 발생할 때, 건물이 무너지거나 나뭇가지들이 서로 부딪쳐 부러지거나 또는 사태가 발생하면 무서운 소리가 나게 된다. 또 지진으로 인한 지면 진동 에너지의 일부가 대기 중으로 전파되어 소리를 내는 경우도 많다. 우리나라의 역사 지진 자료에서 "천둥과 같은 소리(聲如雷)"가 들렸다는 기록들이 많이 있다.

대규모의 지진이 발생할 때 때로 지진광(earthquake light)이 나타나기도 한다. 1811년 12월 16일 오전 2시경에 뉴마드리드에서 대규모 지진이 발생했을 때 멀리 떨어져 있던 사라들이 번갯불과 같은 이상한 불빛을 보았다는 증언이 남아 있다. 1976년 7월 27일 오전 4시경 중국 허베이 성 탕산(唐山)에서 희고 붉은 불빛이 새벽 하늘을 마치 대낮과 같이 환하게 밝혀 사람들이 놀라 깨어났다. 이 빛은 360킬로미터 떨어진 곳에서도 보였다. 그 직후에 규모 7.6의 대지진이 발생했다. 지진광의 원인은 아직 정확히 밝혀지지 않았다. 최근에 제시된 이론에 따르면 마찰 발광(triboluminescence)이 원인이라고 한다. 즉 어떤 물질이 힘을 받아 파괴될 때 구성 알갱이 사이에 마찰이 일어나면서 빛을 발하는 현상이 마찰 발광인데 지진이 일어날 때 단층의 암석이 파열하면서 마찰 발광에 발생한다는 것이다.

지진이 일어날 때는 이렇게 많은 현상들이 동반된다. 그중 대부분은 일상 속에서는 전혀 경험할 수 없는 것이라 지진이 일어나면 사람들은 그저 공포에, 황망함에, 놀라움에 자신을 맡길 수밖에 없다. 그러나 과학자들은 지진 현상 속에 숨은 비밀을 찾으려고 노력한다. 지진은 왜 일어나며, 언제 일어나는가? 우리는 그것을 어떻게 예측할 수 있고, 더 나아가 막을 수 있는 방법은 없을까? 지진학은 자연의 거대한 힘 앞에서도 굴하지 않는 인류의 노력이 응집된 학문인 것이다.

3장

갈라진 대지의 틈

지진 발생 메커니즘

암석이 먼저 견딜 수 있는 한계보다 더 큰 탄성 변형을 받지 않고 깨어지는 것은 불가능하다. 이러한 탄성 변형이 급격히 일어나는 방법은 폭파나 아니면 그 하부 지각의 일부에 급격히 물질이 제거되거나 또는 축적되는 경우뿐이다. 지진이 화산 활동과 연관되어 발생하지 않음으로 지구상의 많은 부분이 서서히 변형되고 있으며 인접 지역에서 변형의 차가 암석이 견딜 수 있는 탄성 변형의 한계를 초과할 때 암석이 깨어진다는 결론을 내릴 수 있다.

—헤리 라이드

19세기까지 지진은 관찰할 수 없는 깊은 곳에서 발생하기 때문에 그 원인을 알 수 없었다. 고대로부터 사람들은 어떤 괴물이 지구를 받치고 있다고 생각하고 그것이 몸을 흔들 때 지진이 발생한다고 설명했다. 일본에서는 그 괴물이 거대한 메기였고, 남아메리카의 일부 지역에서는 고래였고, 북아메리카의 원주민들은 거대한 거북이라고 생각했다. (그림 3-1) 몽고의 라마승들은 신이 지구를 만든 후 거대한 개구리 등에 얹어놓았는데, 개구리가 머리를 흔들거나 발을 뻗을 때, 바로 그 위에서 지진이 발생한다고 설명했다.

고대 그리스의 철학자 아리스토텔레스(Aristoteles)는 지진은 지구

그림 3-1. 일본에서는 지진이 땅속에 사는 메기 때문에 일어난다고 생각했다. '가나메이시(要石)'란 무거운 돌로 메기를 누르면 지진이 진정된다고 믿었다.

내부의 공동에 있는 공기나 가스가 밖으로 빠져 나오려고 버둥거릴 때 발생한다고 생각했다. 그리고 이런 일이 일어나기 전에는 먼저 공동 속으로 바람이 불어 들어가야 하기 때문에 지진이 발생하기 전에 날씨가 숨 막일 듯이 답답해진다고 생각했다. 이것을 지진 날씨(earthquake weather)라고 했다. 그러나 서양에서 오랜 기간 가장 유력한 것으로 군림했던 견해는 지진이 사람들의 죄악에 대한 신의 응징으로 발생한다는 것이었다.

이러한 생각들은 기체의 성질이나 지각의 구조, 그리고 지진이 발생하는 깊이 등이 밝혀지고 과학적 지진학이 등장하자 바로 폐기되었다. 그렇다면 지진은 왜 발생하는 것일까? 대부분의 지진들은 지구 내부에 작용해 지각을 변형시키는 지구조력(geotectonic force) 또는 구조력(tectonic force)에 의해 단층에서 지층이 깨어지면서 발생한다. 지진 발생의 메커니즘에 관한 이러한 이론을 탄성 반발설(elastic rebound theory)이라 하고 미국 존스 홉킨스 대학교의 해리 라이드 교수에 의해 제창되었다. (그림 3-2)

암석이 응력을 받으면 그 응력에 비례하는 변형이 일어나고 동시에 변형을 없애려는 복원력이 작용한다. 응력을 제거하면 복원력에 의해 변형이 사라져 다시 원상태로 돌아온다. 이러한 변형을 탄성 변형(elastic deformation)이라 한다. 탄성은 외부 힘으로 인해 변형을 일으킨 물체가 힘이 제거되었을 때 원래의 모양으로 되돌아가려는 성질로 일상에서는 고무나 스프링 등에서 쉽게 볼 수 있다. 그런데 응력이 증가해 어떤 한계점(탄성 한계점)을 초과하면 응력을 제

그림 3-2. 해리 라이드(1859~1944년). 미국의 지질학자로 지진 발생에 관한 탄성 반발설을 제창했다.

거해도 변형이 없어지지 않는다. 이렇게 고체에 외부 힘이 작용해 탄성 한계 이상으로 변형시켰을 때, 외력을 빼어도 원래의 상태로 돌아가지 않는 성질을 소성(塑性, plasticity)라고 한다. 이 탄성 한계점 이후의 변형을 소성 변형(plastic deformation)이라 한다.

탄성 한계점에서 일부 암석은 깨진다. 그리고 응력이 증가하면 소성 변형을 하던 암석들도 결국 깨지고 만다. 암석들은 지구 표면에서는 단단해 잘 깨지지만 지구 내부의 높은 온도와 압력에서는 잘 깨지지 않는다. 그러나 매우 강한 응력이 작용하면 결국 깨지게 된다. 이때 깨진 면을 경계로 지층이 엇갈려 이동하게 되고 이것을 단층(fault)이라 한다. 단층은 지질 구조의 불연속면에서 확인할 수 있으며, 단층은 과거 어느 시점에서 단층면을 따라 지구조적 운동이 일어났음을 가리키는 표식이 된다. (그림 3-3) 그리고 단층의 길이는 1미터 미만에서 수백 킬로미터의 넓은 범위에 걸친다.

지층과 같은 평면 지질 구조의 방위를 표시하는 데 주향(strike)과 경사(dip)가 사용된다. (그림 3-4) 주향은 지층과 수평면이 만나서 이루는 직선의 방향을 말한다. 경사는 지층에서 주향에 수직한 방향이 수평면과 이루는 각을 말한다.

단층의 대표적 유형으로는 정단층(normal fault), 역단층(reverse fault), 주향 이동 단층(strike slip fault)의 세 가지가 있다. 단층의 유형은 단층이 생길 때 어떤 힘이 작용했느냐에 따라 달라진다. 지각의 변형을 일으키는 힘을 지구조력이라고 하는데, 지구조력에는 압축력(compressive force), 장력(tensile force)과 전단력(shearing force)의 세 종류가 있다.

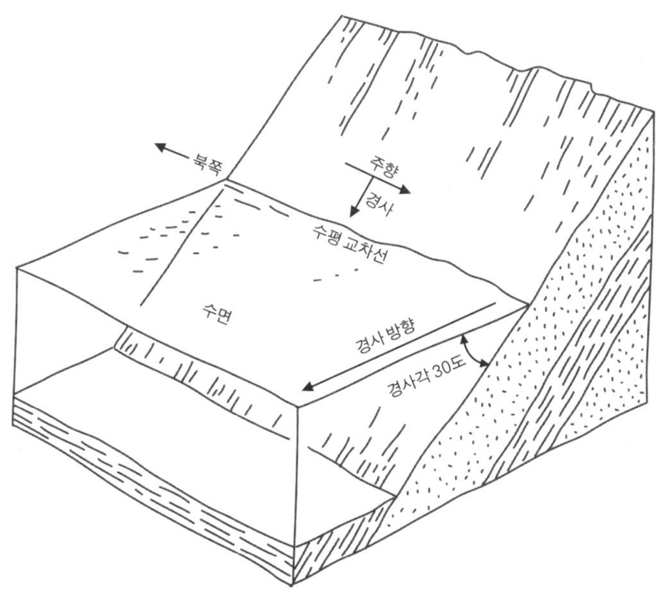

그림 3-3. 위. 진주 지역의 단층. 한때 연속적이었던 암석층들이 깨어진 면을 따라 영구히 이동했다. 이것을 오프셋이라고 한다. **그림 3-4.** 아래. 단층을 비롯한 지층은 주향과 경사를 통해 묘사하는데, 이 그림을 통해 주향과 경사 등의 개념을 이해할 수 있다. 예를 들어 이 지층의 주향은 북쪽이고 경사는 서쪽으로 30도이다.

어떤 물체의 크기를 작게 하려는 작용이 있을 수 있다. 이때 작용하는 힘을 압축력이라 한다. 압축력이 작용하면 지각이 짧아지며 휘어져 습곡(fold)이 일어나다가 마침내 깨어지며 역단층이 발생한다. 역단층에서 단층면의 경사가 45도 이하인 것을 드러스트 단층(thrust fault) 또는 충상 단층이라 한다.

장력이 작용하면 지각이 늘어나 얇아지다가 깨어지며 정단층이 발생한다. 장력은 물체의 표면을 끌어당겨 그 크기를 증가시키는 힘을 말한다. 정단층과 역단층처럼 경사면을 따라 수직적인 변위가 일어나는 단층을 경사 이동 단층(dip-slip fault)이라 한다.

물체 내의 한 면을 따라 그 양쪽에서 서로 같은 크기로 반대 방향으로 작용하는 힘을 전단력라고 한다. 전단력이 작용하면 지각이 한 면을 경계로 서로 반대 방향으로 움직이다 깨어지며 주향 이동 단층을 이룬다. 장력 또는 압축력과 전단력이 함께 작용하면 사교 단층(oblique-slip fault)이 생긴다. (그림 3-5)

경사 이동 단층에서는 지층이 수직 방향으로만 변화하지만 주향 이동 단층에서는 오직 수평 방향으로만 변화한다. 주향 이동 단층에서 단층의 한쪽에 서서 볼 때 다른 쪽이 오른쪽으로 이동하면 우수 주향 이동 단층(right-lateral strike-slip fault)이라 하고, 왼쪽으로 이동하면 좌수 주향 이동 단층(left-lateral strike-slip fault)이라 부른다. 실제로 발생하는 단층은 경사 이동 단층이나 주향 단층이 아니라 이 단층들이 혼합된 사교 단층의 형태로 나타난다.

1906년의 샌프란시스코 지진이 발생하기 이전에 다행히 이 지진으로 인해 깨어진 샌앤드리어스 단층의 일부에 대한 측지 작업이 두 번

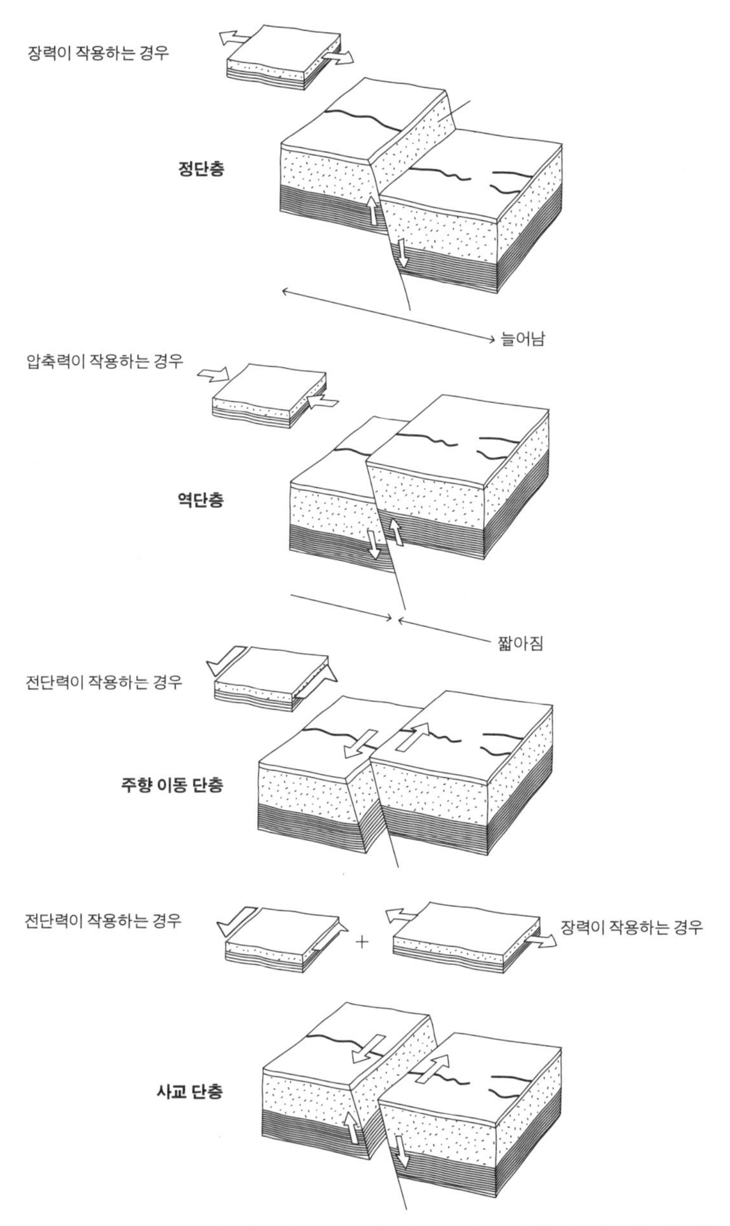

그림 3-5. 작용하는 지구조력에 따른 단층의 종류. 위에서부터 순서대로 정단층, 역단층, 주향 이동 단층, 사교 단층이다.

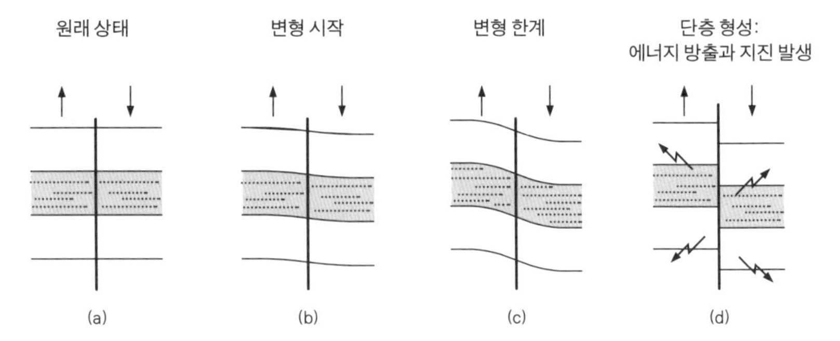

그림 3-6. 지진의 탄성 반발설을 설명하는 사건의 순서. 국지적 응력이 화살표 방향으로 작용하면 지각의 변형이 없는 상태 (a)가 점차 변형되어 변형 한계점 (c)에 이르게 된다. 바로 이 상태에서 단층을 따라 지층이 깨어지면서 지진이 일어나 응력이 방출되고 단층에 오프셋이 발생하는 (d) 상태가 된다. 이 그림은 단층을 위에서 본 모습이다.

수행되었다. 해리 라이드는 이 측지 데이터와 지진 발생 후 획득한 데이터를 종합해 지진 발생과 연관된 지각 변형을 분석했다. 라이드는 단층 주위의 암석이 오랜 기간 응력을 받아 변형되면서 마침내 그 변형을 지탱할 수 없는 한계에 이르면 가장 약한 부분이나 변형이 가장 큰 부분이 단층면을 따라 순간적으로 깨지면서 응력이 방출되고 탄성 반발에 의해 영구 이동, 즉 오프셋이 생긴다고 생각했다. (그림 3-6) 이때 깨진 부분에서 지진이 발생하며 단층 주위의 변형된 암석에 모여 있던 탄성 에너지의 일부가 파동 에너지로 변해 사방으로 퍼져 나간다. 이것이 지진이 되는 것이다. 이러한 지진 원인 설명을 '탄성 반발설'라고 한다.

이전에 단층은 지진으로 인해서 생긴다고 생각했으나 탄성 반발설은 지진이 바로 단층 운동으로 인해 발생한다고 주장한 것이다. 탄성 반발설은 지각에서 발생하는 모든 지진이 단층에서 발생함을 보여준 것으로 20세기 지진학의 가장 위대한 발견이라고 볼 수 있다.

어떤 단층에서는 지진이 발생하지 않고 거의 연속적이거나 아니면 아주 작은 크기의 불연속적인 운동이 일어나는 경우가 있다. 이러한 종류의 운동을 단층 크리프(fault creep)라고 한다. 크리프는 '조금씩 미끄러져 나가다.'라는 뜻인데 적절한 번역어가 없어 영어 단어를 음역해 쓰고 있다. 이 단층 크리프의 발생 메커니즘은 이렇다. 오랜 기간 암석들이 단층면을 따라 깨지며 이동할 때 작은 가루로 부서진다. 이 암석 가루들이 단층 주위에서 침투하는 지하수와 만나면 단층 점토(fault clay)를 생성한다. 이 단층 점토는 응력에 대해 소성 변형을 일으켜 지진 대신 단층 크리프가 발생한다. (그림 3-7)

그림 3-7. 해이워드(Hayward) 시 메모리얼 파크(Memorial Park)에 있는 1930년대에 세운 담장에 단층 크리프에 의한 오프셋이 발생했다.

샌앤드리어스 단층과 같은 대규모 단층대에서는 지표면의 연약한 토양층 하부에 단층 점토가 수 킬로미터 지하까지 이어진다. 더 아래로 내려가야 내려갈수록 점점 더 단단해지는 암석층을 만날 수 있다. 지진은 탄성 변형을 통해 에너지가 축적될 수 있는 단층 점토 하부의 암석층에서 발생한다. 더 깊이 내려가면 지구 내부의 온도가 상승해 다시 암석이 응력에 대해 소성 변형을 하게 되어 지진이 잘 발생하지 않게 된다. 지진이 많이 일어나는 캘리포니아 중부의 대부분 지역에서도 지진들은 15킬로미터 이하의 깊이에서는 발생하지 않는다.

단층은 지각의 약한 부분이므로 지구조력이 지속적으로 작용하면 결국 여기에서 지층이 깨지며 지진이 발생하게 된다. 이처럼 지진이 발생하는 단층을 활성 단층(active fault)이라 한다. 단층이라고 해서 모두 활성 단층인 것은 아니다. 지표면에 드러나 있는 대부분의 단층에서 지진이 발생하지는 않는다. 국지적으로 작용하는 응력이 오래전에 사라졌거나 아니면 지하수의 침투로 화학 작용이 일어나 파열면이 아물어 들었기 때문이다. 이러한 단층에서는 더 이상 지진들이 발생하지 않게 되며 이러한 단층을 비활성 단층(inactive fault)이라 한다.

지질학적으로는 어떤 단층에서 제4기(250만 년 전부터 현재까지)에 지진이 발생하지 않았으면 그 단층을 비활성 단층으로 간주한다. 제4기에 지진이 발생한 지질학적 증거가 나타나면 현재 지진이 발생하지 않고 있다 해도 앞으로 지진이 발생할 가능성이 있는 활성 단층으로 간주한다. 따라서 지진 재해의 측면에서 활성 단층의 행태는 매우 중요하다.

활성 단층은 지형 조사를 통해 확인할 수 있다. 수천 년에 걸쳐 간헐적으로 발생하는 단층 운동은 함몰 못(sag pond), 한 줄로 늘어선 우물들, 신선한 단층 절벽(fault scarp) 같은 것들을 지형 위에 흔적으로서 남긴다. (그림 3-8) 그러나 이러한 지형 변형들이 일어난 순서와 그 시기를 결정하는 것은 쉬운 일이 아니다. 단층을 덮고 있는 제4기 토양이나 퇴적층을 '도랑 파기' 또는 '트렌치(trench)'를 해서 지층들의 오프셋을 확인할 수 있다면, 이 지층들이 생성된 연대를 측정해 그 단층에서 과거에 발생한 지진들의 역사를 밝힐 수 있다. (그림 3-9)

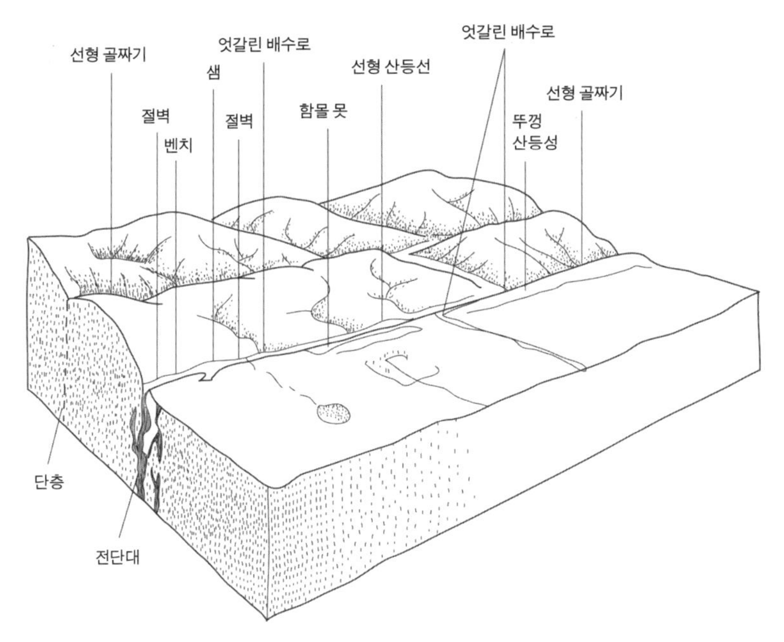

그림 3-8. 샌앤드리어스 단층대에 흔히 나타나는 지형.

지층의 생성 연대는 그 지층에 묻힌 나뭇잎이나 가지 등 유기 물질에 포함된 방사성 물질의 양을 측정함으로써 밝힐 수 있다.

이러한 방법으로 제4기 지층에서 확인된 지진들을 고지진(paleo-earthquake)이라 하고 이런 지진들을 연구하는 분야를 고지진학(paleoseismology)이라 한다. 고지진학의 연구는 1975년에 스탠퍼드 대학교의 대학원 학생인 케리 시(Kerry Sieh)에 의해 시작되었고 현재 활성 단층을 연구하는 중요한 수단으로 활용되고 있다.

지구 내부에서 작용해 지각 변형을 일으키는 거대한 지구조력으로 인해 발생하는 지진을 지구조 지진(tectonic earthquake, 텍토닉 지진)이

그림 3-9. 샌앤드리어스 단층 팰리트 크리크(Pallet Creek)의 늪과 호수 퇴적물의 파열. 퇴적물의 연대는 왼쪽 하부의 기원후 200년에서 지표의 1910년에 이른다. 파열된 지층에서 몇 개의 지진들이 발생했음을 알 수 있다.

라 한다. 지구에서 발생하는 대부분의 지진들이 지구조 지진에 속한다. 지구조 지진은 지구 내부 구조를 이해하기 충분한 에너지의 지진파를 발생시켜 과학적으로 매우 중요하다. 뿐만 아니라 엄청난 지진 재해를 불러올 수 있으므로 지진 재해의 측면에서도 심각한 위협이 된다. 지구조 지진 외에도 몇 가지 다른 종류의 지진들이 있다.

지구조 지진이 아닌 여러 지진들

화산 활동이 종종 지진을 일으키기도 한다. 이러한 지진을 화산 지진(volcanic earthquake)이라 한다. 1959년 11월 중순 하와이의 킬라우에아(Kilauea) 화산이 크게 분출했다. 8월 초부터 현지 화산 관측소의 지진계에 심부 마그마의 운동과 연관된 것처럼 생각되는 지진들이 대략 50킬로미터 깊이에서 발생하는 것이 기록되었다. 9월 중순에는 이 지진들이 800미터 깊이까지 상승해 용암이 지표 가까이 이르렀음을 알 수 있었다. 또 지진의 발생 빈도가 급증해 두 달 동안에 2만 2000회의 지진들이 발생했다. 그러나 이 지진들은 모두 사람들이 감지하기에는 너무 작은 지진들이었다. 화산 지진들은 화도(volcanic vent) 하부에서 고온의 마그마가 상승함에 따라 주위 암석이 응력을 받아 변형되다가 깨어지면서 발생한다.

때로는 화산 주위의 단층이 깨어지며 지진이 발생하고 지진파가 화산 하부의 마그마를 자극해 용암이 분출하기도 한다. 1975년 11월 29일 오전 5시경 킬라우에아 화산 근처에서 강력한 지진이 발생했다. 이 지진과 연관된 해저 단층 운동으로 쓰나미가 발생해 인명 피해가 생겼다. 지진 발생 후 약 1시간 후에 킬라우에아 화산에서 대규모로 용암이 분출했다.

대규모의 산사태로 지진이 발생하기도 한다. 1974년 4월 25일 페루의 만타로(Mantaro) 강을 따라서 발생한 대규모 산사태는 규모 4.5에 해당하는 지진을 발생시켰고 450명이 사망했다. 이 지진은 암석과 토양이 중력으로 인해 급격히 하강하면서 중력 에너지의 일부가 지진파 에너지로 바뀌어 발생한 것이다.

대부분의 지진이 자연적인 원인으로 발생하지만 때로는 인간의 활동이 지진을 일으키기도 한다. 이러한 지진들을 인공 지진(man-made earthquake) 또는 유도 지진(induced earthquake)이라 한다. 인공 지진은 지하에서 화약이나 핵폭탄을 폭발시키거나, 댐을 쌓고 물을 저수하거나, 우물을 파고 지각에 물을 유입하거나, 지하 동굴이나 광산의 천장이 무너질 때 발생한다.

인공 지진 중에서 지진학 발전에 크게 기여한 것이 지하에서 화약이나 핵폭탄을 폭발시킬 때 일어나는 폭파 지진(explosion earthquake)이다. 폭파 지진은 진앙과 발파 시점을 정확히 알 수 있어, 진앙과 발생 시간을 추정해야 하는 지구조 지진보다 지구 내부 구조 결정에 더 좋은 자료를 지진학자들에게 제공해 준다. 지난 수십 년에 걸쳐 세계 여러 지역에서 실행한 핵폭발 실험으로 상당한 규모의 폭파 지진들이 발생했다. 이 지진들의 에너지는 충분히 커서 지구조 지진에서 얻은 자료를 보완해 지구 내부 구조를 규명하는 데 기여를 했다.

지하 시추공에서 핵폭발이 일어나면 수백만분의 1초 동안에 수천 기압의 압력과 수백만 도의 열이 발생해 주위 암석을 기체로 바꾸고

지하에 공동을 만들게 된다. 이 공동이 점차 커지다가 주위 암석이 결국 폭파의 충격으로 깨지면 지진이 발생한다.

1968년 4월 26일 미국 네바다 핵무기 실험장에서 대규모 핵폭발 실험을 할 때 이로부터 50킬로미터 떨어진 라스베이거스의 시민들은 이 실험으로 건물이 파괴되고 심지어 사망자까지 발생할지 모른다고 걱정했다. 그러나 핵실험은 강행되었고 건물들은 흔들렸으나 별다른 피해는 없었다. 이 폭발은 캘리포니아 대학교 버클리 캠퍼스의 지진계에 규모 6.4의 지진으로 나타났다.

인공 지진이나 유도 지진은 대부분 규모가 작다. 그러나 댐을 만들어 대량의 물을 저수하는 경우에는 그 주변에서 강진이 발생해 큰 피해를 가져오기도 한다. 예로서 1967년 12월 11일 인도에 건설된 둑 높이 103미터의 대규모 코이나(Koyna) 댐 근처에서 규모 6.5의 지진이 발생해 근처 건물들의 80퍼센트가 파괴되었고 180명 이상이 사망하고 1,500명 이상의 사람들이 부상을 당했다.

진원과 진앙, 지진원 그리고 단층면해를 아시나요?

지진들은 지각에서 단층이 깨어지면서 움직일 때 발생하나 대부분의 경우 깨어진 부분이 지표에 이르지 못한다. 이 경우 단층이 깨어지기 시작하는 지점을 진원(focus)이라 하고 그 수직 상부에 있는 지표면의 지점을 진앙(epicenter)이라 한다. (그림 3-10) 지진파는 진원으로부터 사방으로 전파한다. 지진이 발생할 때 단층이 동시에 깨지는 것이 아니고 진원에서 시작된 파열이 단층면을 따라 S파 속도의

70~90퍼센트의 속도로 전파하며 단층이 점차 깨어지게 된다. (S파 등의 개념에 대해서는 5장에서 자세히 살필 것이다.) 응력으로 인해 진원 주위에 축적된 변형이 소멸할 때까지 파열이 진행되며 이 과정에서 지진파가 발생한다. 이 경우 파열된 단층면 전체가 지진원(earthquake source)이 된다.

지구 내부의 구조와 아울러 지구 내부에 작용해 지진을 일으키는 지구조력 및 국지적 응력의 공간적 분포를 아는 것은 지진학의 매우

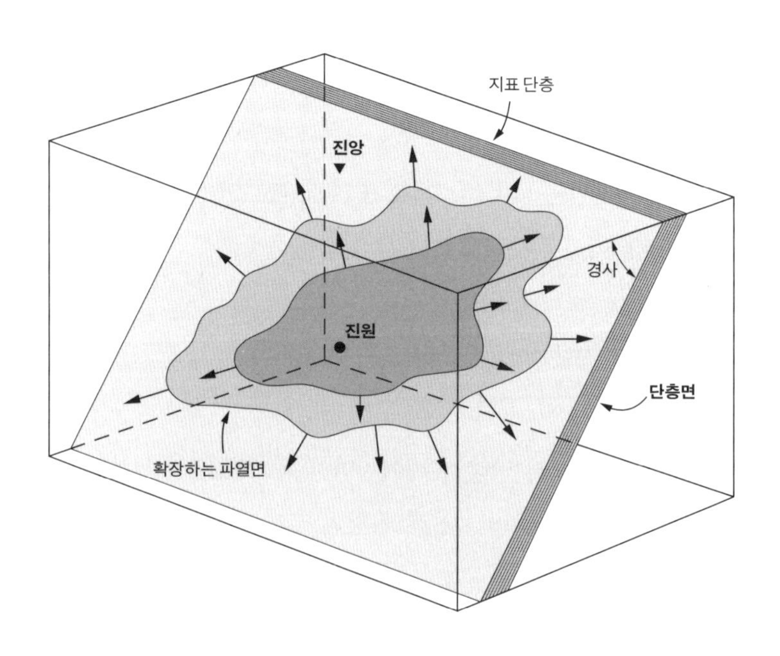

그림 3-10. 단층이 깨어지기 시작한 지점이 진원이고, 진원 수직 상방의 지표면의 지점이 진앙이다. 파열은 단층면을 따라 전파한다.

중요한 과제이다. 대부분의 경우 단층면을 지상에서 육안으로 확인하기는 힘들다. 왜냐하면 지하에서 발생한 파열면이 지표까지 연장되지 않기 때문이다. 그러나 지진이 일어날 때 발생하는 지진파를 분석하면 단층 운동과 작용하는 응력의 분포를 알아낼 수 있다.

5장에서 살펴보겠지만 지진이 발생하면 진원으로부터 지진파가 사방으로 전파하며 P파가 처음 관측소에 도달하고 S파와 표면파가 그 뒤를 따른다. (그림 5-3) 이 경우 P파에 의한 지면의 첫 진동을 초동(first motion)이라 한다.

지진을 일으키는 단층 운동을 지진 발생 메커니즘 또는 진원 메커니즘(focal mechanism)이라 한다. 지진학자들은 이 메커니즘을 탄성 반발 모형으로 설명한다. 지진학자들은 지구 표면 여러 곳에서 관측되는 지진파를 분석해 단층 운동의 방위와 유형(정단층, 역단층, 주향 이동 단층)과 지진을 일으키는 응력(장력, 압축력, 전단력)의 분포를 알아낼 수 있다. 지진 발생 메커니즘에 대한 이러한 해석을 단층면해(fault plane solution)라 한다. (자세한 것은 보론 「지구의 물리학 특강」 I을 참조하라.)

지구에서 발생하는 지진들의 단층면해는 4장에서 설명하는 판구조론의 가설을 이론으로 정립하는 데 결정적인 기여를 하게 되었다. 판구조론의 가설에 따르면 판들이 서로 멀어지는 경계에서는 정단층, 충돌하는 경계에서는 역단층, 그리고 서로 엇갈리는 데서는 주향 이동 단층이 발생할 것으로 예상되는데 실제로 이 경계들에서 발생하는 지진들의 발생 메커니즘은 판구조론의 이론과 부합함이 밝혀졌다.

4장

대륙은 맨틀 위에 떠 있는 판

지진과 판구조론

새로운 판 구조론의 영역에서 지진학은 철자 발음법으로 기능하고

고지자기 자료와 지층은 단지 두 종류의 발음 기억술이다.

—잭 올리버

비글(Beagle) 호를 타고 세계를 일주하던 생물학자 찰스 다윈(Charles R. Darwin)은 1835년 2월 20일 칠레의 태평양 연안 도시 콘셉시온에서 발생한 강진을 경험하고 다음과 같이 기술했다.

엄청난 지진이 지구가 견고한 모든 것들의 상징이라는 아주 오랜 관념을 순식간에 깨뜨려 버렸다. 그것은 우리의 발아래서 마치 유체 위의 딱딱한 껍질처럼 움직였다.

다윈의 표현은 생생하다. 종의 기원을 설명해 낸 이다운 관찰과 기술이다. 그러나 그도 지진이 발생하는 이유를 설명할 수 없었다. 그러나 칠레 지진에 관한 그의 기술 안에는 20세기 지질 과학의 혁명적인 패러다임인 판구조론을 예언한 표현이 숨어 있다.

지구를 휘감고 있는 '불의 고리'

과거 인류 문화가 일찍이 발달했던 지역들, 즉 지중해나 중국 등지에는 지진에 관한 옛 기록이 남아 있다. 이 문헌을 통해 우리는 지진이 문명아 발생한 이후에도 이 지역들에서 발생하고 있었음을 알 수 있다. 그리스 사람들은 지중해 연안에서 발생한 지진들을 기록했으며 중국은 기원전 1831년부터 현재까지 3,800여 년의 지진 기록을 보유하고 있다.

이러한 기록들로부터 지진들이 전 세계에서 고루 발생하지 않고 띠 모양을 이루고 있는 특정한 지역들에서 많이 발생함이 점차 밝혀졌다. 이러한 띠 모양의 지진 다발 지역을 지진대(seismic belt)라고 한다. 19세기 말에 지진계가 발명되고 여러 지역에 보급되어 진앙의 분포가 더욱 상세히 밝혀짐에 따라 지진대의 모습은 더욱 선명해졌다. (그림 4-1)

전 세계에서 발생하는 지진들의 진앙과 깊이 그리고 규모를 결정해 지역적 발생 양상을 최초로 명확히 밝힌 사람이 캘리포니아 공과 대학의 베노 구텐베르크(Beno Gutenberg) 교수와 찰스 리히터(Charles F. Richter) 교수였다.

이들은 지진들을 진원 깊이에 따라 얕은 지진(shallow earthquake,

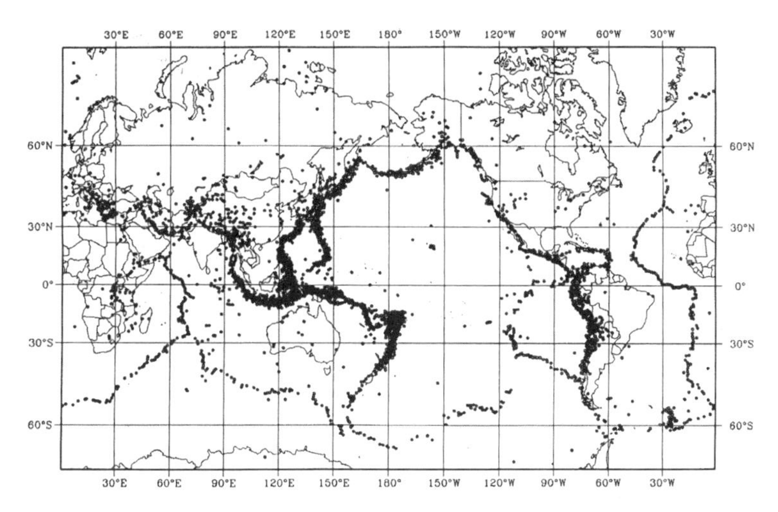

그림 4-1. 1963~1988년에 발생한 지하 70킬로미터 미만, 규모 5 이상 지진의 진앙 분포를 표시한 지도. 지진 발생의 전 지구적 분포 양상을 확인할 수 있다.

깊이 0~70킬로미터), 약간 깊은 지진(intermediate earthquake, 깊이 70~300킬로미터), 깊은 지진(deep earthquake, 깊이 300~700킬로미터)으로 구분하고 이 지진 발생의 전 지구적 분포 양상을 밝혔다. 얕은 지진, 약간 깊은 지진, 깊은 지진은 각기 천발 지진, 중발 지진, 심발 지진으로 부르기도 한다.

구텐베르크와 리히터의 연구에 따르면 전 세계적으로 가장 활발한 지진 활동이 태평양 연안의 환태평양(環太平洋) 지진대(circum-Pacific seismic belt)에서 발생한다. 이 지진대에서 전 지구에서 얕은 지진을 통해 방출되는 에너지의 75.4퍼센트가 방출되었다. 다음으로 활발한 지진대가 인도네시아에서 히말라야 산맥을 거쳐 지중해에 이르는 횡아시아(橫亞細亞) 지진대 또는 알파이드 지진대(trans-Asiatic or Alpide seismic belt)라 불리는 지진대이다. 이 지진대에서 얕은 지진 에너지의 22.9퍼센트가 방출되었고, 나머지 2퍼센트 미만의 얕은 지진 에너지가 다른 지진대에서 방출되었다. 약간 깊은 지진 및 깊은 지진으로 방출된 에너지는 환태평양 지진대에 편중되어 있다.

다른 지진대로 중요한 것이 전 지구의 해저를 연결하는 중앙 대양저 산맥(mid-oceanic ridge)이다. 이중 가장 유명한 것이 중앙 대서양 산맥(Mid-Atlantic ridge)이다. (그림 4-9)

그리고 가장 강렬한 지진 활동이 해구(trench)와 그 후면의 호상 화산 열도(volcanic island arc)에서 발생함이 밝혀졌다. 예로서 쿠릴 열도와 캄차카 반도는 거의 구형의 호(arc)를 이루고 있다. 그리고 이 호상 열도를 따라 수많은 화산들이 분포한다. 이 호상 열도 앞에 이와 거의 평행하게 최대 깊이가 9킬로미터를 넘는 해구가 위치한다. (그림 4-2)

이 일대에서 발생하는 수많은 지진들은 일정한 패턴을 따라 발생한다. 이 호상 열도의 앞, 즉 열도와 해구 사이에서는 얕은 지진들이 발생한다. 그러나 호상 열도의 뒤쪽으로 점차 멀리 이동할수록 지진의 깊이는 점진적으로 깊어지며 최고 650킬로미터에 이른다. 그림 4-3에서 볼 수 있듯이 진원들은 대체로 호상 열도의 뒤 대륙 쪽으로 대략 40도로 경사진 면을 따라 분포한다.

흥미로운 것은 쿠릴 열도-캄차카 반도에서 볼 수 있는 이런 화산, 지진의 분포 양상이 알래스카, 남태평양의 케르마덱(Kermadec) 열도 및 통가(Tonga) 열도, 안데스 산맥 등 해구가 있는 환태평양 지진대의 다른 지역에서도 거의 예외 없이 반복된다는 것이다. 전 세계의 대규

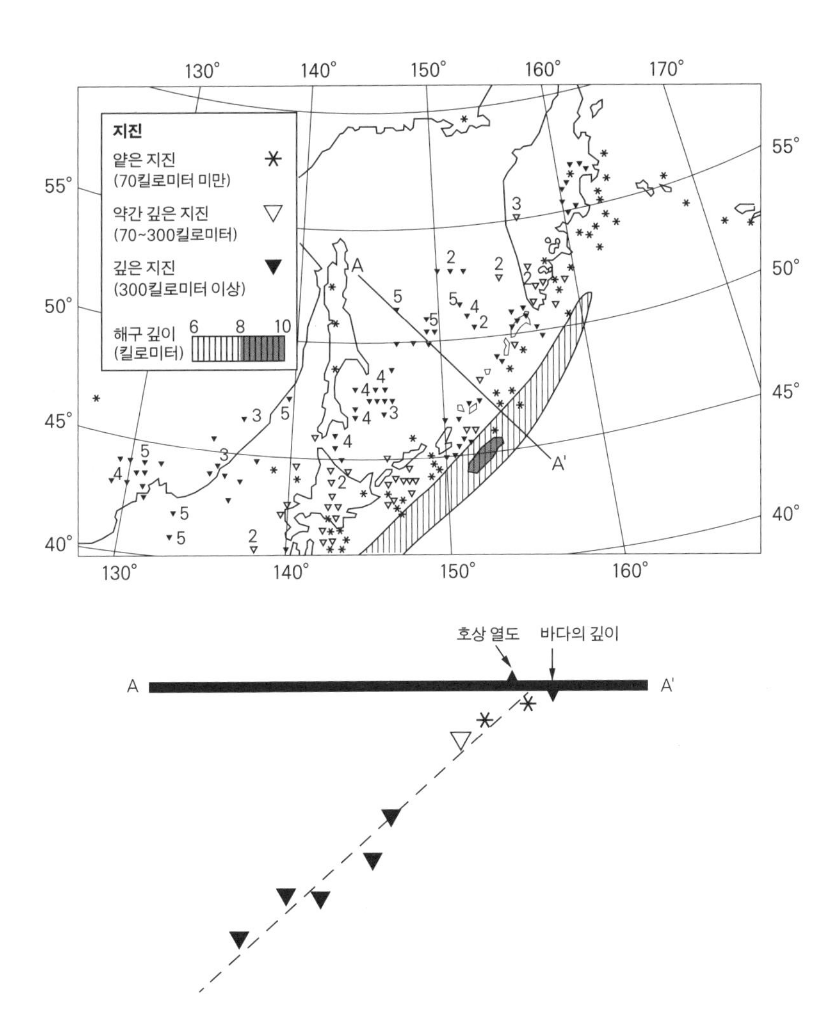

그림 4-2. 위. 쿠릴 열도-캄차카 반도를 잇는 호상 열도와 사할린 섬 근처의 지진 분포. 호상 열도를 따라 화산 활동이 발생하고, 그 앞에 해구가 위치한다. 지진들의 깊이는 호상 열도에서는 얕고, 열도의 뒤쪽으로 갈수록 점점 깊어진다. **그림 4-3. 아래.** 그림 4-2의 직선 AA'에 대한 수직 단면도이다. 진원의 깊이는 태평양에서 대륙 쪽으로 대략 40도로 경사진 면을 따라 증가한다.

모 지진들과 화산 활동이 발생하는 이 지진대를 화산학자들은 '불의 고리(Ring of Fire)'라고 부른다. (그림 4-4)

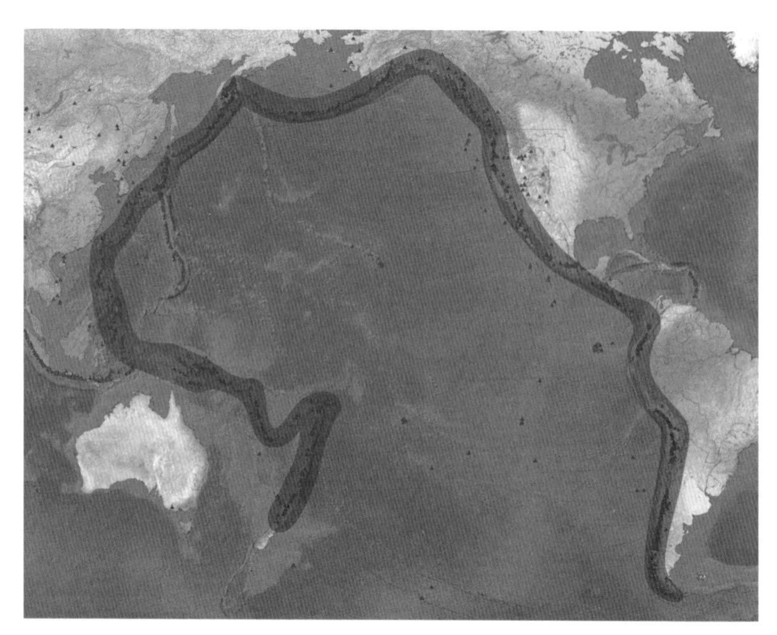

그림 4-4. 태평양의 불의 고리. 활화산(큰 원)과 지진(작은 점)을 보여 준다.

왜 지진들이 전 세계에서 고루 발생하지 않고 고리 모양의 지진대에서 많이 발생하는가? 왜 태평양의 호상 열도 지역에서 깊은 지진 및 약간 깊은 지진들이 경사면을 따라서 발생하는가? 이 문제들은 1960년대에 판구조론(plate tectonics)이 제창되기 전까지 지진학의 중요한 미해결 문제로 남아 있었다. 판구조론은 이러한 의문을 간명하게 설명할 수 있는 모형을 제시했다. 판구조론은 지진학뿐만 아니라 지질학의 모든 현상을 하나의 통일적 시각으로 조명할 수 있는 획기적인 패러다임으로 20세기 과학 역사상 가장 빛나는 업적의 하나로 평가되고 있다. 그 출발점은 대륙 이동설이라는 혁신적 주장이었다.

알프레트 베게너의 대륙 이동설

20세기 초 독일의 기상학자 알프레트 베게너(Alfred Wegener)는 지구 동역학(geodynamics)의 기본적인 문제들, 즉 어떤 힘에 따라 대륙과 바다가 생성되었는가, 왜 산맥이 형성되고 화산 활동이 일어나는가, 왜 지진이 발생하는가 같은 질문에 대한 해답을 추구했다. 그는 여러 분야, 즉 생물학, 기후학, 지질학 등의 증거들에 근거해 1915년에 『대륙과 바다의 기원(*The origin of Continents and Oceans*)』을 출판하고 당시의 보편적 견해와 전혀 다른 이론을 제시했다. (그림 4-5)

당시의 지구 과학자들은 지구의 표면은 녹아 있는 내부 물질을 덮고 있는 정적인 껍질이라고 생각했다. 지표면은 천천히 식어 가는데 지구가 식어 감에 따라 수축하게 되고 그 표면은 마치 말라 가는 사과처럼 쭈그러들며 주름 같은 산과 골짜기가 생기고 이 과정에서 가끔 찢어지고 붕괴하면서 지진들이 발생한다고 생각했다. 또 지구 표면의 주요한 모습인 바다와 대륙은 지구가 수축되는 과정에서 다소 일그러지는 것을 제외하고는 처음 생성된 그 상태를 유지해 오고 있다고 생각했다.

베게너는 만약 지구가 수축함에 따라 산맥이 생긴다면 산맥들은 지구 표면에서 거의 균일하게 분포해야 한다고 생각했다. 그러나 실제로는 좁은 지

그림 4-5. 알프레트 베게너, 독일의 기상학자로 대륙 이동설을 주창했다.

역에 띠 모양으로 분포하기 때문에 산맥과 계곡 형성 과정에 전혀 다른 메커니즘이 작용했으리라고 생각했다. 또 그는 남아메리카의 동쪽 해안선과 아프리카의 서쪽 해안선이 지도 위에 나란히 놓았을 때 잘 일치하는 것이 우연의 일치라고 생각하지 않았다. 그는 양쪽 해안 지역의 지질 및 생물학적 자료를 수집해 분석하고 당시의 지질학적 지식으로 설명할 수 없는 다음의 질문을 제기했다. '어떻게 수천 킬로미터 떨어진 두 해안 지역에 비슷한 암석들이 존재하고 거기서 비슷한 생물들이 살고 있었을까?'

베게너는 이 질문을 '대륙 이동설(continental drift theory)'로 설명했다. 그는 지구의 표면이 정적이 아니고 동적인 상태에 있으며 대륙과 해양이 서로 끊임없이 이동한다고 선언했다. 베게너는 대륙들이 한때 하나의 대륙을 이루어 바다 위에 거대한 섬처럼 존재했다고 제안하고 이 초대륙을 '판게아(Pangaea)'라고 불렀다. (그림 4-6) 그러다 이 초대륙이 약 2억 년 전에 조각들로 분리되기 시작해 마치 바다 위의 빙산들처럼 표류해 오늘의 모습을 보이게 되었다고 설명했다.

베게너의 이 충격적인 가설은 학계에서 냉소의 대상이 되었다. 어떤 학자는 베게너의 방법은 "처음 아이디어, 이를 정당화시키기 위한 문헌을 통한 선택적 증거 수집, 그 아이디어에 반한 모든 사실을 무시하는 과정을 통해 주관적 아이디어가 자기 도취의 상태에서 객관적 사실로 끝나 버린다."라고 조롱했다.

이러한 비난에는 다소의 진실이 있었다. 실제로 베게너가 든 근거들은 설득력이 매우 약했으며, 이러한 믿기 어려운 결론으로 도약하기에는 충분하지 못했다. 그러나 수십 년의 시간이 지나면서 지구 과

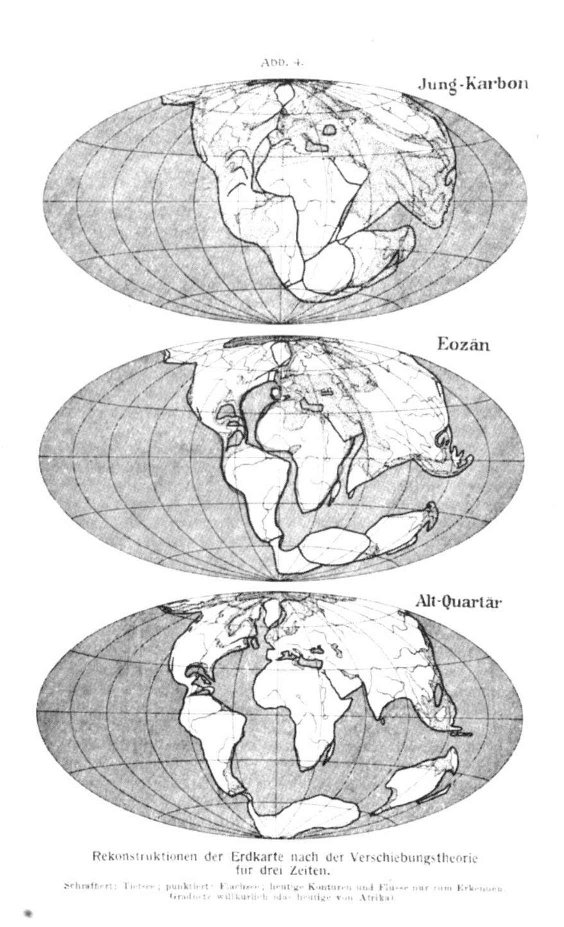

그림 4-6. 베게너가 제시한 지구 대륙들의 이동 양상. 초 대륙 판게아(Pangaea)는 약 2억 년 전에 조각들로 분리되어 표류해 현재의 모습을 갖게 되었다. 맨 위 그림은 3억 년 전, 그다음 그림은 4000만 년 전, 마지막 그림은 150만 년 전 지구 대륙들의 모습이다.

학자들은 처음에는 마지못해서, 그러나 후에는 열광적으로 베게너의 예언적 통찰을 수용하게 되었다. 지구 과학에 일대 혁명을 불러온 이 이론을 입증한 중요한 증거들은 대부분 지진 연구에서 유래했다.

대륙 이동설을 지지하는 첫 지진학적 증거는 1920년대에 나타났다. 20대의 젊은 지진학자 와다치 기요오(和達清夫)는 도쿄 대학교에서 물리학을 공부한 후 일본 기상청에 취직해 일본 주위에서 발생하는 지진들의 깊이를 조사하기 시작했다. 그는 아시아 대륙 쪽으로 갈수록 그림 4-3에서 보는 바와 같이 진원의 깊이가 점차 증가함을 발견했다. 일본 해구에서 수 킬로미터 정도인 진원의 깊이는 점차 증대하고 일본 해구로부터 대략 1,000킬로미터 떨어진 만주 연안에서는 650킬로미터 깊이에 이르게 된다. 와다치는 지구 반지름의 거의 10분의 1에 해당하는 이 정도의 깊이에서 지구 내부 물질이 소성 변형을 하면서 지진을 발생시킨다는 것을 의외라고 여겼다. 소성 변형이 일어나기에는 압력과 온도가 너무 높았기 때문이다.

그림 4-7 휴고 베니오프. 캘리포니아 공과 대학의 지진학자. 베니오프 지진대와 지구의 자유 진동을 발견했다.

한편 1940년대 후반 캘리포니아 공과 대학의 지진학자 휴고 베니오프가 에콰도르에서 칠레에 걸치는 남아메리카 서해의 해구에서 발생하는 지진들을 연구했다. (그림 4-7) 그는 와다치 기요오와 마찬가지로 이번에는 남아메리카 대륙 방향으로 동쪽으로 기우는 지진

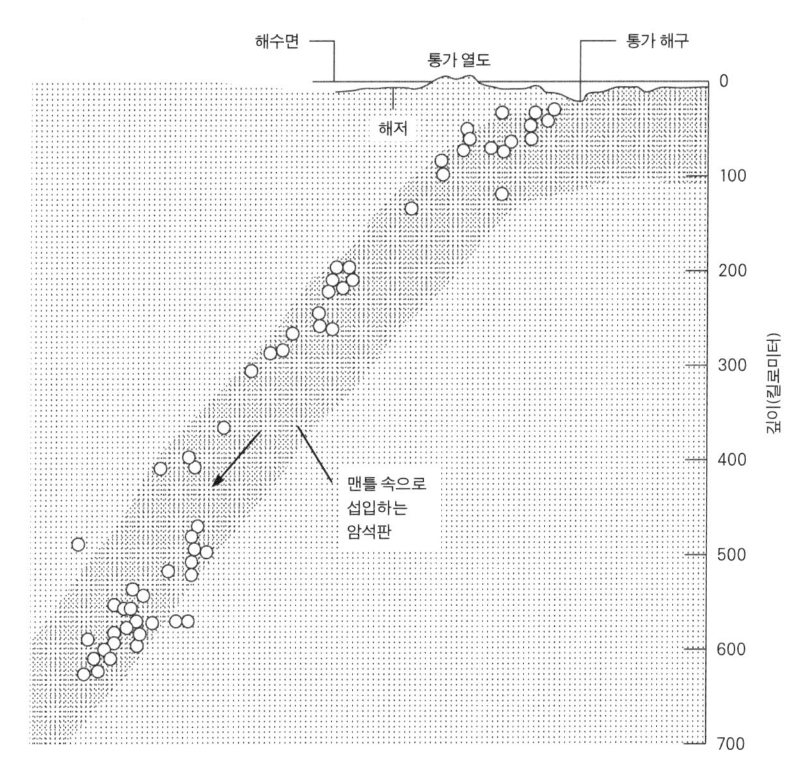

그림 4-8. 태평양 통가 열도 부근에서 약간 깊은 및 깊은 지진들이 발생하는 베니오프 지진대. 원들은 1965년에 발생한 지진들을 표시한다.

대를 발견했다.

뉴질랜드와 사모아의 사이에 위치하는 통가 해구에서도 역시 통가 열도를 통과해 서쪽으로 피지를 향해 대략 45도의 각도로 기우는 지진대(그림 4-8)를 발견했다. 태평양 연안의 다른 해구 지역에서도 예외 없이 맨틀 내부로 비스듬히 경사를 이루는 강력한 지진대가 발견되었다.

이 경사진 지진대는 그 발견자를 기념해 '베니오프 지진대' 또는

'와다치-베니오프 지진대'라고 부른다. (줄여서 베니오프대라고도 한다.) 이 결과를 근거로 베니오프는 1954년 해구에서 거대한 해저 지각의 일부가 인접한 대륙의 밑으로 밀고 들어간다고 주장하는 기념비적 논문을 발표했다. 앞에서도 이야기했고 뒤에 6장에서 자세히 다루겠지만 베니오프는 지구 전체가 진동하는 자유 진동을 처음으로 발견했다. 그는 음악에도 관심이 깊어 30대 이후 평생 피아노, 바이오린, 첼로의 전기 악기를 개발하는 데 여가 시간을 썼다.

그러나 베니오프는 그 거대한 운동을 일으키는 데 필요한 막대한 에너지의 근원을 밝힐 수 없었기 때문에 그의 주장은 선뜻 수용되지 않았다. 뿐만 아니라 지구의 표면 전체가 지각으로 덮여 있으므로 만약 대규모의 지각이 해구 밑으로 사라질 때 무엇이 그 사라진 부분을 대치하는가도 설명할 수 없었다.

이런 의문들에 대한 대답이 1950년대에 미국 컬럼비아 대학교 라몬트 지질 연구소(Lamont Gelogical Observatory)가 수행한 대서양 해저 탐사의 결과에서 나오기 시작했다. 이 연구소의 초대 소장인 모리스 유잉(Maurice Ewing) 교수가 돛배인 베마(Vema) 호를 연구선으로 개조해 탐사에 활용했다. 베마 호가 20년 동안 대서양을 무려 80만 킬로미터를 종횡으로 움직이며 TNT를 터뜨려 해저에서 반사되어 되돌아오는 지진파를 분석해 해저의 지형과 수 킬로미터 깊이까지의 구성 물질을 조사했다.

베마 호의 탐사에서 밝혀진 것 중에 첫째로 놀라운 것은 해저의 퇴적물이 예상보다 훨씬 얇다는 것이었다. 오랜 기간 육지에서 바다로 흘러간 퇴적물과 해저에 쌓인 바다 생물들의 잔해들을 고려할 때

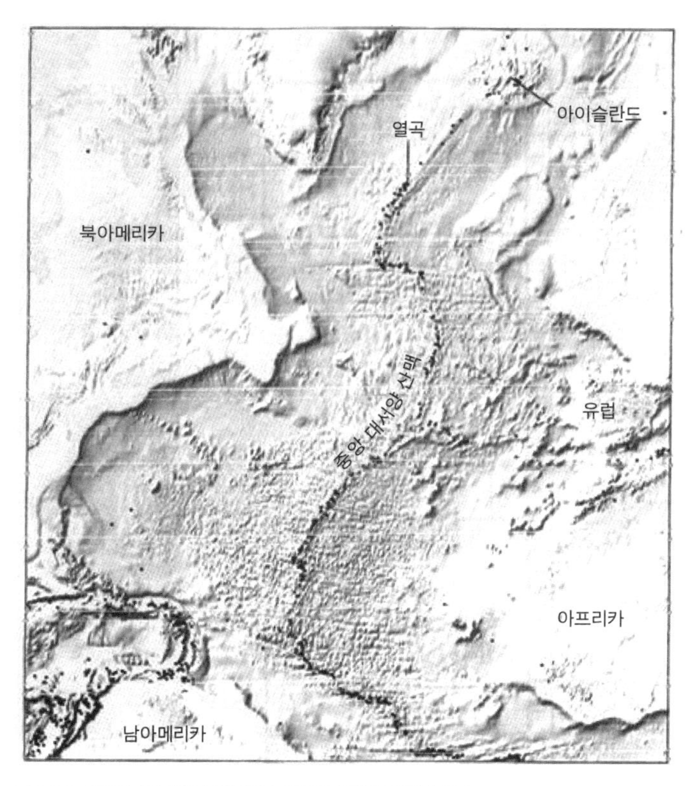

그림 4-9. 중앙 대서양 산맥. 산맥 중앙의 열곡에서 지진들이 발생한다.

해저 퇴적물의 두께는 매우 두꺼우리라 예상되었지만 의외로 얇아 평균 0.8킬로미터에 미치지도 못했다. 퇴적물의 두께는 대륙 근처에서 가장 두꺼웠고 바다 중앙에 있는 길고 거대한 중앙 대서양 산맥으로 갈수록 더욱 얇아졌다. 중앙 대서양 산맥의 높이는 3킬로미터가 넘고 너비는 500~5,000킬로미터이고 중심부로 갈수록 경사는 급해진다.

베마 호가 밝혀낸 중앙 대서양 산맥의 구조(그림 4-9)는 지구상의 보통 산맥과는 달랐다. 그것은 북극부터 남극에 이르기까지 거의 정확히 대서양의 중앙을 지나는 거대한 산맥이었고, 주로 석회암, 셰일과 화강암으로 되어 있는 알프스 산맥이나 로키 산맥과는 달리 현무암으로 이루어져 있었다. 경사는 급했고 해저 위에 마치 수 킬로미터의 계단들이 솟아 있는 것과 같았다.

그러나 가장 이상한 것은 대양저 산맥의 중앙 산마루에 거대한 틈인 열곡(rift valley)이 있는 것이었다. 그 열곡의 폭은 12~50킬로미터이고 산맥의 전체에 걸쳐 존재했다. 산맥 여러 곳에서 산마루가 열곡에 수직으로 갈라져 오른쪽 또는 왼쪽으로 급격한 오프셋이 발생했음을 보여 주고 있었다. (그림 4-10) 그리고 중앙 대서양 산맥에 이어 전 지구의 대양을 잇는 대규모의 중앙 대양저 산맥(Mid-oceanic ridge)이 태평양과 인도양에서도 발견되었다.

산마루 근처의 해저에는 퇴적물의 양이 매우 적었고, 이것을 라몬트 연구소의 연구원들은 해저가 산맥에서 이동해 나온다는 것의 증거로 보았다. 그들은 가장 젊은 산맥에서 퇴적물의 두께가 가장 얇고 이로부터 떨어질수록 점차 두꺼워진다고 설명했다. 이렇게 생각하면 해저의 퇴적물이 예상보다 적음도 설명할 수 있었다. 퇴적물의 대부분이 마치 컨베이어벨트 위에 있는 것처럼 움직이는 해저 지각을 따라서 운반되는 것이다. 그러나 어디로 운반되어 어떻게 처리되는지는 설명할 수 없었다.

한편 라몬트 연구소의 지진학자들은 대서양에서 발생하는 지진들의 진앙들을 정확히 결정해 대부분의 지진들이 놀랍게도 중앙 대양저 산맥의 축과 정확히 일치해 발생함을 알아냈다. 지진들은 산마루의 열곡이나 산마루를 직각으로 가로지르는 파쇄대에서 발생했다.

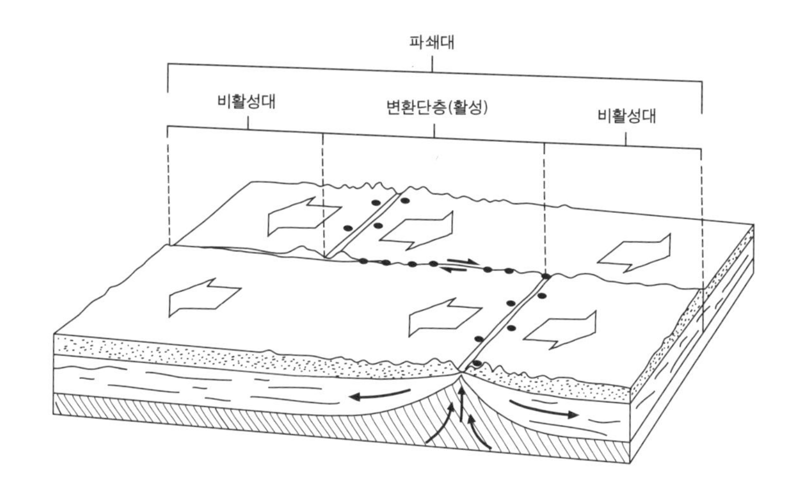

그림 4-10. 대양저 산맥의 변환 단층. 중앙 산마루에 갈라진 틈 열곡이 있고 이에 직각으로 급격한 오프셋이 발생했음을 볼 수 있다. 열곡과 변환 단층의 검은색 점들은 지진을 나타낸다.

그들은 이것이 단층임에 틀림없다고 생각했다. (그림 4-10) 그들은 비슷한 현상을 태평양과 인도양의 중앙 대양저 산맥에서도 발견했다.

해저 확장설과 지구 과학을 뒤집은 패러다임 혁명!

중앙 대양저 산맥의 지진들과, 해구와 호상 열도의 베니오프 지진대를 연결하는 그림이 점차 분명해지기 시작했다. 즉 지각이 끊임없이 해저 산맥에서 솟아오르며 생성되어 바깥쪽으로 움직여 깊은 해구에서 사라진다는 것이다. 이러한 가설을 해저 확장설(sea-floor spreading theory)이라 한다.

해저 확장설은 대륙 이동설을 지지하는 강력한 증거가 되었다. 만약 지각이 움직인다면 대륙이 이동한다는 아이디어가 전혀 우스꽝

스러운 것만은 아니게 된다. 그러나 해저 확장설은 베게너의 대륙 이동설과는 달리 대륙이 지각 속을 헤쳐 나가는 것이 아니라 전 지구상의 운동 시스템의 일부가 됨을 시사한다. 이 아이디어가 전반적으로 논리적이고 일관성이 있게 보일지는 몰라도 그 타당성을 과학적으로 입증하는 것은 엄청나게 어려운 작업으로 생각되었다. 실제로 이 학설의 주창자 중 한 사람인 프린스턴 대학교의 해리 헤스(Harry H. Hess)도 확실한 증거보다 직관이 더 많음을 인정하고 이를 '지구 시학(geopoetry)'이라고 불렀다.

그러나 시간이 지나면서 더 많은 증거들이 모임에 따라 이 가설은 더욱 힘을 얻게 되었다. 1960년대에 이론과 관측의 측면에서 두 가지 중요한 연구가 근거가 박약한 이 가설을 존중할 만한 학설로 만들었다. 두 연구가 모두 중앙 대양저 산맥의 산마루가 갈라져 엇갈린 부분, 즉 오프셋에서 발생하는 지진들에 관한 것이었다.

1967년 라몬트 연구소의 린 사이크스(Lynn Sykes)가 중앙아메리카와 남아메리카의 연안에서 멀리 떨어진 해저 산맥인 동태평양 산맥(East Pacific Rise)에서 발생하는 지진들의 진앙을 분석한 논문을 출판했다. 그는 지진들이 해저 산맥을 자르는 파쇄대의 전부에서 발생하지 않고, 해저 산맥이 갈라져 엇갈린 오프셋 부분에서만 발생함을 밝혔다. 파쇄대는 산마루에서 1,000킬로미터까지 연장되었으나 지진들이 갈라진 산마루 사이에서만 발생하지 그 밖에서는 거의 발생하지 않았다. (그림 4-10)

캐나다의 지구 물리학자 투조 윌슨(Tuzo Wilson)은 사이크스의 이 연구 결과를 해저 확장설을 확인해 주는 증거로 보았다. 그는 해저가 중앙 대양저 산맥으로부터 밖으로 움직인다면 산마루에서 솟아오른 현무암이 산맥이 잘라진 부분에서는 서로 반대 방향으로 움직이며 단층을 깨뜨려 지진들을 발생시킨다고 생각했다. 잘라진 부분의 바깥에서는 해저가 같은 방향으로 거의 같은 속도로 움직이므로 응력이 작용하지 않기 때문에 지진들이 발생하지 않을 터였다. 윌슨은 지진이 발생하는 이 부분을 변환 단층(transform fault)이라 불렀다. 이 단층에서 응력과 그 방향이 변환되기 때문이다. (그림 4-10)

사이크스는 전 세계에서 발생하는 지진을 더욱 정확히 관측하기 위해 설치된 전 세계 표준 지진 관측망(World Wide Standardized Seismograph Network, WWSSN)을 이용해 중앙 대서양 산맥과 아덴만의 해저 산맥에서 발생하는 지진들의 진앙과 발생 메커니즘을 단층면해로 분석해 윌슨이 제시한 이론이 타당함을 밝혔다. (보론 「지진의 물리학 특강」 I 참조)

그는 중앙 대양저 산맥의 열곡에서 발생하는 지진들은 장력에 의한 정단층의 메커니즘을 갖고, 변환 단층에서 발생하는 지진들은 전단력에 의한 주향 이동 단층의 메커니즘을 가짐을 확인하고 "지진들의 진앙 분포와 발생 메커니즘이 모두 중앙 대양저 산맥의 산마루에서 해저가 성장하고 있음을 보여 준다."라고 기술했다. 이어진 연구들은 해구에서는 압축력이 일으키는 역단층의 메커니즘을 갖는 지진들이 발생함을 보여 주었다.

이러한 지진학적 증거와 병행해 지구 과학의 다른 분야에서도 새로운 학설을 뒷받침하는 연구 결과들이 나왔다. 해양학자들은 해저의 시추공에서 샘플을 채취해 중앙 대양저 산맥에서 해구로 갈수록 지각의 나이가 많아짐을 확인했고 이는 해저 확장설과 부합한다고 여기기 시작했다. 해저에서 지온을 측정한 결과 역시 뜨거운 물질이 해저 산맥 밑에서 솟아오르고 찬 물질이 해구에서 섭입하는 가설과 부합했다. 또 중앙 대양저 산맥과 연관된 지자기 이상(magnetic anomaly)은 지자기 역전(magnetic reversal)을 보여 주었고, 이로부터 해저 확장의 속도를 계산할 수 있었다.

결국 이전의 정적인 지구 모형은 1966년과 1967년에 미국에서 개최된 일련의 학회에서 완전히 분쇄되었다. 1966년 11월에 뉴욕에서 시작해 그다음 해 4월에 워싱턴 D. C.에서 열린 미국 지구 물리 연합회(American Geophysical Union)의 정기 총회까지 이어진 일련의 논문 발표에서 학자들은 많은 독립적인 연구들이 모두 새로운 학설을 뒷받침하는 것을 보고 놀라움을 금할 수 없었다. 그중 가장 놀라운 것이 1967년의 정기 총회에서 발표된 해저 확장설과 변환 단층을 뒷받침하는 사이크스의 지진학적 증거들이었다.

더욱 놀라운 것은 맨틀 상부의 저속도층 물질이 그렇게 단단하지 않음을 발견한 것이다. 1959년에 베노 구텐베르크는 지하 약 150킬로미터부터 지진파의 속도가 감소하는 저속도층(low velocity zone)이 존재함을 발견했다. 이 저속도층에서 암석의 강성률(rigidity)이 감소해 더 연약해진다. 그러나 이 저속도층의 존재에 대한 증거는 그렇게 분명하지 않았다. 베게너의 대륙 이동설에 대한 가장 중요한 반론은 단순한 역학에 근거를 두었다. 즉 지구처럼 단단한 고체에서 표면의 부분이 그 하부의 물질 위로 미끄러져 움직이는 것은 역학적으로 불가능하다는 것이다. 당시의 지구 내부 구조에 관한 지식에 비추어 볼 때, 대륙이 고체의 지구 속을 수천 킬로미터 규모로 수평 이동하는 것은 불가능하게 보였다.

지진학자들은 지진파의 한 종류인 표면파를 분석해 구텐베르크의 저속도층을 확인할 수 있었다. (보론 「지진의 물리학 특강」 VI 참조) 그들은 이 저속도층에서 암석이 실제 액체와 같이 거동하지는 않지만 대장간의 녹은 쇳물처럼 지상의 암석 상태보다는 훨씬 연약하리라는 결론을 내렸다. 적절한 온도와 압력 조건에서는 이 연약한 암석층에서 지각의 일부가 대륙을 그 안에 포함하고 아주 느리게 수평으로 운동하는 것이 가능하다고 생각했다. 이것은 베게너의 가설과 구별되는 중요한 차이점이다. 베게너는 대륙이 지각의 일부가 아니고 한 단위로서 지각 속에서 움직인다고 생각했다.

1967년 미국 지구 물리 연합회 정기 총회는 지구 과학의 역사에서 하나의 전환점이 되었다. 과학의 역사 전체에서도 매우 드문 '패러다임 이동'의 순간이었다. 해저 확장설에 대해 70여 편의 논문들이 발표되었고, 그 상당수가 이 가설을 반박하려고 했으나 오히려 이를 확인하는 결과가 되고 말았다.

그 총회에서 새로운 이론의 가장 간명한 종합이 라몬트 연구소의 린 사이크스, 잭 올리버(Jack Oliver)와 브라이언 아이잭스(Bryan Isacks)에 의해 제시되었다. 그들은 지구의 표면이 여러 개의 단단한 암석판(lithospheric plate) 또는 판(plate)으로 구성되어 있으며 이 판들이 마치 봄날 강물 위를 떠도는 얼음 덩어리처럼 맨틀 상부의 저속도층 위를 이동하면서 서로 떠밀며 충돌한다고 설명했다. 이 저속도층을 연약권(asthenosphere)이라고 부르며 그 깊이는 100~300킬로미터이다. 판으로 구성된 지각과 맨틀 상부의 부분을 암석권(lithosphere)이라 한다. 판은 대양저 산맥에서 생성되며 맨틀 물질의 대류 현상에 따라 움직여 해구에서 맨틀 속으로 섭입해 사라진다. 판들의 상대 운동에 따라 그 경계는 서로 떨어져 나가는 발산 경계(divergent boundary), 마찰하며 미끄러지는 변환 경계(transform boundary), 부딪치는 수렴 경계(convergent boundary)의 세 가지 유형이 있으며, 이 경계들에서 발생하는 대부분 지진들의 단층면해는 각기 정단층, 주향이동 단층, 역단층의 메커니즘을 갖는 것이 밝혀졌다. (그림 4-11)

판의 운동은 매우 느려 1년에 수 센티미터 이하에 불과하나 지속적으로 작용해 지구의 표면을 생성하고 재생성하는 일을 반복한다.

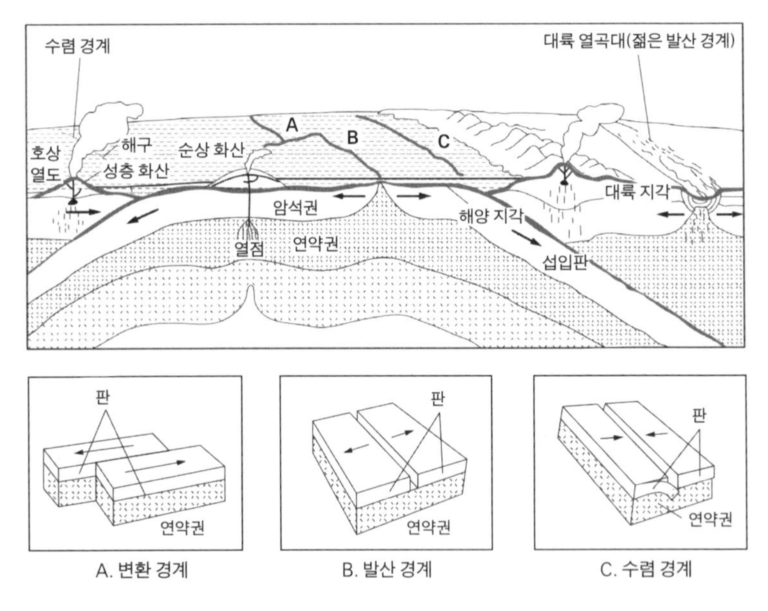

그림 4-11. 판구조론과 세 종류의 판의 경계. 판과 판이 만나는 변환 경계, 발산 경계, 수렴 경계, 그리고 대륙 열곡대 등에서 지진이 발생한다.

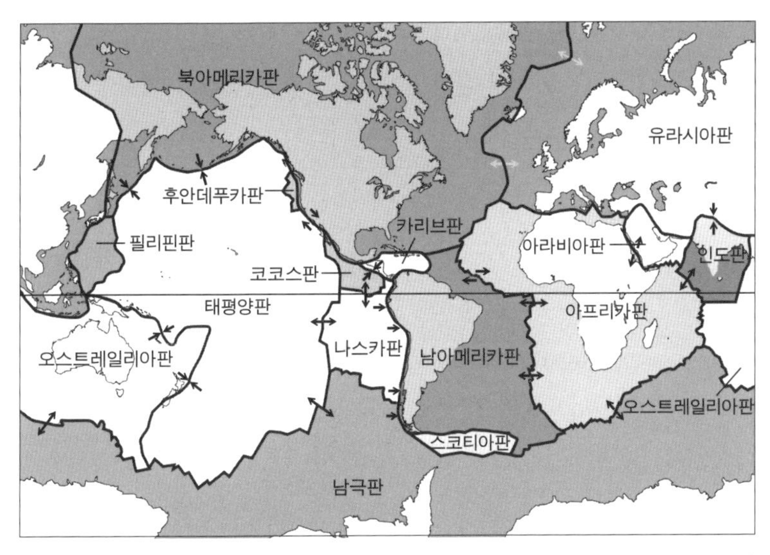

그림 4-12. 전 세계의 주요 판들. 판의 경계에서 화살표의 방향은 판 사이의 상대 운동을 나타낸다. 화살표가 서로 맞서는 곳은 발산 경계, 서로 등돌리고 있는 곳은 수렴 경계, 서로 스쳐 지나가고 있는 곳은 발산 경계다.

과거 지질학적 시대를 통해 바다가 열렸다 닫히고, 산맥이 형성되었다 소멸하고, 지진과 화산이 발생했다 소멸하는 현상들이 판들의 운동에 기인한다. 전체로서 6개의 대규모 판들과 몇 개의 작은 판들이 있으며, 이 이론을 판구조론이라 한다. (그림 4-12) 판구조론에 따르면 판의 경계가 지진대가 된다. 약간 깊은 지진 및 깊은 지진들은 주로 대륙판 밑으로 섭입하는 해양판의 온도가 낮은 부분인 베니오프 지진대에서 발생한다.

판구조론은 빠르게 지구 과학의 지배적인 이론으로 받아들여졌다. 바로 얼마 전까지만 해도 오랫동안 지각이 움직인다는 아이디어는 그 자체로 경멸의 대상이었고 이 개념에 대한 신뢰를 공식적으로 표명하는 젊은 과학자는 그 학문적 장래가 의문시되었다. 시카고 대학교의 롤린 체임벌린(Rollin T. Chamberlin)이 1920년대에 말한 "만약 베게너의 말을 믿어야 한다면, 지난 70년간 우리가 배워 온 모든 것을 버리고 새로 시작해야 한다."라는 말이 거의 40년간 굳게 믿어졌다.

그러나 1970년에 들어와서는 판구조론에 반대해 오던 학자들이 이 새로운 학설에 밀리면서 소수파가 되어 갔다. 러시아의 지질학자 블라드미르 벨루소프(Vladmir V. Belousov)는 "새로운 아이디어가 최면의 주문을 걸어 대부분의 오래된 익숙한 것들에 그림자를 던졌다."라고 말하며 비탄을 감추지 못했다.

전 지구에서 방출되는 지진 에너지의 98퍼센트 이상을 방출하는 판 경계 지진 활동(interplate seismicity)은 판구조론으로 설명된다. 그러나 판 경계에서 멀리 떨어진 판 내부에서도 지진들이 발생해 이러한 지진 활동을 판 내부 지진 활동(intraplate seismicity)이라 한다. 예로서 1811년의 뉴마드리드 지진과 중국이나 우리나라에서 발생하는 지진들은 각기 북아메리카판과 유라시아판 내부에서 발생하고 있는 지진들이다.

판구조론에 따르면 판은 물리학적 강체(rigid body)로서 외부에서 아무리 큰 응력이 작용해도 판 내부에서 어떠한 변형도 일어나지 않으며 따라서 지진도 발생하지 않는다. 따라서 판 경계에서 발생하는 지진들과는 달리 판구조론이 아직까지 판 내부에서 발생하는 지진들의 메커니즘을 잘 설명하지 못하고 있다.

지진학이 20세기 지구 과학의 코페르니쿠스 혁명을 불러온 이론인 판구조론의 정립에 결정적인 기여를 하게 된 것은 지구 내부에서 발생하는 지진파를 분석했기 때문이다. 지진학자는 마치 한의사가 진맥을 통해 환자의 신체 기능을 검진하듯이 지진파를 분석해 지진, 화산 등 지구 내부에서 진행되는 지구 동역학적 과정을 알아낸다. 그렇다면 지진파에는 어떤 종류가 있고 이를 어떻게 기록하는가를 알아보자.

5장

—

지진파의 파동 속에서

—

지진계와 지진의 관측

지진 자료는 훨씬 더 확대되고 보강되어야 한다.

—베노 구텐베르크

지각의 단층이 깨어지며 지진이 발생하면 진원으로부터 두 종류의 파동이 발생해 지구 내부를 통과하게 된다. 이 파동들은 20세기에 지진계가 발명되기 전인 19세기에 프랑스의 수학자 시메옹드니 푸아송(Siméon-Denis Poisson)이 그 존재를 펜과 종이를 사용해 이론적으로 밝혔다.

지진파는 지구 내부의 비밀을 밝히는 열쇠

푸아송에 따르면 탄성체인 고체 내부에서 두 가지 종류의 변형이 일어나고 그것들은 각기 다른 속도의 파동으로 탄성체 내부로 전파해 간다. 첫째 종류의 변형은 파동이 전파하는 방향으로 일어나 탄성체의 체적을 변화시키는데(따라서 밀도가 변한다.) 이 지진파를 압축파(compressional wave)라 한다. 압축파는 대기의 밀도가 변하면서 전파되는 음파, 즉 소리의 파동과 비슷하다. 둘째 종류의 변형은 체적(또는 밀도)의 변화 없이 탄성체의 모양이 파동이 전파하는 방향에 수직으로 비틀어지는 것이며 이 변형을 전달하는 지진파를 전단파(shear wave)라 한다. (그림 5-1) 그런데 압축파의 속도가 전단파의 속도보다 빨라 압축파를 먼저 도착하는 파동이라 해서 P파(Primary wave)라 하고 전단파를 다음에 도착하는 파동이라 해서 S파(secondary wave)라 부른다. 이 지진파의 속도에 대해 좀 더 자세히 알고 싶은 독자는 부록에 포함되어 있는 「지진의 물리학 특강」 II을 살펴보면 된다.

지각에서 P파의 속도는 대략 초속 6킬로미터이고 소리보다 대략 20배 빠르다. S파는 대략 초속 3.5킬로미터로 지각을 전파한다. P파와 S파가 모두 지구 내부를 통과해 전파하는데 이런 이유에서 이들을 실체파(body wave)라 부른다.

실체파인 P파와 S파가 지구 표면에 이르면 밖으로 전파하지 않고 반사되어 다시 지구 내부로 되돌아온다. 이때 표면으로 올라가는 파와 표면에서 반사되어 되돌아오는 파들이 서로 겹쳐 간섭해 전혀 다른 종류의 파동인 표면파(surface wave)를 생성하게 된다. 표면파는 지구 표면을 따라 전파하며 그 진폭이 지구 내부로 들어가면서 급격히 감소하는 특성을 지닌다. 표면파의 종류에는 레일리파(Rayleigh wave)와 러브파(Love wave)가 있으며 각기 19세기 말에 영국의 물리학자 레

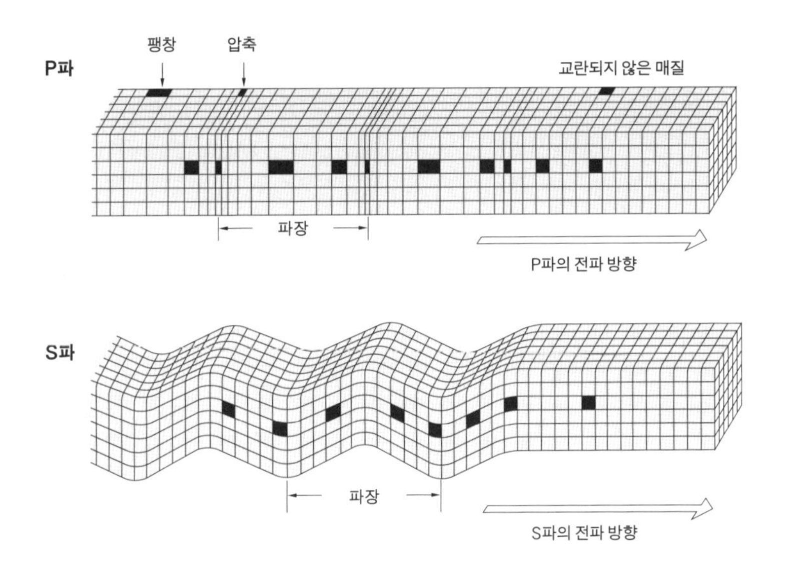

그림 5-1. P파와 S파의 전파와 매질의 진동. 위. P파가 전파할 때 매질의 한 점은 전파 방향으로 진동함으로 매질의 체적(또는 밀도)의 변화가 일어난다. 그림에서 P파가 도달하기 이전의 정사각형은 전파 방향으로 확장 또는 축소된다. 아래. S파가 전파할 때 매질의 한 점은 전파 방향에 수직으로 진동하며 도달하기 이전의 정사각형은 평행사변형으로 변했다 다시 정사각형으로 되돌아온다. 체적의 변화는 일어나지 않음으로 밀도의 변화도 발생하지 않는다.

일리 경(Lord Rayleigh), 즉 존 윌리엄 스트럿(John William Strutt)과 20세기 초에 영국의 수학자 오거스터스 러브(Augustus E. Love)가 이론적으로 그 존재를 밝혔다. 표면파는 호수의 표면에 이는 잔물결과 같다. 표면파는 실체파보다 더 느린 속도로 전파되며 러브파가 레일리파보다 더 빠르다. 레일리파가 전파할 때 지면은 수직으로 타원 운동을 하며 그 운동 방향은 전파 방향과 반대이다. 러브파의 경우 지면은 S파와 같이 전파 방향에 직각으로 오직 수평으로만 진동한다. (그림 5-2)

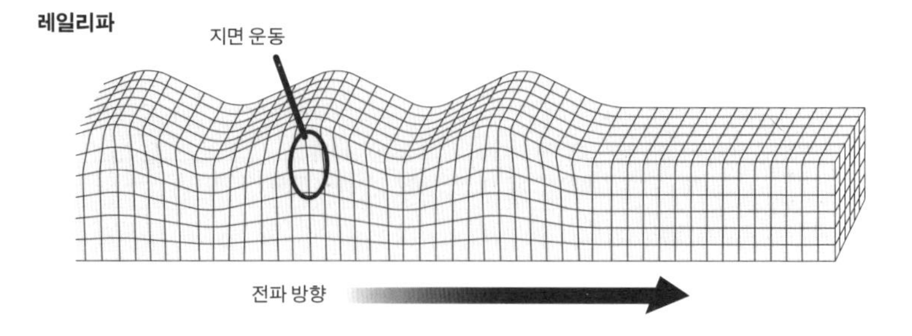

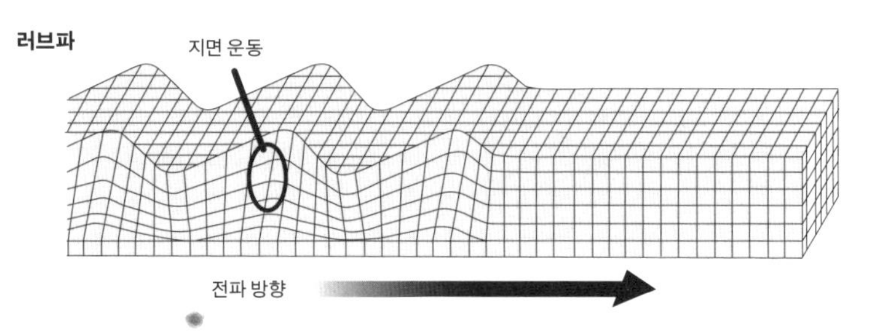

그림 5-2. 표면파인 러브파와 레일리파. 위. 레일리파에서 지면은 타원 운동을 하며 그 크기는 깊이에 따라 감소한다. 아래. 러브파에서 지면은 수평으로만 진동하며 그 크기는 깊이에 따라 감소한다.

레일리 경은 남작 가문의 세 번째 당주였으며 아버지가 죽자 작위를 이어받았다. 그는 전자기 이론을 완성한 제임스 맥스웰(James C. Maxwell)의 뒤를 이어 케임브리지 대학교의 케번디시 물리학 석좌 교수가 되었으며 아르곤을 발견해 1904년에 노벨상을 수상했다. 그는 하늘이 왜 파랗게 보이는가를 산란 이론으로 설명했다. 빛의 파장보다 작은 입자, 예를 들어 공기 중 기체 분자 등에 의해 빛이 산란되는 것을 레일리 산란(Rayleigh scattering) 이론이라 한다.

지진이 발생하면 진원으로부터 실체파와 표면파가 각기 지구 내부와 표면을 전파해 멀리 떨어진 지점에 도달한다. 지진에 의한 지면 진동을 기록하는 기계를 지진계(seismograph)라 한다. 지진계에 속도가 가장 빠른 P파가 먼저 기록되고, 그다음에 S파와 표면파의 순서로 기록된다. (그림 5-3) 실체파는 그 파동 에너지가 3차원의 공간으로 확산함에 비해 표면파는 2차원의 공간으로 확산됨으로 거리에 따른 에너지의 감소는 표면파가 실체파보다 작아 진앙에서 먼 지점에서는 보통 표면파의 진폭이 실체파보다 크게 나타난다.

장형에서 밀른까지 지진계의 역사

지진계는 지진학자들로 하여금 접근할 수 없는 지구 내부에서 발생하는 지진들을 관측하고 분석할 수 있게 해 준 놀라운 발명품이다. 지진을 기록하는 최초의 장치는 기원전 132년 중국의 장형(張衡)이 만들었는데 지름이 2미터 정도인 술병과 같은 모양으로 그 둘레

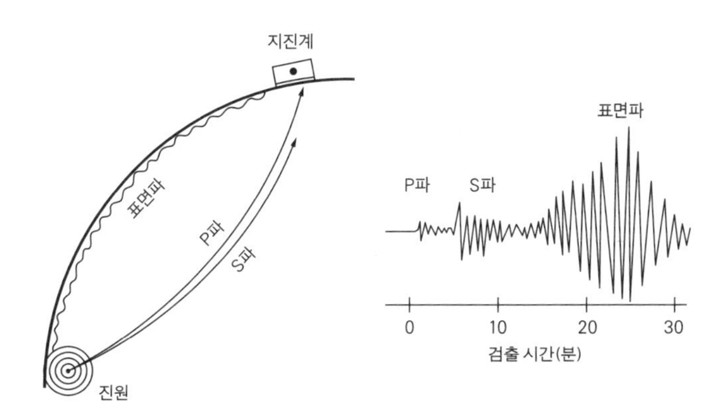

그림 5-3. 지진이 발생하면 실체파(P파와 S파)와 표면파가 지구 내부와 표면을 각기 다른 속도로 전파해 다른 시간에 먼 거리에 있는 지진계에 도달한다.

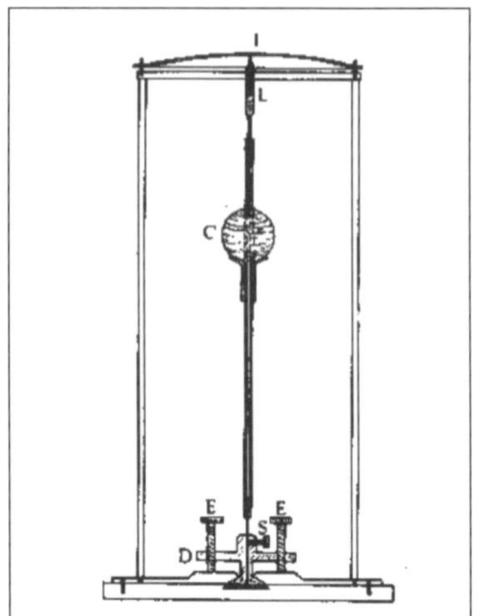

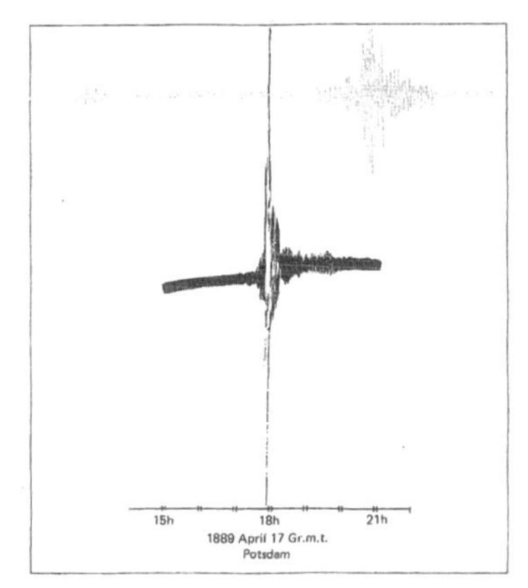

그림 5-4. 왼쪽 위. 장형의 감진기. 8개의 용의 입에 청동 공들이 들어 있다가 지진이 발생하면 그중 하나가 금속 두꺼비 입으로 떨어진다. **그림 5-5.** 오른쪽 위. 제임스 포브스의 지진계. 지지대 D 위의 나사 E를 조정해 추를 수직으로 세운다. C는 움직이는 질량, L은 기록 연필, I는 종이로 안을 댄 돔이다. **그림 5-6.** 아래. 최초의 원거리 지진 기록. 일본에서 1889년 4월 17일 발생한 대규모 지진이 독일 포츠담의 폰 레보이어 지진계에 기록되었다.

에 8개의 용머리가 있고 그 아래에 입을 벌리고 있는 두꺼비들이 있었다. 각 용의 입에는 청동 공이 있었고 지진이 발생하면 그중 하나가 금속 두꺼비 입 속으로 떨어지게 되어 있었다. (그림 5-4) 장형은 만약 남쪽에 있는 두꺼비가 공을 잡으면 지진이 북쪽에서 발생한 것이라고 생각했다. 그의 기구는 단지 지진의 발생과 그 방향만을 기록하는 것이었으므로 이를 지진계와 구분해 감진기(seismoscope)라 부른다. 장형의 감진기를 지동의(地動儀)라 부르기도 한다.

유럽에서는 18세기와 19세기 사이에 추를 이용해 지면 운동을 측정하는 감진기가 달린 지진계가 개발되었다. 니콜라스 시릴로(Nicholas Cirillo)는 최초로 기계적 장치를 이용해 지진을 연구하려 했다. 그의 기구는 움직이는 추(pendulum)로서 진폭의 크기가 지면 운동의 크기를 나타낸다. 제임스 포브스(James Forbes)는 1844년에 추에 연필을 달아 지면 운동을 기록할 수 있는 지진계를 고안했다. (그림 5-5)

지진계에 의해 기록된 최초의 원거리 지진은 1889년 4월 17일에 일본에서 발생한 것으로서 독일 포츠담에서 폰 레보이어(von Rebeur) 지진계에 기록되었다. (그림 5-6) 이 지진 기록은 지진파의 에너지가 너무 낮고 지진계의 시간이 너무 압축되어 많은 정보를 제공하지는 못했으나 지진파가 지구 반대편까지 도달할 수 있음을 보여 주었고, 또 그 거리를 전파하는 데 걸리는 시간을 알 수도 있었다. 지진파가 그렇게 먼 거리를 전파할 수 있음을 발견함으로써 지진학은 새로운 시대를 맞게 되었다. 그리해 뭉쳐 있는 지진 기록을 펼치고 증폭해 이를 분석할 수 있는 지진계의 개발이 요구되었다.

현대 지진계는 수직 운동과 수평 운동을 측정하는 두 종류가 있으며 모두 세 개의 기본적인 요소로 구성되어 있다. 즉 관성 질량(inertial mass), 변환기(transducer) 그리고 기록계(recorder)이다. (그림 5-7)

관성 질량은 지지대에 고정된 철사나 스프링에 매달린 무거운 질

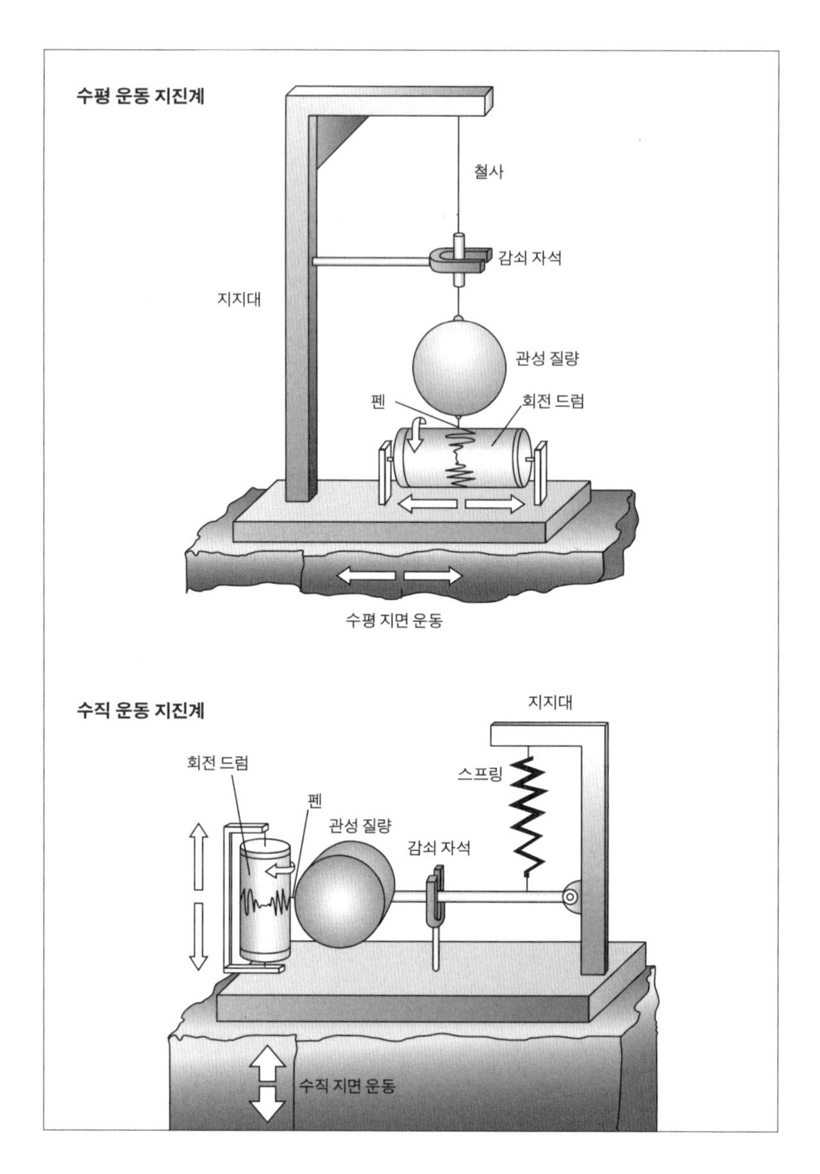

그림 5-7. 두 종류의 지진계가 있다. 하나는 지면의 수평 운동을 측정하는 지진계이고 다른 하나는 수직 운동을 측정하는 지진계이다. 지진계는 지면에 고정된 지지대가 지진파에 의해 움직일 때 철사나 스프링에 매달린 무거운 질량은 거의 움직이지 않는 관성의 법칙을 이용하고 있다. 지지대와 움직이지 않는 질량의 상대적 운동이 철필로 회전하는 드럼에 기록된다.

량으로서 추처럼 작용하나 오직 한 방향으로만 움직이도록 되어 있다. 지지대는 지면에 고정되어 있어 지진파가 전파할 때 지면과 함께 진동하나 질량은 관성에 의해 거의 정지해 있다. 지진계는 관성 질량과 지지대의 상대 운동을 기록한다.

변환기는 관성 질량과 지면 사이의 상대 운동을 기록계에 기록할 수 있는 형태로 변환시킨다. 그 장치는 매달린 추처럼 기계적인 장치일 수도 있고, 전자기적인 장치가 될 수도 있다. 전자기적인 시스템에서는 질량과 지면 사이의 상대 운동이 질량에 부착된 코일에 전류를 일으키고 이 전류가 검류계(galvanometer) 침의 운동으로 변환된다.

모든 방향의 운동을 기록하기 위해서는 세 개의 지진계가 필요하다. 하나는 수직 운동을 기록하고 다른 둘은 서로 직각인 두 개의 수평 운동을 기록한다. 현대 지진계는 수직, 남북, 및 동서 방향의 성분을 기록한다.

이러한 원리의 현대 지진계의 개발에 가장 큰 기여를 한 사람이 영국의 지진학자 존 밀른(John Milne)이다. 그는 현대 지진학의 아버지라고 불릴 정도로 지진학의 모든 분야를 개척했다. 그는 원래 지질학자였으며 1876년에 도쿄 대학교에 교환 교수로 부임했다. 그가 도쿄에 도착한 날 저녁에 작은 규모의 지진이 그를 맞이했고 이 정도의 지진은 도쿄에서는 흔한 것이었다. 밀른은 후에 "아침 식사 때에도, 점심 때에도, 저녁 식사 때에도, 잘 때에도 지진들이 일어났다."라고 기술했다. 처음 4년간 그는 일본의 지질, 특별히 중부와 북부의 화산 연구에 몰두했다.

그러나 1880년 요코하마에서 강진이 발생해 많은 건물들이 무너지자 그는 일본과 외국의 학자들을 소집해 일본 지진학회(Seismological Society of Japan)를 조직했다. 이것은 세계 최초의 지진학회가 되었다. 그로부터 그는 지진학 연구에 몰두했다. 당시에도 지진파의 도달과 그 크기를 나타내는 초보적인 지진계가 있었지만 그는 지진 기록을 수학적으로 분석할 수 있을 정도로 정밀한 지진계의 필요성을 절감했다. 그래서 그는 자신이 직접 지진계를 만들기로 했다. 그는 도쿄 대학교에 교환 교수로 와 있던 영국 출신 제임스 유윙(James Ewing)과 토머스 그레이(Thomas Gray)와 함께 약 1년간 노력해 새로운 지진계를 만들었는데 이 지진계는 젊은 과학인 지진학에 일대 혁명을 불러왔다.

밀른의 지진계는 그 전의 지진계들보다 더 간단하고 민감했으며, 지면 운동의 3성분, 즉 상하·전후·좌우의 진동이 각기 다른 지진계에서 감지되어 동시에 하나의 그슬린 종이 두루마리에 철필로 기록되었다. 이 두루마리에 시간이 표시되어 지진파의 도착 시간을 정확히 알 수 있도록 했다. 그 후 이 지진계는 추에 거울을 붙이고 거울에 빛을 비춰 추의 운동을 필름에 기록하도록 개선되었다. 이것은 밀른 지진계로 알려졌으며 수년 내에 전 세계의 표준 지진계가 되었다.

이 새로운 지진계로 밀른은 전후로 진동하는 압축파인 P파와 좌우로 진동하는 전단파인 S파가 각기 다른 속도로 전파함을 확인할 수 있었다. 뿐만 아니라 이 지진계는 전혀 새로운 지진학의 영역을 열어주었다. 지진계는 연속적으로 작동되었으며 때로 근처에 지진이 발생하지 않았는데도 알 수 없는 진동을 기록했다. 밀른은 곧 이 진동들이 먼 거리에서 발생한 지진들의 기록임을 알아차렸다. 그는 이 기록들을 분석해 P파와 S파의 도달 시간 차이가 클수록 지진이 더 먼 곳에서 발생했음을 발견하고 다음과 같은 매우 중요한 결론에 도달했다. "모든 대규모 지진들은 적절한 관측 기구를 쓰면 세계 어느 지점에서든 기록할 수 있다." 이 결론이야말로 지진학을 지구 내부 구조를 규명할 수 있는, 가장 중요한 지구 과학으로 격상시킨 계기가 되었다. P파와 S파의 도달 시간차를 이용해 진앙 거리를 결정하는 원리는 「지진의 물리학 특강」 III에 설명되어 있다.

1881년에 밀른은 일본 여인과 결혼했다. 그는 일본 종교와 문화를 열심히 공부했고 또한 여러 일본 술의 감식가이기도 했다. 1895년에 도쿄 대학교와의 제2차 10년 임용 계약이 끝난 후 그에게 극적인 비극이 다가왔다. 그해 2월 17일 그의 집과 관측소에 화재가 발생해 지진에 관한 모든 문서와 기구 들을 불태워 버린 것이다. 그는 무사히 탈출했으나 20년간의 업적이 순식간에 소실되는 것을 보고 큰 충격을 받아 그해 영국으로 돌아갔다. 일본 국왕은 그가 수천 명의 일본 학생들에게 지진학을 가르친 공로를 인정해 그를 접견하고 외국인에게는 주어진 적이 없는 명예로운 훈장을 수여했다.

일본을 떠났지만 밀른은 지진학 연구를 포기할 생각이 없었다. 그는 와이트 섬(Isle of Wight)에 샤이드 힐 하우스(Shide Hill House)라는 땅을 구입했다. 이곳을 선택한 이유는 기반암이 초크(chalk, 백악질)로 되어 있어 지진파를 수신하기에 적합했기 때문이었다. 그는 지진 관측소를 설치하고 지진 연구를 시작했다. 그는 일본에서 시작한 연구를 검토하면서 만약 세 관측소에서 진앙 거리가 결정되면 그로부터 간단하게 진앙을 결정할 수 있음을 알게 되었다. 이것은 19세기 말의 중요한 지진학적 발견이었다.

오랫동안 밀른은 지구상의 어느 곳에서 지진이 발생해도 그 진앙을 결정할 수 있는 전 세계적인 지진 관측망을 꿈꾸었다. 1902년 그의 집은 그런 관측망의 중심이 되었다. 그의 요청으로 영국 정부는 전 세계 40개국에 지구 전체의 지진 발생을 항상 감시할 수 있도록 지진 관측소를 설치할 것을 제안했다. 또 지진 기록 해독을 표준화하기 위해 밀른의 지진계를 사용하도록 권장했다.

밀른의 권위와 그 아이디어의 가치 때문에 다음 수년 사이에 지진 관측소들이 캐나다와 뉴질랜드에 이르는 대영제국 전체에 설치되었다. 곧 스페인, 시리아, 브라질, 하와이 등지에 지진계들이 설치되었고, 1913년까지는 모두 40개의 지진 관측소가 설치되어 전 세계의 강진들을 감시했고, 그 기록들은 밀른에게 보내졌다. 밀른은 이 기록들을 모두 분석해 《샤이드 통신(*Shide Ciculars*)》라는 이름의 자세한 보고서를 전 세계의 지진학자들에게 발송했다.

1912년 미국의 로 헨리 후버(Lou Henry Hoover) 여사가 밀른을 방문해 그의 관측망을 보고 놀랐다. 그녀는 "이끼 낀 돌층계가 조그만 골짜기로 내려가는 이 나무로 둘러싸인 아름다운 낡은 집의 철저한 정적 속으로 전 세계의 지진들이 와서 분류되어 연구되다니 참으로 이상한 생각이 든다. 그러나 지진들이 실제로 오고 있다."라고 기술했다. 그리고 "이것은 밀른 교수가 스스로 좋아해서 하는 일이다. 그는 어떤 공식적인 직함도 갖고 있지 않다."라고도 썼다.

후버 여사의 기사가 나간 후 밀른은 지병인 신장병이 악화되어 마침내 1913년 7월 31일 62세로 세상을 떠났다. (그림 5-8) 수많은 추도

The Daily Mirror

THE MORNING JOURNAL WITH THE SECOND LARGEST NET SALE

No. 3,049. FRIDAY, AUGUST 1, 1913 One Halfpenny.

DEATH OF PROFESSOR JOHN MILNE, THE FAMOUS ENGLISH INVENTOR OF INSTRUMENTS TO DETECT EARTHQUAKES AND REGISTER THEIR MOVEMENTS.

그림 5-8. 1913년 8월 1일자《런던 데일리 미러(*London Daily Mirror*)》의 첫째 쪽 전면이 밀른의 사망 기사를 다루고 있다. 밀른의 일본인 부인과 그의 지진계가 보인다.

사 가운데 국제 지진 연합회(International Seismological Association)의 회장인 러시아의 대공 보리스 갈리친(Boris Galitzin)의 추도사가 가장 적절했다. “밀른은 현대 지진학의 거의 모든 문제들을 생각해 왔다. 다른 사람들이 그의 연구를 계승하는 것이 그를 기억하는 최선의 기념비가 될 것이다.”

19세기 말에 개발된 밀른의 지진계가 당시로는 획기적인 것이었지만 다음과 같은 문제점들이 있었다. 첫째는 지진계가 넓은 범위에 걸친 지진파의 진폭과 주기의 일부만을 측정할 수 있다는 것이었다. 둘째는 일단 강한 운동이 시작되면 지진계의 추가 무한정 진동하는 경향을 보인다는 것이었다.

지진이 발생하면 수천분의 1초부터 수천 초에 이르는 주기를 가진 지진파들이 발생한다. 시계추의 진동에서 알 수 있듯이 추가 진동할 때, 추의 길이에 따라 특정한 주기를 갖고 진동한다. 이러한 진동을 추의 고유 진동이라고 하고 그 주기는 추의 길이의 제곱근에 비례한다. 추를 이용한 지진계는 추의 고유 진동의 주기 부근의 진동을 증폭하고 다른 주기의 진동은 감쇄시키는 특성이 있다. 따라서 긴 주기의 지진파를 검색하기 위해서는 매우 긴 추가 필요하다. 예컨대 주기 10초의 지진파를 검색하기 위해서는 대략 25미터 길이의 추가 필요하다. 이러한 까닭으로 긴 주기를 가진 장주기 지진파를 측정하는 지진계는 매우 크고 무거워져야 한다는 문제점이 있다. 장주기 지진파를 측정하기 위해 추의 길이가 커지는 문제는 나중에 추를 지지대에 매는 방법을 개선해 해결되었다.

지진의 규모에 따라 지진파의 진폭은 크게 차이가 난다. 예로서 규모 2.0의 지진으로 생긴 지진파의 진폭은 10^{-8}센티미터 정도이고 규모 8.0의 원거리 지진파의 진폭은 10센티미터 정도이다.

지진파를 증폭하는 문제는 1906년에 갈리친이 고안한 획기적인 전자기식 지진계에 의해 해결되었다. (그림 5-9) 그는 추에 코일을 붙이고 그것들을 지면에 고정된 영구 자석 사이에 집어넣었다. 지면이 흔들리면 코일의 자기장에 변화가 생기고 이것에 의해 전류가 발생한다. 이 전류를 검류계로 보내 기록계로 기록한다. 전류량은 추의 속도에 비례해 지면이 더 빠르게 움직이면 더 많은 전류가 흐르게 된다. 뿐만 아니라 코일의 크기가 커지면 전류가 커져 종전의 기계적인 방법에 비해 훨씬 높은 증폭이 가능해졌다. 이전의 지진계에서는 추의 운동을 기계적 장치를 통해 펜으로 전달하는 방식으로 지진파가 증

그림 5-9. 갈리친 3성분 지진계 기본 개념도. 세 개의 지진계가 서로 수직인 수평 운동과 그리고 수직 운동을 전류로 변환하여 기록한다.

폭되었다.

갈리친의 지진계는 지진학 발전에 지대한 영향을 미쳤다. 이제 지면 진동이 전류로 변환됨에 따라, 운반하기 쉬운 더 작은 지진계의 설계가 가능해졌고, 또 한 지점에서 여러 곳으로 신호를 보낼 수 있는 전류의 특성 덕분에 한 지점에서 여러 지진계를 동시에 모니터링할 수 있게 되었다. 그러나 코일에 흐르는 전류의 양은 코일의 크기에 비례하기 때문에 작은 지면 진동을 높은 배율로 증폭하기 위해서는 크고 무거운 코일이 필요해진다는 문제점이 남아 있었다. 이 문제는 1920년대에 캘리포니아 남부의 지진을 연구하던 해리 우드(Harry Wood)와 존 앤더슨(John Anderson)이 해결했다. 그들은 높이가 대략

30센티미터인 작고 견고한 지진계를 개발했다.

일단 강한 지면 운동이 시작되면 지진계의 추가 무한정 진동하는 경향을 갖게 되고 이로 인해 다음에 도달하는 다른 지진파가 이 진동에 묻혀 그 도달 시간이나 파형의 식별이 어려워지는 문제가 발생한다. 이 문제를 해결하기 위해서는 초기 진동의 진폭을 적절한 방법으로 제동해 감쇠(damping)시켜야 한다.

에밀 비헤르트(Emil Wiechert)는 19세기 말에 지진이 발생했을 때 추의 운동과 연결된 피스톤이 원통 속에서 움직여 공기 저항을 받도록 하는 기계적인 방법을 통해 감쇠의 문제를 해결했다. 그의 지진계는 지진을 직접 종이 위에 기록해 지진파 자료를 즉시 볼 수 있게 해준다는 이점이 있었으나 너무 무거웠다. 추의 무게는 보통 80~200킬로그램이었고 어떤 것은 17톤이나 되었다. 그러나 현재는 추에 동판을 붙여 자기장 속에서 움직이도록 하고 동판에 발생하는 전류를 이용해 추의 운동을 방해하는 전자기적 방법을 사용하고 있다.

1920년대와 1930년대의 지진학자들은 주로 단주기 지진계들의 개발에 치중했다. 그 시대의 지진계는 추를 사용해 지면의 운동을 측정했다. 그러나 1936년 베니오프는 추를 사용하지 않고 매우 긴 주기의 지진을 측정할 수 있는 지진계를 만들었다. 이 지진계는 지각이 확장하고 수축하는 변형을 측정하는 데 효과적이므로 변형 지진계(strain seismograph)라 부른다. (그림 5-10)

변형 지진계는 길이가 대략 30미터의 수정 막대와 지면에 고정된 두 시멘트 기둥으로 되어 있다. 첫째 시멘트 기둥에 고정된 수정 막대의 끝은 둘째 시멘트 기둥 앞에 놓여 있다. 지진파가 도달하면 두 시

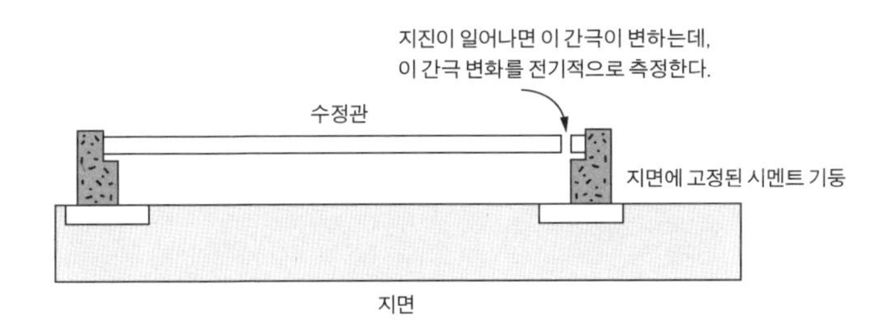
지진이 일어나면 이 간극이 변하는데,
이 간극 변화를 전기적으로 측정한다.
수정관
지면에 고정된 시멘트 기둥
지면

그림 5-10. 베니오프 변형 지진계. 지면이 움직일 때에 고정된 두 시멘트 기둥 사이의 간격이 변한다. 이 변화를 간격에 센서를 놓아 측정해 전류로 바꾼다.

멘트 막대 사이의 거리가 변하고 이 변화를 수정 막대와 둘째 시멘트 막대 사이의 공간에 설치한 센서가 전류로 바꾸어 검류계로 보낸다.

지구 전체에서 발생하는 지진의 대략 90퍼센트가 높은 수압과 낮은 기온으로 관측이 어려운 해저에서 발생하고 있다. 최근에는 이 해저 지진들을 관측하기 위한 해저 지진계(ocean bottom seismometer, OBS)가 개발되어 사용되고 있다.

그 밖에도 강진계(strong motion seismograph) 같은 특수 지진계가 있다. 이 지진계는 지진이 발생했을 때 진앙 부근의 강한 진동을 측정하며 가속도를 기록하므로 가속도계(accelerometer)라고 부르기도 한다. 강한 진동도 기록 범위 안에 머물도록 배율(magnification)을 낮춰 중력 가속도의 몇 배 되는 강진도 기록할 수 있다.

전 세계적 지진 관측망

1950년대에 이르러 전 세계적으로 많은 지진 기록이 축적되었다.

그러나 이 기록들이 특성이 다른 지진계로 획득되었고 또 시간 기록이 부정확해 이를 모아서 서로 대조해 분석하는 작업은 많은 시간과 노력을 요구했다. 따라서 시간을 같이 맞춘 동일한 기종의 지진계로 이루어진 전 세계적 관측망의 필요성이 제기되었다.

1950년대 말에 이러한 요구를 충족하는 관측 시스템이 과학적인 필요성보다 국제 정치적 문제 때문에 만들어졌다. 미국은 당시 (구) 소련과 핵실험 금지 조약을 협상 중이었고, 따라서 지하 핵실험의 탐지에 지대한 관심을 갖고 있었다. 그러나 당시의 지진 관측망으로는 이 목적을 달성할 수 없음을 알게 되자 독자적으로 지진 관측망을 구축하기로 결정했다. 이것이 전 세계 표준 지진 관측망(World Wide Standardized Seismograph Network, WWSSN)이며 각기 수직, 동서, 남북 방향의 지진파를 기록하는 단주기 지진계 3대와 장주기 지진계 3대, 모두 6대의 지진계로 구성되어 있다. 단주기 지진계 추의 주기는 1초로서 P파와 S파의 도달 시간과 근거리 지진을 정확히 기록하도록 되어 있었고, 장주기 지진계의 주기는 15초로서 원거리 지진(teleseismic)과 표면파 등의 연구에 적합했다. WWSSN은 전 세계 60개국에 120개소의 지진 관측소를 설립하는 것을 목표로 추진되었고, 1969년에 완성되었다. (그림 5-11)

1960년대가 되자 전 세계에는 여러 종류의 지진계들을 갖춘 약 700개의 지진 관측소들이 설치되었다. 그 후로도 여러 국가에서 지속적으로 지진 관측소를 증설해 지금은 거의 영구적으로 24시간 운영되는 지진 관측소만도 전 세계적으로 수천 개소가 넘는다.

1970년대 이후로 최신의 지진계는 지면 운동을 컴퓨터로 직접 분

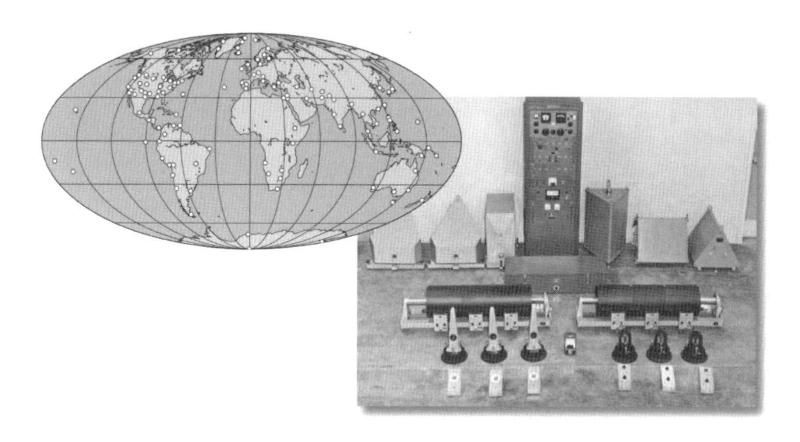

그림 5-11. 1962~1971년에 설치된 WWSSN과 그 지진계 시스템.

석할 수 있는 디지털 포맷의 형태로 자기 테이프나 디스크에 기록한다. 아날로그 지진계를 디지털 지진계로 대치함으로써 더 넓은 주파수 범위에 걸쳐 더 좋은 자료를 제공했고, 또 인터넷을 통한 컴퓨터 분석을 가능하게 했다. 1997년에는 거의 모든 WWSSN 지진 관측소가 양질의 디지털 데이터를 전 세계의 누구에게나 제공할 수 있게 되었다. 지진 자료의 이러한 자유로운 접근이 지난 세기 지진학의 발전에 커다란 기여를 했다.

지진에 관한 일반적인 정보(진원, 발생 시각, 규모 등)는 우리나라의 경우 기상청(http://www.kma.go.kr/weather/earthquake/report.jsp)이 제공하고 있고, 전 세계 정보의 경우는 미국 국립 지진 정보 센터(National Earthquake Information Center, NEIC)의 홈페이지(http://earthquake.usgs.gov/regional/neic/)에서 구할 수 있다. 지진파형 자료는 우리나라는 기상청 국가 지진 종합 정보 시스템(necis.kma.go.kr), 그리고 전 세

그림 5-12. 3성분 광대역 지진계인 STS-2.5. 볼링공 정도의 크기이다.

계의 자료는 합동 지진 연구 기관(Incorporated Research Institutions for Seismology, IRIS) 홈페이지(www.iris.edu)에서 구할 수 있다.

지진계가 기록하는 지면 진동의 주기는 인공 발파의 0.01초로부터 지구 조석(earth tide)의 24시간의 범위에 걸친다. 단주기의 지진파를 기록하기 위해서는 단주기의 추를 갖는 지진계가 필요하고 장주기의 지진파를 기록하기 위해서는 장주기의 추를 갖는 지진계가 필요하다. 이 목적을 위해 오랫동안 사용된 지진계는 WWSSN의 장주기 및 단주기 지진계이다. 그러나 최근에 개발된 광대역 지진계(broad band seismometer) STS-1 및 STS-2 등은 대략 0.1초에서 100초에 이르는 광범위한 주기의 지진파를 동등한 배율로 증폭시켜 단주기 및 장주기 지진계의 역할을 수행할 수 있다. 이 지진계들은 또한 매우 작

아 3성분 STS-2 지진계의 크기는 볼링공 정도이고 무게는 약 10킬로그램 정도이다. (그림 5-12)

지진 계측에서 어려운 문제점의 하나는 정확한 시간 측정이었다. 지진학의 초기에 이 시간 측정의 오차가 진앙 결정에 가장 큰 오차를 주는 요인이었다. 그러나 지금은 지진계가 GPS 인공 위성으로부터 10억분의 1초까지 정확한 시간 신호를 받고 있다.

우리나라 기상청, 한국자원연구원, 한국원자력안전기술원에서는 광대역 지진계로 STS-1 및 STS-2 등을 사용하며 그 외에도 다양한 종류의 지진계 및 가속도계를 사용한다.

6장

양파 같은 지구

지진파가 밝혀낸 지구 내부 구조 모형

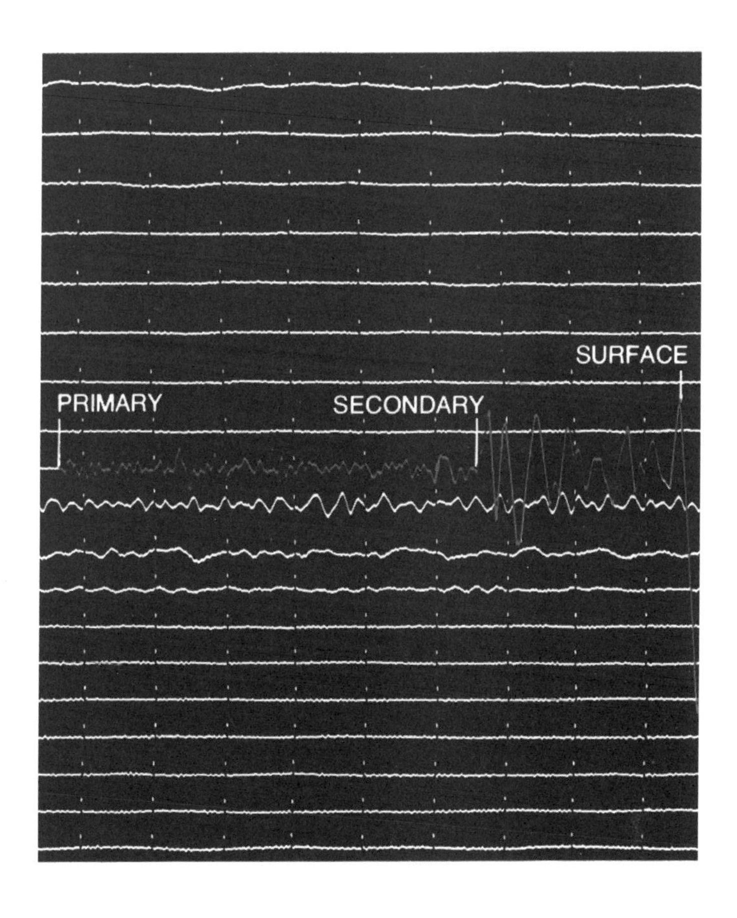

지질학자들은 절망해

(지구의 구성에 관한) 흥미를 잃어버렸고,

그 안마당을 수학자들의 놀이터로 내주었다.

—리처드 올덤

지진학이 지구 과학에 가장 크게 기여한 바는 지구 내부 구조에 관한 상세한 정보를 제공한 것이다. 20세기 이전까지 지구 내부에 관한 지식은 거의 다 추측에 지나지 않았다. 그중에도 과학적이라고 할 수 있는 것은 화산에서 뜨거운 용암이 분출하는 것을 보고 지구 내부가 녹아 있는 뜨거운 물질로 되어 있으리라 추측한 것이었다.

18세기 말에 영국의 과학자 헨리 캐번디시(Henry Cavendish)는 중력 측정을 통해 지구 전체의 평균 밀도가 1세제곱센티미터당 5.45그램(현재의 값 5.52그램/세제곱센티미터)임을 밝히고, 이 값이 지구 표면에서 발견되는 암석의 대략 두 배이므로, 밀도는 지구 내부로 갈수록 증가해 그 중심에서 최대에 이르리라고 가정했다.

19세기 말에 지진계가 발명되어 지진학의 시대가 열리면서 지구 내부에 관한 구체적인 정보를 얻을 수 있게 되었다. 지진이 발생하면 지진파가 지구 내부를 통과해 지진 관측소의 지진계에 기록된다. 이 지진 기록에 지진파가 통과한 지구 내부에 대한 정보가 포함되어 있으므로 이를 분석함으로써 지구 내부 구조를 알 수 있다.

1883년 밀른은 대규모의 지진은 적절한 기록 장치만 갖추어져 있다면 세계 어느 곳에서든 기록될 수 있다고 생각했다. 이 예상은 1889년 4월 17일 에른스트 폰 레보이어파슈비츠(Ernst von Rebeur-Paschwitz)가 독일의 포츠담에서 지진계에 기록된 특이한 지진파(그림 5-6)의 발생 시간과 도쿄에서 발생한 대규모 지진의 발생 시간이 거의 일치함을 발견함으로써 실현되었다. 그는 독일에서 관측된 지진파가 도쿄에서 발생한 지진에 의한 것이라는 결론을 내렸고 이리해 지진학의 새 시대가 열렸다.

1879년에 영국의 지질학자 리처드 올덤(Richard D. Oldham)은 먼 거리에서 발생한 지진을 세 개의 파동으로 구분할 수 있음을 보였다. 그는 대체로 적은 에너지를 갖는 처음 두 파동을 '시작 진동들(preliminary tremors)'이라고, 그리고 큰 에너지를 갖는 마지막 파동을 '큰 파동들(large waves)'이라고 불렀다. 올덤은 1900년에 시작 진동들을 다시 '첫 파동(primary wave)'과 '둘째 파동(secondary wave)'으로 구분해 이들을 P파와 S파로 부르고 이 파동들은 지구 내부를 통과하지만 큰 파동들은 지구 표면을 따라서 전파함을 밝혔다. 이리해 지구 내부의 심층 구조를 지진파를 이용해 분석할 수 있는 무대가 마련됐

다. (그림 5-3)

밀른은 여러 지진파들의 전파 시간을 진원과 지진 관측소 사이의 거리인 진앙 거리에 대해 표시해 보았다. 지진파들의 전파 속도가 각기 다르기 때문에 이들이 관측소에 도달하는 시간의 차이는 진앙 거리가 커질수록 증가한다. 밀른은 이로부터 진앙 거리를 이 파동들의 도달 시간차에 따라 결정할 수 있다고 생각했다. 그리고 3개 이상의 관측소에서 P파와 S파의 도달 시간을 알면 진앙 거리를 구하고 지구 위에 그 거리들을 반지름으로 원을 그려 서로 마주치는 점이 되는 진앙의 위치를 결정할 수 있다는 사실도 발견했다. (그림 6-1) 밀른의 이 독창적인 아이디어를 체계적으로 적용해 전 지구의 지진 활동, 즉 지진들이 발생하는 지역과 그 지진 목록을 결정할 수 있었다. 진앙 거리와 지진파 도달 시간차의 함수 관계를 알고 싶은 독자는 보론의 「지진의 물리학 특강」 III을 살펴보기 바란다.

한편 샌프란시스코 지진이 발생한 1906년에 올덤은 지진파를 가지고 지구 중심에 커다란 핵(core)이 분명히 존재함을 밝혔다. 올덤은 지구 중심 부근을 통과하는 P파의 도달 시간이 그보다 더 작은 진앙 거리를 통과하는 P파를 바탕으로 예상되는 시간보다 약 2분 지연됨을 발견했다. 그는 이 현상을 지구 중심에 P파가 맨틀에 비해 더 느리게 이동하는 핵이 존재하는 것으로 설명했다.

파동이 한 매질에서 다른 매질로 전파될 때, 전파 속도가 달라지면 그 경계면에서 굴절된다. 이것이 굴절의 법칙이다. 이 경우 입사파와 굴절파가 각각 경계면에 수직인 면과 이루는 입사각과 굴절각 사이에는 빛의 굴절 현상에 적용도는 스넬의 법칙(Snell's Law)이 성립한

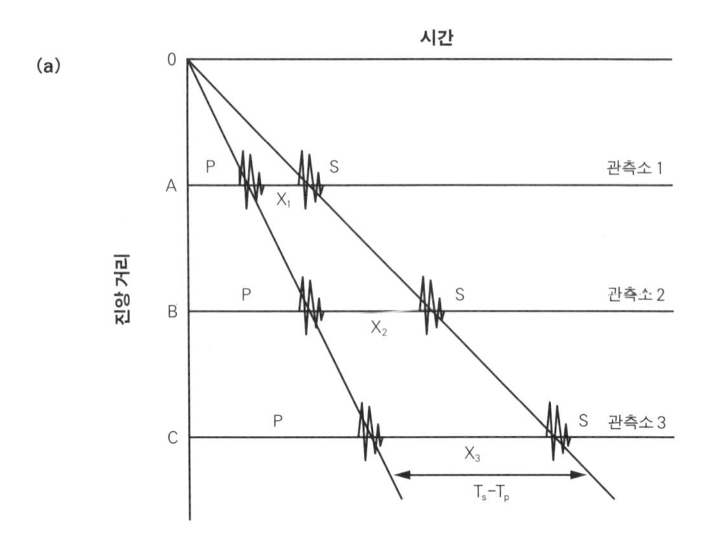

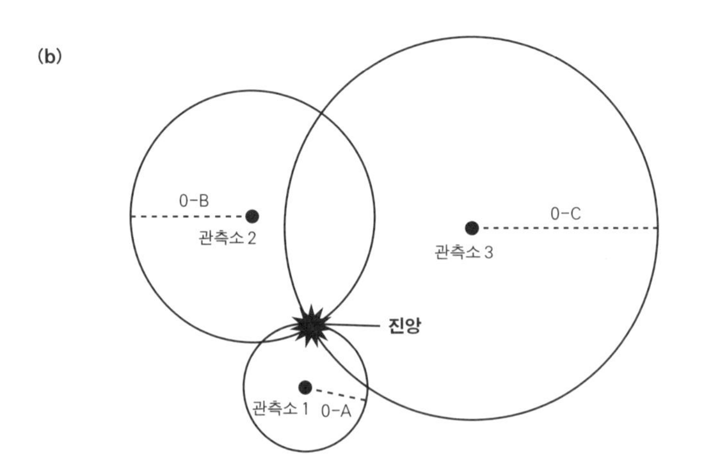

그림 6-1. 세 지진 관측소 A, B, C에 도달하는 P파와 S파의 시간으로 진앙을 결정하는 방법. (a) 각 관측소에 도달하는 P파와 S파의 시간차(T_s-T_p)로 진앙 거리를 결정한다. (b) 각 관측소를 중심으로 진앙 거리를 반경으로 하는 원을 그려 그 원들이 서로 마주치는 점이 진앙이 된다.

다. 지진파인 P파 역시 맨틀에서 핵으로 전파될 때, 그리고 핵에서 맨틀로 전파될 때 이 스넬의 법칙에 따른다. 이 법칙에 관해 더 알고 싶은 독자는 「지진의 물리학 특강」 IV를 참조하면 된다.

올덤은 핵과 맨틀에서 P파가 전파되는 속도를 각기 초속 3킬로미터, 초속 6킬로미터로 가정하고 핵과 맨틀의 경계에서 P파가 굴절하는 현상에 스넬의 법칙을 적용해 핵을 통과하는 P파의 지연 시간을 바탕으로 핵의 반지름을 지구 반지름의 40퍼센트에 해당하는 2,550킬로미터로 추정했다.

모호로비치치의 놀라운 발견

20세기 초까지만 해도 지진학은 새로운 학문이었으므로 그 선구자들인 올덤, 밀른 등은 다른 분야에서 풀타임 직장을 갖고 단지 개인적인 열정으로 지진을 연구했다. 유고슬라비아의 기상학자 안드리야 모호로비치치(Andrija Mohorovicic)도 마찬가지였다. (그림 6-2) 1892년에 자그레브 대학교 기상 관측소 소장에 임명되자 그는 이 관측소를 기상학과 지구 물리학의 연구 중심지로 만들기 위해 노력했다. 그는 미지의 젊은 과학인 지진학 연구에 관심을 갖기 시작했다.

그림 6-2. 안드리야 모호로비치치. 유고슬라비아의 지구 물리학자 및 기상학자. 모호면을 최초로 발견했다.

1909년 10월 작은 지진이 자그레

브 동남쪽에서 발생했다. 이 지역에는 이미 지진계들이 설치되어 있어 그는 이 기회를 이용해 이 지진을 본격적으로 연구하기 시작했다. 그는 진앙 거리 2,400킬로미터 범위에 있는 29개 관측소의 지진 기록을 수집해 분석했다. 거기서 그는 다른 사람들이 발견하지 못한 이상한 현상을 발견했다. 즉 두 그룹의 P파와 S파가 각기 다른 속도로 전파되는 것이었다. 진앙 거리 200킬로미터 범위 내에서는 한 그룹의 P파와 S파가 먼저 도달하고 그 범위를 벗어나면 다른 그룹의 파들이 먼저 도달하는 것이었다. 모호로비치치는 늦은 P파의 속도는 대략 초속 6.1킬로미터이고 빠른 P파의 속도는 대략 초속 8킬로미터임을 발견했다.

이전 학자들은 P파와 S파의 속도가 전파되는 물질의 종류에 따라 변하고, 또 물질의 밀도에 따라 증가함을 알고 있었다. 그러나 그들은 속도가 다른 P파와 S파의 그룹들이 존재함을 몰랐다. 모호로비치치는 속도가 다른 P파와 S파의 그룹들이 존재하는 현상을 지구의 바깥쪽 껍질인 지각 밑에 지진파의 속도가 더 빨라지는 지층이 존재하는 것으로 설명했다.

모호로비치치는 지진이 발생하면 진원으로부터 P파와 S파가 지구 내부로 전파되다가 대략 50킬로미터 깊이에서 속도가 더 빨라지는 지층을 만나 그 경계에서 굴절된 지진파가 경계면을 따라 더 빠른 속도로 전파하다가 다시 지면으로 되돌아온다고 생각했다. 200킬로미터 범위 안에서는 상부 지각을 통과하는 지진파가 더 빨리 도달하나 그 범위를 지나면 경계면을 따라 더 빠른 속도로 전파하다 지면으로 되돌아오는 지진파가 더 빨리 도달하게 된다. 이 문제는 지층 구조에 대한 주시 곡선(travel time-distance cuve) 분석으로 간단히 설명할 수 있다. 지진파의 전파 거리와 시간의 함수 관계를 나타내는 곡선을 주시 곡선이라 하는데 자세한 것은 「지진의 물리학 특강」 V를 참조하면 좋을 것 같다.

이 놀라운 발견으로 지각이 밀도가 더 높고 지진파의 전파 속도가 더 빠른 맨틀 위에 놓여 있음을 알게 되었다. 그의 업적을 기리기 위해 지각과 맨틀의 이 경계를 모호로비치치 불연속면(Mohorovicic Discontinuity) 또는 간단히 모호면(Moho面)이라고 부른다.

모호로비치치의 발견은 그의 발견이 당시의 원시적 지진계를 이용해 이루어졌음을 생각한다면 특기할 만하다. 또한 그의 발견은 처음으로 단일 지진에 대한 다중 기록의 필요성을 여실히 보여 주었다. 왜냐하면 이 기록들을 가지고 지각 아래 맨틀보다 아래 있을지도 모르는 지구 내부 구조를 탐사할 수 있음을 알게 되었기 때문이다.

구텐베르크와 레만의 불연속면

모호로비치치가 '모호면'을 발견한 5년 후 독일 괴팅겐 대학교 25세의 대학원 학생인 베노 구텐베르크가 지진학계의 난제였던 암영대(shadow zone)의 비밀 해결에 도전했다. 지구 전체의 지진 기록을 조사하면서 지진학자들은 진앙으로부터 각거리 103도에서 142도에 걸치는 범위에서 P파가 사라짐을 발견했다. S파는 각거리 103도를 넘어서는 관측되지 않았다. (그림 6-3) 이처럼 지진파가 도달하지 않는 범위를 암영대라고 부르며 이 현상을 설명하는 여러 가지 이론들이 제시

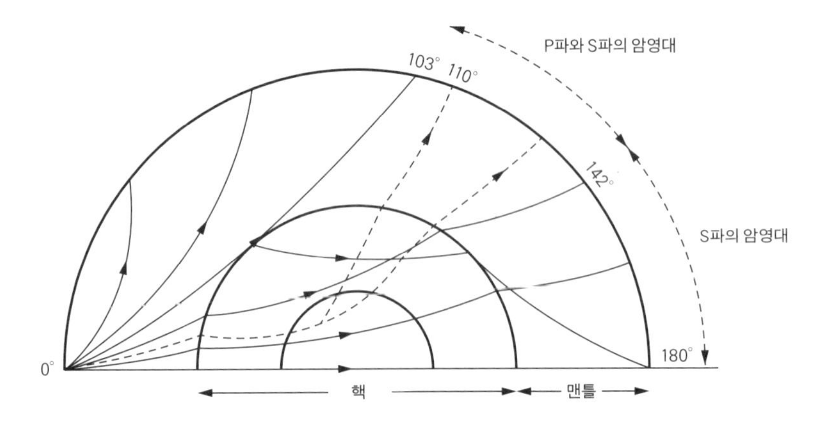

그림 6-3. 맨틀보다 지진파의 속도가 더 느려지는 외핵에 의해 P파는 굴절하고 S파는 경로가 가로막히기 때문에 각거리 103~142도의 범위에 P파가 도달하지 못하는 암영대가 생긴다. S파는 액체인 외핵을 통과하지 못하기 때문에 암영대가 103도에서 180도에 이른다. 내핵에서 반사해 암영대에 이르는 P파의 경로가 점선으로 표시되어 있다.

되었다.

그중 구텐베르크의 관심을 끈 것은 영국의 리처드 올덤과 그의 스승인 에밀 비헤르트가 내놓은 아이디어였다. 그들은 독립적으로 지구 내부에 녹아 있어 S파가 통과하지 못하는 큰 밀도의 커다란 핵(core)이 존재한다고 가정했다. P파는 S파와 달리 녹아 있는 핵을 통과할 수 있으나 핵 속으로 입사되었다가 도로 나올 때 굴절하기 때문에 암영대가 존재한다고 설명했다.

그림 6-3에서 진원에서 출발한 P파가 더 지구 중심 쪽으로 향할수록 진앙 거리(각거리)가 증가함을 알 수 있다. 각거리 103도에 도달하는 P파는 핵의 표면을 입사각 90도로 스치게 된다. 그 경우 P파는 스넬의 법칙에 따라 임계각으로 속도가 더 작은 핵으로 굴절해 핵을 통

과한 후 다시 맨틀로 나와 각거리 180도가 되는 지점에 도달한다. 핵에 입사하는 P파의 경우에는 스넬의 법칙을 적용하면 핵을 통과한 후 각거리가 180도보다 더 작은 지점에 도달한다. 이처럼 핵에 입사하는 P파에 대해 스넬의 법칙을 적용하면 입사각이 감소할수록 각거리도 감소하다 142도에 이르면 각거리로 표시된 P파의 진앙 거리가 다시 증가하는 현상이 발생한다. 이렇게 해서 각거리 103~142도의 범위에는 P파가 도달하지 못하는 암영대가 생긴다. S파는 액체 상태의 핵을 통과하지 못하므로 암영대는 각거리 103~180도에 걸친다.

구텐베르크는 이 가정을 가지고 여러 가지의 핵 모형을 설정해 P파의 경로를 계산하고 실제 관측되는 도달 시간과 비교하는 작업을 수행했다. 그 결과 지표로부터 2,900킬로미터 깊이에 핵이 존재한다는 결론을 얻었다. 이 결과는 그 후에 계산된 더 정확한 결과와 불과 수 킬로미터 정도의 오차밖에 나지 않았다.

구텐베르크는 20세기의 가장 위대한 지진학자의 한 사람이었다.(그림 6-4) 그는 20대에 핵의 깊이를 정확히 계산해 유명해졌다. 그는 박사 학위를 얻은 후 슈트라스부르크 대학교의 교수가 되었으나 그 도시가 프랑스에 병합되자 직장을 잃고 아버지의 비누 공장에서 일하며 수년간 생계를 유지했다. 유태인 혈통 때문에 괴팅겐 대학교에서 스승인 비헤르트의 후임 교수가 될 수 없게 되자 그는 미국으

그림 6-4. 베노 구텐베르크. 캘리포니아 공과 대학의 지진학자. 핵의 깊이를 최초로 결정했다.

로 건너가 1930년 캘리포니아 공과 대학의 교수가 되어 지진 연구소를 설립하고 그의 제자인 리히터와 이 연구소를 세계적인 지진 연구센터로 만들었다.

20세기 초 10여 년 동안 모호로비치치와 구텐베르크의 연구로 지구 내부에 두 개의 속도 불연속면이 존재함이 밝혀졌다. 지각은 모호로비치치 불연속면까지 연장되어 있고 그 아래에 두께 2,900킬로미터 정도의 맨틀이 중심부 핵을 둘러싸고 있음을 알게 된 것이다.

그 후 더욱 민감한 지진계가 개발되자 P파의 암영대인 각거리 103도와 142도 사이에도 약한 P파가 도달하는 영역이 있음이 알려졌다. 그것은 110도부터였고, 이 현상은 큰 의문으로 남았다. 왜냐하면 이 P파의 경로를 찾을 수가 없었기 때문이다. 처음에 지진학자들은 이 현상을 P파가 핵에 의해 회절(diffraction)해 발생하는 것으로 설명했다. 이 현상은 좁은 틈으로 빛을 쪼이면 빛의 파동적 성질로 인해 그림자에 해당하는 부분에도 희미하게 빛이 도달하는 것을 말한다. 그러나 이것은 답이 아니었다.

암영대 문제는 1936년에 덴마크의 여성 지진학자 잉게 레만(Inge Lehmann)에 의해 해결되었다. (그림 6-5) 코펜하겐 대학교에서 수학과 물리학을 공부한 레만은 1925년에 지진학 분야의 일을 시작했다. 그녀는 1928년에 국립 덴마크 측지 연구소의 지진 분야 책임자가 되었고 1953년 은퇴할 때까지 그 직위에 있었다. 레만은 1936년에 P파의 암영대에 도달하는 매우 약한 P파는 핵에 의한 지진파의 회절로 설명하는 것보다는 핵의 내부 대략 4,970킬로미터 깊이에 P파의 속도가 급격히 증가하는 내핵(inner core)이 존재해 P파가 반사되는 것으로 더 적절히 설명할 수 있음을 보였다. 그림 6-3에서 점선으로 표시된 지진파 경로가 바로 그것이다. 액체 상태인 외핵(outer core)과 구분되는 내핵에서는 P파가 반사되는데, 여기에 스넬의 법칙을 적용하면 반사파인 약한 P파가 각거리 110도에서부터 암영대에 나타나게 된다.

그림 6-5. 잉게 레만, 덴마크의 지진학자. 고체인 내핵을 발견했다

이 아이디어는 당대 지진학의 대가인 구텐베르크와 케임브리지 대학교의 해럴드 제프리스(Harold Jeffreys)에 의해 수용되었고, 그들은 곧 각기 독자적으로 내핵의 반지름과 그 안에서의 P파의 속도 분포를 결정했다. 제프리스는 수학, 통계학, 지구 물리학, 천문학을 가르쳤으며 각 분야에서 탁월한 연구 업적을 쌓은 과학자였다. 제프리스와 케이트 불렌(Keith E. Bullen)이 1940년에 만든 주시 곡선은 아직도 사용되고 있다. (그림 6-7) 그리고 P파가 내핵에 입사해 S파로 상 전환해 내핵을 통과한 후 다시 P파로 상 전환해 외핵을 통과하는 현상이 발견됨으로써 내핵은 고체임이 입증되었다. 핵이 외핵과 내핵으로 구분되어 있다는 것이 지진파 분석으로 확인된 것이다.

레만의 논문 제목은 「P′」로서 아마 이제까지 출판된 과학 논문 중 가장 짧은 제목의 하나라고 여겨지고 있다. 레만은 1888년에 태어나서 1993년까지 장수했으며 그의 공적을 기리기 위해 미국 지구 물리 연합회는 맨틀과 핵의 구조, 조성 및 동역학의 연구에 현저한 공적이

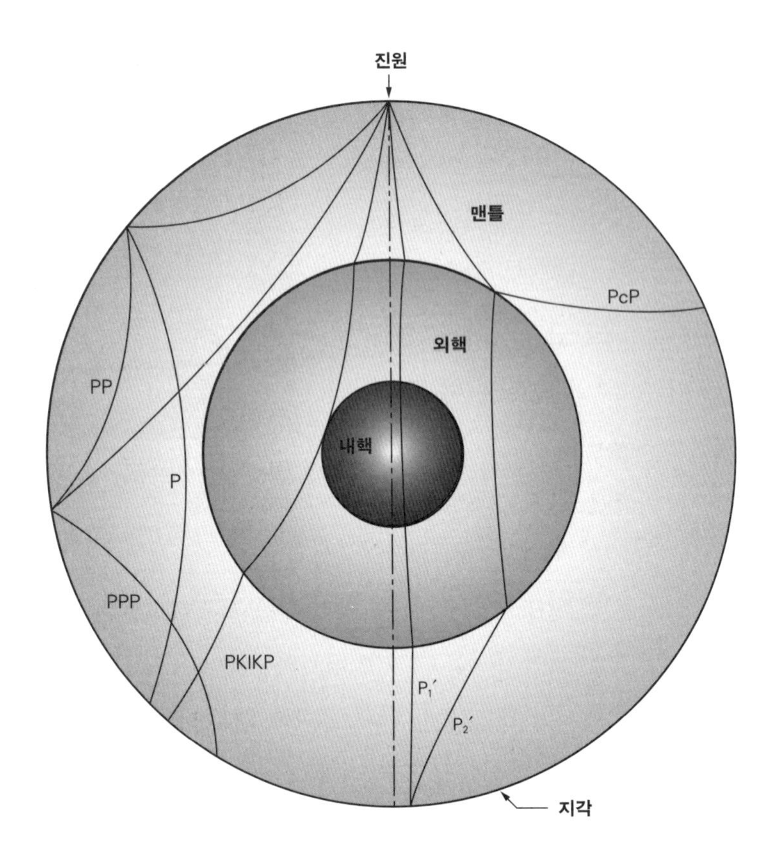

그림 6-6. 지구 내부 구조와 주요 지진 위상들. 외핵은 액체, 내핵은 고체로 이루어져 있다.

있는 사람에게 레만 메달(Lehmann Medal)을 수여한다.

이리해 1930년대 말에 올덤, 모호로비치치, 구텐베르크, 레만 등의 연구로 우리는 지구 내부가 그림 6-6처럼 지각, 맨틀, 외핵, 그리고 내핵으로 이루어졌음을 알게 되었다. 지각은 너무 얇아 그림 6-6에서 단지 하나의 선으로 표시할 수 있을 뿐이다. 지각의 하부에 P파와 S

파의 속도가 점차 증가하는 층인 맨틀이 있고, 그 하부에 외핵과 내핵이 있다. 맨틀, 외핵, 그리고 내핵에서 지진파들은 각기 반사 또는 굴절해 여러 가지 다른 경로를 갖게 된다. 이와 같이 각기 다른 경로를 통해 관측소에 도달하는 지진파를 지진 위상(seismic phase)이라고 부른다.

이 위상들의 명칭은 다음과 같이 정한다. P파나 S파가 맨틀을 한 번 통과할 때마다 P, S를 붙인다. 만약 P파가 지표면에서 반사되어 P파로 통과하면 PP, 상 전환을 통해 S파로 통과하면 PS가 된다. 핵에서 반사되면 c를 붙인다. 예로서 P파가 핵에서 반사되어 S파로 전환되면 PcS가 된다. 외핵을 통과하면 K를 붙이고 내핵에서 반사하면 I를 붙인다. 즉 내핵에서 반사해 암영대에 도달하는 P파는 PKIKP가 된다. 내핵을 통과하면 J를 붙인다. 예를 들어 내핵을 통과해 진앙의 반대편에 도달하는 P파는 PKJKP가 되고 외핵을 통과해 도달하면 PKP가 된다. PKJKP와 PKP는 줄여서 P1′와 P2′로 부르기도 한다. 이 주요 지진 위상들의 주시 곡선은 그림 6-7과 같다. 이 주시 곡선들이 전체적으로 위로 볼

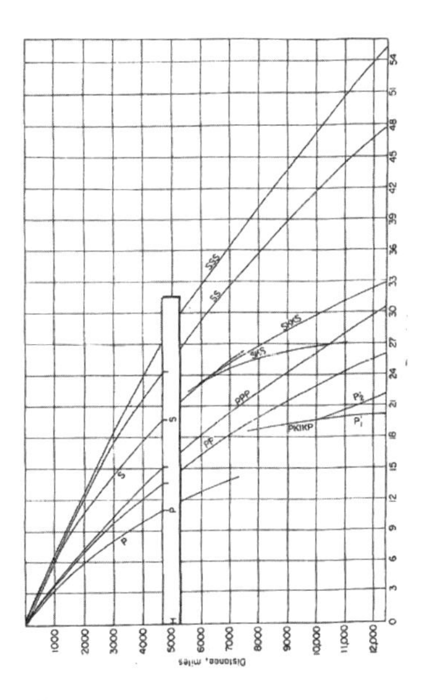

그림 6-7. 주요 지진 위상들에 대한 제프리스-불렌(Jeffreys-Bullen)의 주시 곡선. 이 주시 곡선들이 지진의 진앙 거리와 지진 발생 시간을 결정하는 데 이용된다.

록한 곡선으로 나타나는 것은 지구 내부로 갈수록 지진파의 속도가 증가함을 의미한다. (「지진의 물리학 특강」 V 참조)

지진파를 이용한 지구 내부 구조의 탐구

1950년대까지 지진학자들이 지구 내부 구조를 결정하는 데 사용한 방법은 실체파의 주시 곡선을 분석하는 것이었다. 실제로 특정한 진앙 거리에 도달하는 지진파의 주시 곡선에는 그 지진파가 통과하는 경로의 속도 분포에 관한 정보가 포함되어 있다. 그림 6-7의 주시 곡선들을 분석해 지구 내부의 P파와 S파의 속도 분포를 결정하는 수학적 방법이 20세기 초에 비헤르트 등에 의해 개발되었다.

주시 곡선 분석을 통해 결정된 지구 내부 지진파 속도 구조를 보여주는 대표적인 모형으로 1930년대 말 영국의 제프리스가 내놓은 것과 1950년대 말 구텐베르크가 내놓은 것이 있다. 이 두 모형의 속도 구조는 대동소이하나 큰 차이 중 하나는 구텐베르크의 모형에서는 맨틀 상부에 속도가 깊이에 따라 감소하는 저속도층이 존재하나 제프리스의 모형에는 저속도층이 아니라 단지 속도의 증가율이 감소하는 층이 있다는 것이다. 이 문제는 오랫동안 논란이 되었으나 1960년대에 와서 표면파의 분산 연구를 통해 저속도층의 존재가 확인되었다. 이 저속도층이 바로 판구조론에서 나오는 연약권이다. 표면파 분산 연구에 대해서는 보론의 「지진의 물리학 특강」 VI에 이론적인 설명을 실어 두었다.

지구의 크기는 유한하다. 따라서 모든 지진파들의 전파는 지구 안

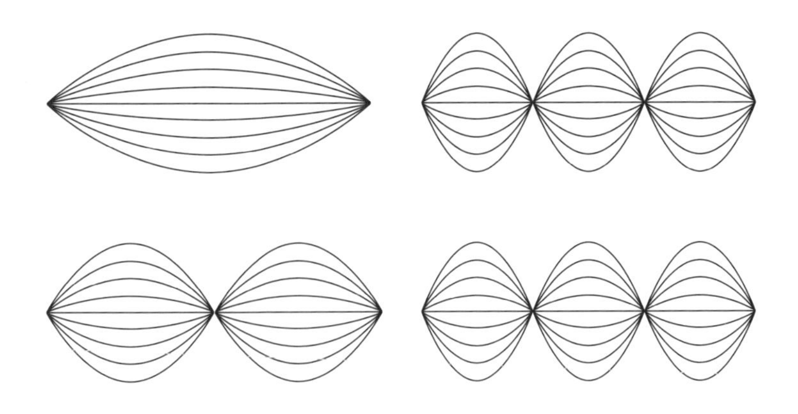

그림 6-8. 양끝이 고정된 줄이 진동할 때 발생하는 공명의 처음 네 가지 형태들.

에 제한된다. 실체파들은 지구 표면에서 반사되어 지구 내부로 되돌아오고, 표면파들을 지구 표면의 대원(great circle)을 따라 돈다. 따라서 지구 표면의 한 지점에 위상이 다른 여러 지진파들이 연이어 도달해 서로 간섭(interference)하면 특별한 주기의 공명이 일어나 지구 전체가 마치 큰 종이 울리는 것처럼 오랫동안 진동하게 된다. 앞에서 언급한 것처럼 이러한 진동을 지구의 자유 진동이라 한다. 이는 양 끝이 고정된 줄에 변위가 일어날 때 발생하는 파동이 양쪽으로 전파되고 줄 끝에서 반사되어 되돌아와 간섭해 특정한 주기로 공명하는 것과 같다. (그림 6-8)

1911년에 오거스터스 러브는 이론적으로 지구만한 공 모양의 철이 대략 1시간의 주기를 갖고 자유 진동함을 밝혔다. 이 문제는 1954년 휴고 베니오프가 1952년 11월 캄차카에서 발생한 대규모 지진에 의한 57분의 주기를 갖는 지구의 자유 진동을 자신이 만든 변형 지진계

(그림 5-10)로 발견할 때까지는 단지 수학적인 호기심의 수준에 머물렀다.

그러나 1960년 칠레에서 발생한 모멘트 규모 9.5의 지진에 의한 자유 진동의 분명한 관측 자료가 세계 각지에서 얻어짐에 따라 이 현상은 의심할 여지가 없게 되었다. 이 지진 이후로 대규모 지진들에 의한 자유 진동의 자료는 지구 내부 구조를 규명하는 데 이용되고 있다. 이론적으로 층상 구조를 가진 지구에는 각각 다른 주기를 갖는 무한한 형태의 자유 진동들이 가능하고 이 다른 형태의 진동을 모드(mode)라고 부른다. 그중 일부가 그림 6-9에 그려져 있다. 가장 주기가 큰 것이 '풋볼(football) 모드'로서 주기가 53.9분이다. '풍선

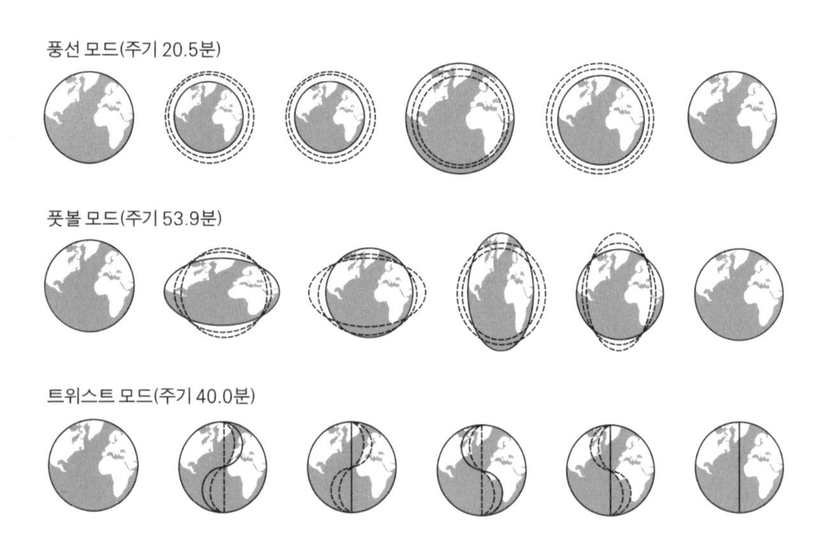

그림 6-9. 지구 자유 진동의 세 모드. 위로부터 풍선 모드, 풋볼 모드 그리고 트위스트 모드. 이 그림들은 자유 진동이 일어날 때 지구의 모양이 어떻게 변하는가와 그 주기를 보여 준다. 그림은 지구의 진동을 좀 과장되게 묘사한 것이다. 실제 진동의 크기는 밀리미터 단위를 넘지 않는다.

(balloon) 모드'의 주기는 20.5분이고, '트위스트(twisting) 모드'의 주기는 40.0분이다.

지구 내부 구조를 규명하는 것은 지진파의 속도 구조를 밝히는 것을 의미한다. 만약 지구 내부를 구성하는 물질의 속도 분포를 알 수 있다면 우리는 이론적으로 주시 곡선을 계산할 수 있다. 이렇게 지구 내부 구조를 알고 이에 대한 주시 곡선을 계산하는 문제를 정문제(forward problem)라고 한다. 그러나 실제의 상황은 이와 반대이다. 우리는 유한한 수의 지표 관측소에서 얻은 지진파의 도달 시간으로부터 역으로 지구 내부를 구성하는 물질의 속도를 구하고자 한다. 이와 같이 관측 자료로부터 그 결과를 일으키는 지구 내부 구조를 규명하는 문제를 역문제(inverse problem)라고 하고 오늘날 지구 물리학의 여러 분야에서 관측 자료를 가지고 모형을 만들 때 직면하고 있는 문제이다.

지진파 관측 자료로 지구 내부 구조를 결정하는 역문제에는 항상 비유일성(non-uniqueness)의 문제가 제기된다. 같은 지표 관측 결과를 가지고도 서로 다른 지구 내부 모형을 여러 개 만들 수 있기 때문이다. 예를 들어 주시 곡선의 경우를 생각해 보자. 관측소가 지구 표면에 연속적으로 분포하지 않기 때문에 우리는 원리적으로 두 관측소 사이에 있는 어떤 지점에 도달하는 지진파의 정확한 도달 시점을 알 수 없다. 따라서 관측 지점의 도달 시간만으로는 실제에 부합하는 단 하나의 유일한 지구 내부 구조 모형을 만들 수 없다. 따라서 이 역문제에는 관측점 사이의 각기 다른 도달 시간에 해당하는 무한히 많은 해(solution), 즉 무한히 많은 속도 구조가 존재할 수 있다. 이 경우 우리는 보통 서로 다른 두 관측소의 도달 시간들을 부드럽게 연결하는 주시 곡선에 해당하는 해(가능한 매끄러운 지구 내부 구조 모형)를 취한다. 뿐만 아니라 주시 곡선의 관측에서 불가피하게 발생하는 오차가 또한 지구 내부 구조의 결정에 오차를 불러온다. 즉 우리가 지표에서 관측하는 자료로부터 결정한 지구 내부 구조 모형은 관측 자료가 유한하고 불연속적이라는 본질적 한계와 관측 자체의 오차 때문에 실제 지구 내부 구조와는 차이가 있다. 그러나 그 차이는 그리 크지 않다.

지진 자료를 이용해 지구 내부 구조를 결정하는 역문제를 풀 때에는 먼저 지구 내부 속도 구조에 대한 모형을 임의로 가정하고 이 모형을 가지고 계산한 주시 곡선을 실제로 관측된 주시 곡선 값과 비교해 가면서 두 값들이 일치하도록 모형을 수정해 나간다. 이 경우 인공 지진에서 얻은 주시 곡선이 도움이 된다. 자연적으로 발생하는 지진 대신에 인공적인 폭발에서 생긴 지진을 이용할 경우 진앙의 위치 및 발파 시간을 정확히 알 수 있으므로 더욱 정확한 주시 곡선을 얻을 수 있다. 1950년대에 수행된 일련의 지하 핵폭발 실험에서 발생한 지진파의 에너지는 지구 중심부 핵을 통과할 정도로 충분히 컸기 때문에 여기서 얻어진 자료는 기존의 주시 곡선을 수정하는 데 이용되었다.

일단 지진파 속도 구조를 만족시키는 모형이 얻어지면 이 모형에 밀도를 부여해 자유 진동의 주기들을 이론적으로 계산하고 그 수치와 관측된 값들을 비교해 두 값들이 맞도록 밀도를 수정해 나간다. 이 경우 수백만 개의 모형을 테스트하게 되는데 빠른 계산을 할 수 있는 컴퓨터가 없으면 불가능한 작업이다. 이렇게 해 최종적으로 얻어진 지구 내부 구조의 모형을 그림 6-10에서 볼 수 있다. 실제로 지

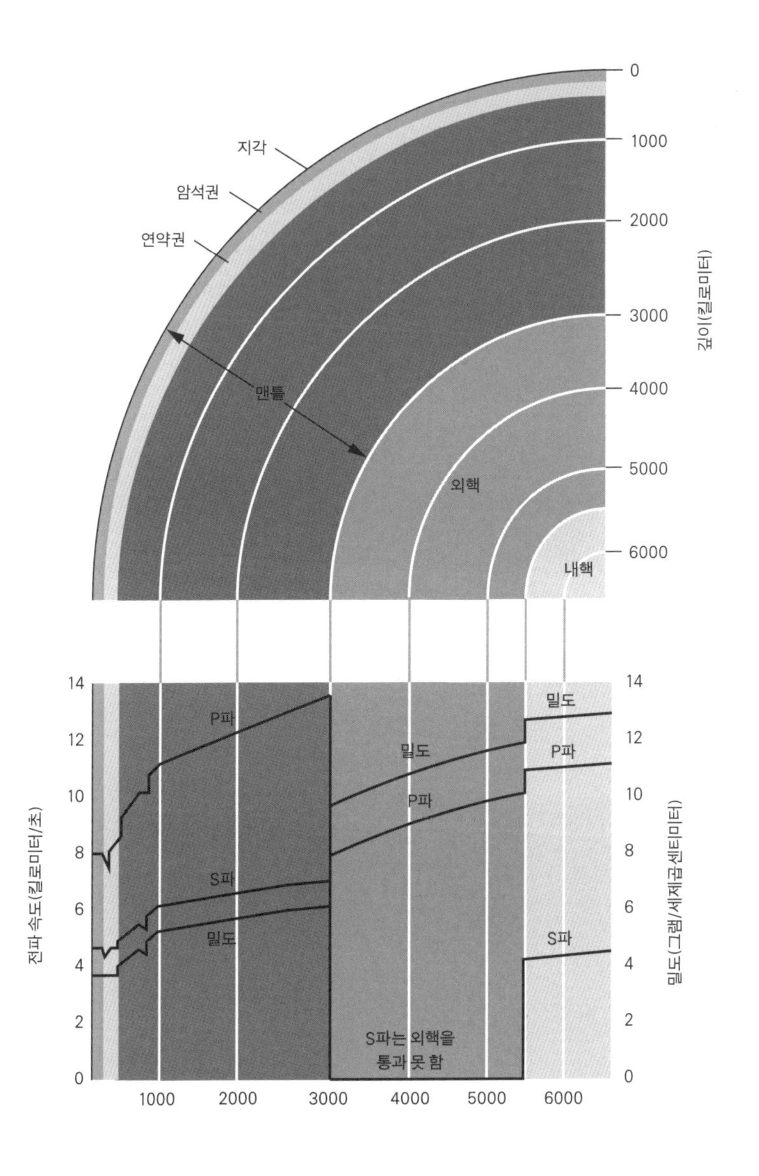

그림 6-10. 현대 지진학이 밝혀낸 지구의 층상 구조. 아래 그림은 지구 내부에서 깊이에 따른 P파, S파와 밀도의 변화를 보여 준다. 위 그림은 이러한 변화들과 연관된 주요 층상 구조를 보여 주는 지구의 단면도이다.

구 내부 구조는 역문제의 비유일성 문제 때문에 그림 6-10에 제시된 모형과 거의 일치하고 그 차이는 수 퍼센트 이내에 머문다.

지각, 맨틀, 외핵, 내핵

지구의 가장 바깥 부분인 지각은 바다에서 얇고(두께 대략 7킬로미터) 대륙에서는 두껍고(두께 대략 40킬로미터) 산악 지대에서는 가장 두껍다(두께 70킬로미터까지). 지각에서 P파의 속도는 초속 6~7킬로미터이다. 지각과 맨틀에서 여러 암석들을 채취해 이들의 속도를 실험실에서 측정한 결과, 상부 대륙 지각의 대표적 암석인 화강암과 같은 산성암(felsic rock), 해양 지각이나 하부 대륙 지각의 대표적 암석인 반려암과 같은 염기성암(mafic rock), 그리고 상부 맨틀의 대표적 암석인 감람암과 같은 초염기성암(ultramafic rock)에서의 P파의 속도는 대략적으로 각각 초속 6킬로미터, 7킬로미터, 그리고 8킬로미터임이 밝혀졌다.

암석의 종류와 지진파 속도의 상관 관계로부터 대륙의 상부 지각은 주로 화강암으로 되어 있지만, 해양 지각에는 화강암이 존재하지 않음을 알게 되었다. 해양 지각은 퇴적층과 그 하부의 현무암과 반려암으로 되어 있다. 지역에 따라 대륙 지각의 15~25킬로미터 깊이에 산성암질의 상부 지각과 염기성 암질의 하부 지각의 뚜렷한 경계가 되는 콘래드 불연속면(Conrad discontinuity)이 존재하기도 한다.

지각 하부에서 속도가 급격하게 초속 8킬로미터로 변하는 것은 지각과 그 하부 맨틀 사이에 뚜렷한 경계면, 모호로비치치 불연속면이 존재함을 시사한다. 산악 지역의 지각 두께가 평지보다 더 크며 이는 지각이 그보다 밀도가 높은 맨틀 위에 떠 있다는 지각 균형설(principle of isostacy)의 이론에 부합한다. (그림 6-11)

지각 균형설이 성립하려면 맨틀이 유체의 성질을 가지고 있어야 한다. 그러나 S파가 맨틀을 통과하는 것을 보면 맨틀은 고체의 성질을 띠고 있다. 그럼 어떻게 지각 균형이 유지되고 있을까? 이 현상은 암석이 수년 이하의 짧은 시간에 대해서는 단단한 고체의 특성을 보여 주지만 수십억 년의 긴 시간에 대해서는 마치 점성을 가진 유체처럼 거동하기 때문에 가능하다.

지각과 가까운 맨틀 상부를 이루는 기본 암석인 감람암은 주로 마그네슘과 철을 포함하는 광물인 감람석과 휘석으로 되어 있다. 이 광물들은 압력과 온도가 변하면 그 물성과 형태가 변한다. 이 광물들은 맨틀 상부의 압력과 온도에서 녹기 시작한다. 더 깊은 곳에서는 압력의 증가로 광물들이 더 작은 결정 구조로 바뀌게 된다. 감람암의 깊이에 따른 이러한 변화는 S파 속도의 증가 또는 감소를 초래한다. (그

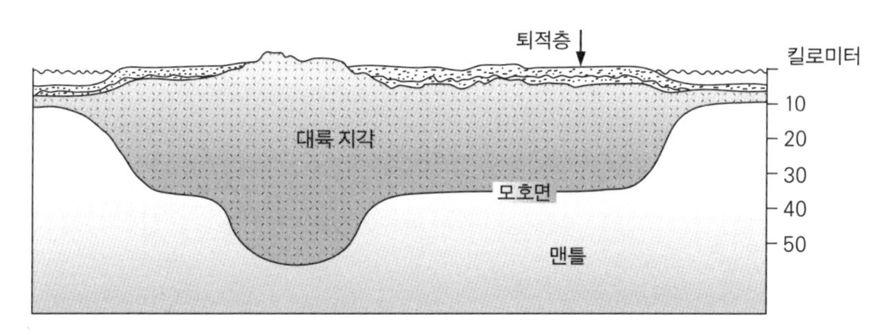

그림 6-11. 지진파 분석으로 밝혀진 지각의 두께 변화는 지각이 밀도가 더 큰 맨틀 위에 떠 있다는 지각 균형설을 뒷받침하고 있다. 산악 지역 지각의 두께가 평지보다 크다.

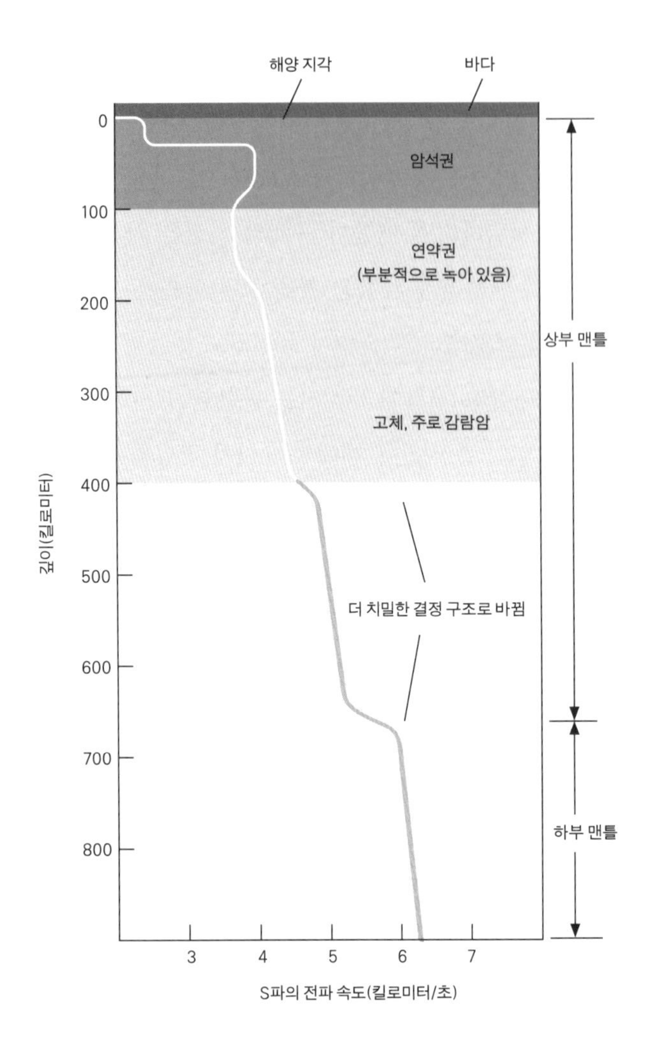

그림 6-12. 오래된 대양저 하부의 맨틀 구조. 깊이 900킬로미터까지의 S파의 속도 변화를 보여 준다. 속도 변화는 단단한 암석권, 연약한 연약권, 그리고 압력의 증가로 원자들이 더 치밀한 결정 구조로 바뀜에 따라 생기는 두 층을 구분한다.

림 6-12) 맨틀의 최상부에서 S파의 속도는 지각 하부 맨틀 감람암의 대표적인 속도이다.

암석권의 평균 두께는 대략 100킬로미터이나 지역적으로 변화가 커 상승하는 뜨거운 맨틀 물질에 의해 암석권이 생성되는 대양저 산맥의 열곡에서는 그 두께가 없으나 차고 안정한 대륙 강괴(continental craton)에서는 200킬로미터가 넘는다.

암석권의 바닥 부근에서 S파의 속도는 급격히 감소하는데 이 영역이 앞에서 몇 차례 언급되었던 저속도층이다. 속도의 감소는 깊이에 따라 온도가 상승하기 때문에 일어난다. 대략 100킬로미터 깊이에서 온도는 맨틀의 암석이 녹는 온도에 접근해 감람암의 일부 광물들이 녹기 시작한다. 적은 양(대부분의 경우 1퍼센트 미만)만 녹아도 이 암석층을 통과하는 S파의 속도가 감소한다. 일부가 녹으면 암석에서 흐름이 가능하게 된다. 이 연약권 상부에서 그 위 단단한 암석권의 수평 이동이 일어난다.

해양판에서 저속도층은 대략 200~250킬로미터 깊이에서 끝나고 그 하부에서 S파의 속도는 다시 고체 감람암에서의 속도로 증가한다. 맨틀 암석의 온도가 낮아 녹지 않은 상태로 남을 수 있는 안정한 대륙 강괴에서 저속도층은 그렇게 뚜렷하게 나타나지 않는다.

대략 200~400킬로미터 깊이에서 S파의 속도는 다시 증가한다. 이 층에서 압력은 증가하나 온도는 연약권에서 발생하는 맨틀 대류(mantle convection) 때문에 지표 근처에서처럼 빠르게 증가하지 않는다. 압력과 온도의 복합적인 효과로 깊이에 따라 녹는 양이 감소해 암석이 다시 단단해지고 S파의 속도가 증가한다.

대략 400킬로미터 깊이에서 S파의 속도는 두께 20킬로미터 미만의 좁은 층에서 약 10퍼센트 증가한다. 1920년대에 이 층이 발견되었을 때 지질학자들은 그 까닭을 알 수 없었다. 그러나 곧 S파 속도의 급격한 증가는 상부 맨틀을 이루는 주요 광물인 감람암의 결정이 상 전환을 통해 더욱 치밀한 구조로 바뀌어 발생할 수 있다고 설명했다. 상 전환에서 암석의 결정 구조는 변하지만 화학적 조성은 변하지 않는다. 이 이론은 실험실에서 감람암이 400킬로미터 깊이에 해당하는 고온, 고압 조건에서 실제로 상 전환을 하고 지진파의 속도도 지진 자료에서 측정된 값과 일치됨이 발견됨으로써 타당성이 입증되었다.

지표에서 깊이 420~650킬로미터 구간에서 맨틀의 물성은 깊이에 따라 큰 변화가 없다. 그러나 660킬로미터 부근에서 S파의 속도는 다시 급격히 변하며 이는 이 층에서 제2의 상 전환이 일어나 더욱 치밀한 결정 구조로 바뀜을 시사한다. 실험실 측정 결과 이 깊이에서 감람석에 또 하나의 주요 상 전환이 일어남이 밝혀졌다. 660킬로미터 깊이 하부에서 지진파는 서서히 증가하고 핵과의 경계까지 주요한 상 전환과 같은 특이한 현상이 나타나지 않는다. 두께가 2,000킬로미터가 넘는 비교적 균질한 이 구간을 하부 맨틀(lower mantle)이라 부른다. 그리고 이 하부 맨틀 위의 깊이 660미터까지의 구간을 상부 맨틀(upper mantle)이라 한다.

대략 2,898킬로미터 깊이의 핵-맨틀 경계(core-mantle boundary, CMB)에서 지구 내부에서 가장 현저한 물성 변화가 일어난다. 이 경계면에서 반사되는 지진파는 이 경계가 뚜렷한 경계임을 시사한다. 여기에서 고체인 규산염 암석(silicate rock)이 액상 철의 혼합물로 바뀐다. 강성률(rigidity)이 완전히 사라짐으로써 S파의 속도가 약 초속 7.5킬로미터에서 0으로 떨어지고, P파의 속도는 초속 13킬로미터 이상에서 초속 8.0킬로미터 정도로 감소한다. 반면에 밀도는 1세제곱센티미터당 4.5그램 정도 증가한다.

지진학 및 천문학의 자료와 실험실의 측정 결과는 지구의 핵이 철과 니켈의 혼합물로 이루어져 있음을 시사한다. 이 금속들은 우주에 풍부하게 존재한다. 그리고 그 밀도면 지구 전체 질량의 약 3분의 1에 해당하는 핵의 질량도 설명할 수 있다. 이 가설은 철과 니켈의 혼합물로 이루어진 운석의 발견으로 뒷받침된다.

맨틀 바로 아래에 있는 외핵은 액체이지만 핵의 중심으로 가면 고체로 이루어진 내핵이 있다. P파의 속도는 대략 5,150킬로미터의 깊이에서 갑자기 증가하는데 이것은 금속으로 이루어진 내핵의 존재를 시사한다. 내핵을 통과하는 S파가 발견되었고, 이는 내핵이 고체임을 입증한다. 최근에는 내핵이 맨틀보다 더욱 빨리 회전해 '행성 속의 행성'처럼 행동한다는 주장이 제기되었다. 컬럼비아 대학교의 폴 리처즈(Paul Richards) 교수 등은 2005년에 외핵이 지구 자체보다 연간 0.3~0.5도 빨리 회전한다는 논문을 저명한 학술지 《사이언스》에 발표했다.

지구 내부 구조와 연관해 최근 활발하게 연구되는 분야가 지진 토모그래피(seismic tomography)이다. 지진 토모그래피는 지구 전체 수천 개 지진 관측소에 기록되는 지진들의 기록을 분석해 지구 내부 속도 구조의 3차원적 이미지를 만드는 것이다. 이것은 마치 의학에서 엑스선을 이용해 컴퓨터 단층 사진(CT)을 만드는 것과 같은 이치이다. 실험실 연구 결과 비교적 차고 단단한 암석에서는 지진파가 빠르게 이동하고 따뜻하고 가벼운 암석에서는 느리게 이동함이 밝혀졌다. 지진 토모그래피는 지표 근처에서는 판구조론과 부합하는 결과를 보여 주어 S파의 속도가 중앙 대양저 산맥에서는 느려지고 대양저의 찬 암석권이나 안정한 대륙 강괴에서는 빠르게 나타났다. 최근의 어떤 연구는 찬 암석권이 핵과 맨틀의 경계까지 섭입함을 보여 주고 있다. 이는 판을 움직이는 맨틀 대류가 상부 맨틀에 국한되는 것이 아니고 맨틀 전체에 걸치고 있음을 시사한다.

7장

지진의 크기는 어떻게 정할까

진도, 규모, 에너지

지진은 도처에서 작은 진동으로 시작했다.

……

그러자 파괴적인 격렬한 진동이

어떤 곳에서는 커다란 소리보다 오히려 먼저 다른 곳에는

조금 뒤에 엄청나게 밀려왔다.

그리고 갑자기 다시 작은 진동으로 사라졌다.

—로버트 맬리트

지진의 크기를 평가하는 척도로 처음에는 진도(intensity)가 이용되었다. 1857년 12월 이탈리아 남부에서 대규모의 파괴적인 지진이 발생하자 영국의 공학자인 로버트 맬리트(Robert Mallet)는 나폴리 왕국으로 출발했다. 그는 거기에서 2개월 머물면서 대규모 지진에 대한 최초의 과학적인 야외 조사를 실시했다. 그는 지진에 대한 사람들의 느낌, 건물의 진동과 파손, 지면 변화 등에 대한 상세한 목록을 만들고 지진의 피해를 나타내는 척도인 진도를 다음의 세 계급으로 구분했다.

1. 도시의 거의 전부가 붕괴되었다.

2. 대부분의 지점에서 건물이 무너지고 사망자가 발생했다

3. 일부 건물이 파손되었으나 사망자는 없었다.

멜리트는 같은 진도를 갖는 지점들을 구분하는 곡선을 긋고 이를 등진도선(isoseismal lines)이라고 했다. (그림 2-1을 보면 뉴마드리드 지진의 감진 지역을 등진도선으로 표시한 것을 볼 수 있다.) 그는 등진도선에 따라 진동의 중심을 결정해 지진파가 발생하는 근원을 추정했다. 등진도선은 최대 피해가 발생한 지점을 알 수 있게 해 줄 뿐만 아니라 진도가 거리에 따라 감소하는 양상도 보여 준다. 진도는 지표 지질 조건에 크게 의존하기 때문에 최대 진도가 나타나는 지점이 반드시 진앙이 되는 것은 아니다.

맬리트의 이 연구 이후 수십 년간 지진학자들은 진도를 지진의 크기를 평가하는 척도로서 널리 사용했다. 최초의 진도 계급은 1880년대에 이탈리아의 미켈레 스테파노 데 로시(Michele Stefano de Rossi)와와 스위스의 프랑수아 포렐(Francois Forel)이 제정했으며 10개의 계급으로 되어 있다. 이 진도 계급이 1902년 이탈리아의 지진학자인 주세페 메르칼리(Giuseppe Mercalli)가 12개의 계급을 갖는 더욱 정교한 진도 계급을 제시할 때까지 사용되었다. 메르칼리의 진도 계급을 1931년에 해리 우드(Harry O. Wood)와 프랭크 노이만(Frank Neumann)이 미국의 캘리포니아에 적용할 수 있도록 수정한 것이 수정 메르칼리 진도 계급(Modified Mercalli Intensity(MMI)-Scale)이며 현재 미국과 세계 여러 지역에서 쓰이고 있다. 표 7-1은 1956년 찰스 리히터가 이

표 7-1. 축소 수정 메르칼리 진도 계급(MMI scale).

I: 매우 좋은 조건에 있는 극소수의 사람을 제외하고는 느껴지지 않는다.

II: 건물 위층에서 정지해 있는 소수의 사람에게나 느껴진다. 매달린 물건이 미세하게 흔들린다.

III: 옥내에서 특히 건물 위층에서 뚜렷하게 느껴지나 많은 사람들이 지진으로 생각하지 않는다. 정지한 차가 조금 흔들리며 트럭이 지나가는 듯한 진동이 있다. 지속 기간을 추정할 수 있다.

IV: 낮에 옥내에서 많은 사람들에게 느껴지나 옥외에서는 소수의 사람들에게만 느껴진다. 밤에는 잠을 깨는 사람도 있다. 접시나 유리창 및 문들이 흔들리며 벽이 삐꺽거리는 소리를 낸다. 무거운 트럭이 건물과 충돌하는 듯한 느낌이 들며 정지한 자동차가 눈에 띄게 흔들린다. (0.015~0.02g)

V: 거의 모든 사람에게 느껴지며 많은 사람들이 잠을 깬다. 접시나 유리창 등이 깨지기도 하며 벽토에 금이 가고 불안정한 물체가 넘어진다. 나무나 장대 등 긴 물체가 흔들리는 것을 때로 볼 수 있다. 추시계가 정지하기도 한다. (0.03~0.04g)

VI: 모든 사람이 느끼고 놀래서 옥외로 달려 나가는 사람들이 많다. 무거운 가구가 움직이고 벽토가 떨어지며 굴뚝이 파손되는 경우도 있다. 가벼운 피해가 발생한다. (0.06~0.07g)

VII: 모든 사람이 옥외로 달려 나간다. 잘 설계되고 시공된 건물에 대한 피해는 무시할 수 있는 정도이나 잘 지은 보통 건물에 대한 피해는 가볍거나 중간 정도이며 부실하게 지었거나 설계가 잘못된 건조물은 상당한 피해를 입는다. 굴뚝들이 넘어지는 경우도 있으며 운전 중의 사람에게도 느껴진다. (0.10~0.15g)

VIII: 특수하게 설계된 건조물에 대한 피해는 가벼우나 보통으로 견실하게 지은 건물도 부분적으로 붕괴되는 상당한 피해를 입으며 부실하게 지은 건물은 큰 피해를 받는다. 판벽 널이 틀로부터 튀어나오며 굴뚝, 공장에 쌓아놓은 상품, 기둥, 기념비, 벽 등이 무너진다. 무거운 가구가 넘어진다. 모래와 진흙이 소량 분출하며 우물물이 변한다. 차를 모는 사람들이 흔들린다. (0.25~0.30g)

IX: 특수하게 설계된 건물도 상당한 피해를 입으며 잘 설계된 구조의 건물이 기운다. 견고한 건물이 부분적으로 붕괴되며 큰 피해를 입는다. 빌딩이 기초로부터 이동한다. 지면이 눈에 띄게 갈라지며 지하의 파이프가 부러진다. (0.50~0.55g)

X: 잘 지은 목조 건물이 파괴되는 경우가 생긴다. 대부분의 석조 및 구조물들이 기초와 같이 파괴된다. 지면이 심하게 갈라지며 철로가 휜다. 강둑이나 급한 비탈에서 큰 사태가 일어난다. 모래와 진흙이 이동하며 물이 둑에 튀겨 넘쳐 쏟아진다. (0.60g 이상)

XI: 서 있는 (석조) 건물이 거의 없다. 다리가 파괴되고 지면에 폭넓은 금이 가고 지하 파이프들의 사용이 전혀 불가능해진다. 땅이 무너지고 부드러운 땅에서 지면이 미끄러진다. 철로가 심하게 휜다.

XII: 전체적인 피해가 발생한다. 지면이 파도처럼 출렁이며 측량선이나 수준면이 변한다. 물건들이 공중으로 튀어나간다.

(괄호 안에 각 진도에 해당하는 가속도 값이 표시되어 있으며 g는 중력 가속도의 단위로서 980센티미터/제곱초을 나타낸다.)

진도 계급을 축소해 기술한 것이다. 이 진도 계급이 1811년 미국 미주리 주 뉴마드리드 지진에 적용된 그림이 앞에서 본 그림 2-1이다.

한편 캘리포니아와 건조물의 형태가 다른 일본이나 (구)소련에서는 각기 자기 나라에 적합한 진도 계급을 만들어 활용했다. 일본의 경우 일본 기상청(Japanese Meteorological Agency, JMA) 진도 계급을 사용하고 있으며 10계급으로 되어 있다. (표 7-2) 원래 일본 기상청 진도 계급은 8계급이었으나 1995년 고베 지진 후 계급 V와 VI을 각각기 V약, V강, VI약, VI강으로 세분해 10계급이 되었다.

(구)소련에서 사용하는 MSK 진도 계급(MSK-scale)은 러시아의 세르게이 메드베데프(Sergei Medvedev), 독일의 빌헬름 슈폰호이어(Wilhelm Sponheuer)와 체코슬로바키아의 비트 카르니크(Vit Karnik) 등이 제안한 것으로서 12계급으로 되어 있으며 MMI 진도 계급과 비슷하다. 이 진도 계급은 현재 러시아, 이스라엘, 인도 등 여러 나라

표 7-2. 일본 기상청 진도 계급(JMA intensity scale).

0:	사람들이 느낄 수 없다.
I:	건물 안에 조용히 있는 일부 사람들이 조금 느낀다.
II:	건물 안에 조용히 있는 많은 사람들이 느낀다.
III:	건물 안의 대다수 사람들이 느낀다.
IV:	대다수 사람들이 놀란다. 램프처럼 매달린 물체가 심히 흔들린다. 불안정한 장식물이 떨어질 수 있다.
V약:	많은 사람들이 놀라 안정한 물체를 붙잡으려 한다. 찬장에 있는 접시와 책장에 있는 것들이 떨어질 수 있다. 고정되지 않은 가구들이 움직이고 불안정한 가구들이 넘어질 수 있다.
V강:	많은 사람들이 안정한 물체를 잡지 않고서는 걷기 어렵다. 찬장에 있는 접시와 책장에 있는 것들이 떨어질 가능성이 크다. 고정되지 않은 가구가 넘어질 수 있다. 보강되지 않은 콘크리트 블록이 무너질 수 있다.
VI약:	서 있기가 어렵다. 많은 고정되지 않은 가구들이 움직이고 넘어질 수 있다. 문이 고장 날 수 있다. 벽돌과 유리창이 깨어져 떨어질 수 있다. 내진성이 낮은 목조 건물에서 벽돌이 떨어지고 건물이 기울거나 무너질 수 있다.
VI강:	기지 않고서는 움직일 수 없다. 사람이 공중으로 튕겨질 수 있다. 많은 고정되지 않은 가구들이 움직이고 넘어질 가능성이 크다. 내진성이 낮은 목조 건물이 기울거나 무너질 가능성이 크다. 지면에 큰 균열이 생기고 대규모 사태나 산의 붕괴가 일어날 수 있다.
VII:	내진성이 낮은 목조 건물이 기울거나 무너질 가능성이 훨씬 크다. 내진성이 큰 목조 건물들이 어떤 경우에 기울어질 수 있다. 콘크리트로 보강한 내진성이 낮은 건물들이 무너질 가능성이 크다.

에서 사용되고 있다.

지진의 크기를 지진계에 기록되는 실제 지면 진동에 근거해 측정하려 한 것이 바로 규모(magnitude)이다. 1927년에 캘리포니아 공과

그림 7-1. 찰스 리히터. 미국 캘리포니아 공과 대학 교수. 리히터 규모를 만들었다.

대학에서 물리학으로 박사 학위를 준비하고 있던 27세의 대학원 학생인 찰스 리히터가 같은 대학 지진 연구소에서 구텐베르크의 지도를 받으며 지진 기록을 분석하는 작업을 시작했다.(그림 7-1) 당시 캘리포니아 공과 대학은 수집한 지진 기록을 이용해 캘리포니아 남부에서 매년 발생하는 수백 회 지진들의 목록을 작성하는 계획을 갖고 있었다. 리히터는 지진 기록과 기술 들을 살펴보면서 터무니없는 오류를 수없이 발견하고 당시에 지진의 크기를 규정하는 유일한 척도로 사용되던 진도 계급의 과학적 객관성에 불만을 갖게 되었다.

진도는 현장에서 건물의 파손 정도, 넘어진 가구들, 지면의 슬럼프(slump) 및 균열 들과 지진이 발생했을 때 사람들의 느낀 것을 조사하고 진도 계급에 제시된 기술과 비교해 결정한다. 그러나 진도의 평가에는 관찰자의 숙련도에 따라 다른 평가가 이루어질 수 있고, 또 특정한 지점에서 경험하는 가장 큰 진도 값이 종종 선택되어 진도의 크기를 증대시키는 문제점이 있다. 또 진도는 지진의 크기와 무관한 여러 가지 원인에 영향을 받는다. 예를 들어 진도의 평가에 중요한 역할을 하는 건물의 파손은 지반 진동의 격렬함에 못지않게 건물에 사용된 건재와 시공자의 성실성에 관련된다. 또 다른 어려운 문제는 지진으로 인해 촉발되는 산사태이다. MMI 진도 계급은 사태의 진도를 진도 X로 책정하지만 여러 지역에서 사태는 지진과 무관하게 흔히 발생하고 또 아주 작은 지진에도 쉽게 발생한다.

진도의 평가에 연관된 이러한 문제점들에도 불구하고 진도는 두 가지 이유로 아직도 중요하다. 첫째는 아직도 세계 여러 지역에 지진계가 설치되어 있지 않기 때문이다. 둘째는 지진 다발 지역의 긴 역사 기록에서 발견되는 지진들의 크기는 오직 진도에 의해서만 평가가 가능하기 때문이다.

리히터의 지진 규모

더 과학적이고 객관적인 지진 크기 척도를 찾던 리히터는 캘리포니아에서 발생하는 여러 지진들에 대해 그 최대 진폭 A(주로 S파에서 관측된다.)의 상용 로그 값($\log_{10}$ A)을 진앙 거리 Δ에 대해 표시해 보았

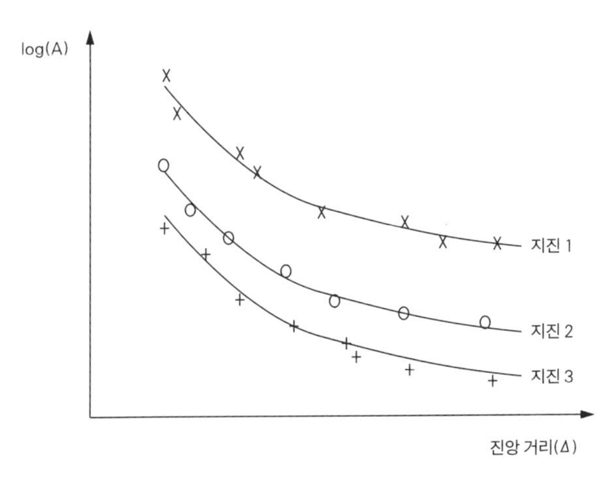

그림 7-2. 다른 크기의 지진들의 최대 진폭(log 값)이 거리에 대해 비슷한 양상으로 감쇠한다.

다. 그 결과 최대 진폭의 상용 로그 값이 진앙 거리에 따라 감쇠하는 양상이 거의 비슷하고 한 지진과 다른 지진의 최대 진폭 상용 로그 값의 차이가 진앙 거리에 거의 무관함을 발견했다. (그림 7-2)

이로부터 리히터는 같은 진앙 거리에서 관측되는 지진들의 최대 진폭차를 그 지진들의 크기를 규정하는 척도로 이용할 수 있다는 아이디어를 갖게 되었다. 리히터는 이 아이디어를 발전시켜 1935년 지진의 크기를 나타내는 새로운 척도인 리히터 규모 M_L을 다음과 같이 정의했다.

$$M_L = \log_{10} A(\Delta) - \log_{10} A_0(\Delta) \qquad \text{(식 7-1)}$$

여기에서 A와 A_0는 우드-앤더슨(Wood-Anderson) 지진계에 기록되는 지진의 최대 진폭과 규모가 0인 기준 지진의 최대 진폭을 마이크로미터 단위(1μm=10^{-6}m)으로 표시한 값이다. 기준 지진은 우드-앤더슨 지진계에 진앙 거리 100킬로미터에서 최대 진폭이 1마이크로미터인 지진으로 정의된다. 진폭의 상용 로그 값을 취하는 이유는 지진 규모에 따라 최대 진폭이 때로 수만 배가 될 정도로 큰 차이가 나기 때문이다. 따라서 규모가 1 증가하면 진폭은 10배 증가한다. 리히터는 진앙 거리 Δ에서 규모가 0인 기준 지진의 최대 진폭 값 $A_0(\Delta)$를 제공했다. 따라서 진앙 거리 Δ인 관측소에서 최대 진폭 A(Δ)를 측정하면 식 7-1에서 그 지진의 규모를 결정할 수 있다. 이와 같이 결정된 규모 M_L을 리히터 규모 또는 국지 규모(local magnitude)라고 부른다.

리히터의 규모는 원래 캘리포니아 지역에서 진앙 거리 600킬로미터 범위 안에서 발생하는 천발 지진들을 가지고 정의한 것이었다. 따라서 전 세계적으로 통용되는 것으로 만들려면 규모를 새로 정의할 필요가 제기되었다. 진앙 거리가 600킬로미터를 넘는 원거리에서 발생하는 깊은 지진의 경우, 표면파의 진폭이 가장 크기 때문에 주기 20초인 레일리파 수직 성분의 진폭을 이용해 규모를 정하는 방법이 제시되었고 이를 표면파 규모(surface-wave magnitude, Ms)라 한다. 또 원거리 깊은 지진의 경우에는 표면파가 발달하지 않기 때문에 대략 1초 주기를 가진 P파의 수직 성분의 진폭을 이용해 규모를 정하는 방법이 개발되었고 이 규모를 실체파 규모(body-wave magnitude, M_b)라고 한다. 표면파 규모 M_s와 실체파 규모 M_b는 가능한 대로 리히터 M_L과 일치하도록 조정했으나 완전히 일치하지는 않고 대략 규모 6.6 부근에서 근사한 값을 갖는다.

1940~1950년대에 여러 종류의 지진계에 기록되는 지진파로부터 실제 지면 진동을 환산하고 이를 우드-앤더슨 지진계에 기록되는 지면 진동과 비교해 리히터 규모를 정하는 노력들이 진행되었다. 결국 리히터 규모는 이제 세계 모든 지역에서 지진의 크기를 규정하는 보편적인 척도가 되었다. 이러한 성공적인 결과에 대해 리히터 자신이 가장 놀라워했다. 그는 자신의 업적을 "다소 거칠고 단순한 절차였는데 놀랍게도 잘 적용되었다."라고 평가했다.

한편 구텐베르크와 리히터는 지진의 표면파 규모 M_s와 방출되는 지진 에너지 E_s와의 관계를 구하려고 시도했다. 지진이 발생할 때에 진원 근처의 지각에 축적된 거대한 탄성 에너지의 일부(대략 10퍼센트)가 지진파로 방출된다. 이것을 지진 에너지라고 한다. 나머지의 일부는 단층의 지층을 깨는 데 사용되고 다른 부분은 지층이 단층면을 따라 움직일 때 생기는 마찰력에 의해 열로 방출된다. 아무튼 구텐베르크와 리히터는 지진 표면파의 규모와 지진 에너지의 관계를 밝히는 다음 방정식을 1956년에 제시했다. 이 관계식은 구텐베르크와 리히터의 중요한 업적 중 하나이다.

$$\log_{10} E_s = 11.8 + 1.5\, M_s \qquad \text{(식 7-2)}$$

이 관계식을 보면 규모로 지진 발생 시 방출되는 지진파의 에너지를 나타낼 수 있음을 알 수 있다. 이 식에 따르면 표면파 규모가 1.0 증가할 때마다 지진 에너지는 32배 증가한다.

리히터 규모는 음수의 값과 대략 8 사이의 값을 갖는다. 음수 값의 규모에 해당하는 지진들은 지진계에만 기록되는 작은 크기의 지진들이다. 사람들이 느끼는 최소 규모의 지진은 규모 1.5의 지진이다. 규모 3의 지진은 20~30킬로미터의 거리까지 사람들에게 감지된다. 규모 4.5의 지진은 진앙 근처에서 경미한 파손이 일어나고, 규모 6의 지진은 제한된 범위에서 건물들이 파괴된다. 지진 규모가 7.5 이상이면 대규모 지진으로 평가된다.

그러나 실체파 규모와 표면파 규모에는 문제점이 있다. 실체파 규모의 경우 6.2 이상, 표면파 규모의 경우 8.3 이상이 되면 이 규모들이 무용해지기 시작한다. 즉 그 이상의 지진이 발생해도, 규모의 값들이 증가하지 않는 것이다. 다시 말해 지진의 크기를 측정하는 척도로서 효력을 상실해 버리는 것이다. 이것을 지진학자들은 규모의 포화

(saturation) 문제라고 한다. 물론 실제로 M_b와 M_s가 각기 6.2 및 8.3 이상인 지진들은 드물다.

모멘트 규모의 등장

규모의 포화 문제를 해결하기 위해 1970년대 말에 가나모리 히로오(金森博雄)가 모멘트 규모(moment magnitude, M_w)라는 새로운 지진 규모를 제안했다. 이 규모는 지진학의 중요한 개념인 지진 모멘트(seismic moment)와 연관되어 있다. 지진 모멘트는 일본 도쿄 대학교 출신으로 미국 매사추세츠 공과 대학(Massachusetts Institute of Technology, MIT)에서 활동한 아키 게이이치(安芸敬一)에 의해 1960년대에 도입되었으며 지진파 분석을 통해 구할 수 있다. 지진 모멘트의 지진학적 의미를 이해하고 싶으면 보론 「지진의 물리학 특강」 VII을 참조하기 바란다. 지진 모멘트의 학문적 중요성은 지진에 수반한 지진원과 평균 오프셋의 크기를 지진파의 분석을 통해 알 수 있다는 데에 있다.

가나모리는 모멘트 규모 M_w를 지진 모멘트 M_o를 이용해 다음과 같이 정의했다.

$$M_w = 2/3 \log_{10} M_o - 10.7 \qquad \text{(식 7-3)}$$

가나모리도 일본 도쿄 대학교 출신의 지진학자로 캘리포니아 공과 대학의 교수로 재직하면서 아키와 함께 미국 지진학 연구를 주도

했다. 지진 모멘트와 모멘트 규모의 도입은 아키와 가나모리가 지진학의 발전에 기여한 중요한 업적으로 평가되고 있다. 아키와 폴 리처즈 교수의 공저인 『정량 지진학(*Quantitative Seismology*)』은 이론 지진학의 대표적인 교과서로 널리 읽히고 있다.

모멘트 규모의 장점은 이 규모가 지진 모멘트와 연관되어 규모의 포화 문제가 발생하지 않는 데에 있다. 지진 모멘트는 지진원의 크기(파열면의 길이와 폭의 곱)에 비례한다. (보론 「지진의 물리학 특강」 VII 참조) 1964년의 알래스카 지진의 경우 표면파 규모 M_s는 8.4임에 비해 모멘트 규모 M_w는 9.2이다. 이러한 이유로 모멘트 규모가 지진의 크기를 평가하는 일관성 있고 신뢰할 만한 척도로서 시간이 지날수록 더욱 보편적으로 사용되고 있다. 현재는 모멘트 규모가 점차로 표면파 규모와 리히터 규모를 대체하고 있는 추세이다.

실체파 규모와 표면파 규모가 포화하는 현상은 다음과 같이 설명한다. 지진원의 크기가 증가할수록 지진파의 각 주기 또는 파장(속도×주기)에 분배되는 에너지도 증가해 규모도 증가한다. 그러나 지진원의 크기가 지진파의 파장보다 훨씬 커지면 그 크기가 증가해도 그 파장 또는 주기에 분배되는 에너지는 거의 증가하지 않는 포화 현상이 일어난다. 주기가 1초인 P파의 속도가 초속 8킬로미터라면 파장은 8킬로미터이고, 주기가 20초인 레일리파의 속도가 초속 3킬로미터라면 파장은 60킬로미터가 된다. 실체파의 규모는 주기 1초인 P파의 진폭을 사용해 결정하고 표면파의 규모는 주기 20초인 레일리파의 진폭을 측정해 결정한다. 따라서 만약 파쇄면의 길이가 8킬로미터보다 훨씬 커지면 실체파의 규모가 포화되고, 60킬로미터보다 훨씬 더 커

지면 표면파의 규모가 포화된다.

큰 지진으로 인해 방출된 에너지는 엄청나다. 예를 들어 1906년 샌프란시스코 지진의 경우 450킬로미터의 단층에서 대략 4미터의 오프셋이 발생했고, 3×10^{23}에르그(erg)의 지진 에너지가 방출되었다. 이 에너지는 대략 7메가톤(TNT 700만 톤)의 원자 폭탄에 해당하고, 히로시마에 투하된 0.012메가톤의 원자 폭탄보다 훨씬 크다.

이제까지 발생한 것들 중 가장 큰 지진인 1960년 칠레 지진에서 길이 800킬로미터, 폭 200킬로미터의 단층에서 21미터의 오프셋이 발생했고, 2,000메가톤급 원자 폭탄의 에너지보다 큰 대략 10^{26}에르그의 지진 에너지가 방출되었다. 이 지진 에너지는 이제까지 모든 핵폭발에 의해 방출된 에너지보다 크다. 최대의 핵폭발 에너지는 58메가톤의 에너지를 방출했다. 참고로 지구 전체에서 인류가 매년 소비하는 에너지는 대략 3×10^{27}에르그이다. 지구 내부로 갈수록 온도가 높아지고 따라서 열이 지구 표면에서 대기권을 통해 우주로 방출된다. 지구 전체에서 이렇게 우주로 방출되는 열의 총량은 연간 10^{28}에르그 정도이다.

지진학의 응용적 측면에서 특정 지역에서 발생하는 지진들의 규모는 그 지역의 지진 재해 평가에 중요한 요소가 된다. 특히 발생 가능한 최대 지진(Maximum Earthquake)의 규모는 12장에서 설명할 '결정론적 지진 재해 분석'의 핵심 요소가 되며 이의 합리적 평가에 많은 노력이 집중되고 있다. 이를 정의하기 위한 여러 가지 방법들이 연구되고 있으나 한 가지 명확한 기준은 그 지역에서 이제까지 발생한 최대 지진의 규모보다 적을 수는 없다는 것이다. 이런 측면에서 지진계가 발명되기 이전의 사료에 기재된 역사 지진과 제4기 지층에 나타난 고지진의 연구가 매우 중요하다.

8장

끊임없이 꿈틀거리는 지구

전 세계의 지진 활동

지진들이, 크든 작든, 어떤 지역에서는 자주 발생하고

다른 지역에서는 드물게 발생하는 것은 잘 알려져 있다.

세계 각기 다른 지역에서 지진 발생 빈도를 정확히 나타내는 것은

여러 가지 목적으로 필요하다.

—존 밀른

지진의 98퍼센트는 판과 판 사이의 경계에서

지진 활동은 특정 지역에서 발생하는 지진들의 진앙 분포, 발생 빈도 및 규모에 대한 정보를 말한다. 1960년대에 판구조론이 제창되어 지진대가 판들의 경계에 해당함이 밝혀지기 전에도 전 세계적으로 2개의 유명한 지진대가 알려져 있었다. (그림 4-1) 첫 번째 지진대는 환태평양 지진대로서 태평양 주위의 뉴질랜드, 뉴기니, 일본, 알류산 열도, 알래스카, 북아메리카와 남아메리카의 서부 지역을 띠처럼 연결하고 있다. 두 번째의 지진대는 아조레스 제도에서 지중해를 통과해 동쪽으로 근동과 인도 북부를 지나 수마트라와 인도네시아로 이어지는 알파이드 지진대이다.

구텐베르크와 리히터는 1949년에 『지구의 지진 활동과 연관 현상(*Seismicity of the Earth and Associated Phenomena*)』을 출간해 전 지구의 지진 활동에 관한 최초의 정량적 분석 결과를 제시했다. 이러한 분석이 가능한 것은 지진들의 규모가 결정되고 또 규모로부터 지진 에너지를 계산할 수 있었기 때문이다. 이 책은 지진학 연구에 한 획을 그은 명저로서 스웨덴의 지진학자 마르쿠스 바트(Markus Båth)는 서평에서 "세계에서 가장 유명한 두 지진학자가 공동으로 한 주제에 대해 10년 이상 연구한다면 뭔가 중요한 결과가 나오리라고 기대할 수 있는데 이 책은 그 기대를 만족시키고도 남았다."라고 말했다. 구텐베르크와 리히터는 환태평양 지진대에서 현재 지구상에서 지진으로 방출되는 에너지의 대략 80퍼센트가 방출된다고 계산했다. 이 지진대에서도 지진 활동이 균질하지 않고 곳에 따라 지진 활동이 더 활발한 지역들이 다수 있다.

알파이드 지진대에서는 전 세계에서 방출되는 지진 에너지의 대략 15퍼센트가 방출된다. 이 외에도 남극해, 대서양, 인도양의 중앙 대양저 산맥과 동아프리카를 잇는 지진대도 두드러진다. 또한 세계의 다른 지역들에서도 간헐적으로 얕은 지진들이 발생한다.

대부분의 지진들이 진원 깊이 70킬로미터 미만의 얕은 지진들이지만 소수의 지진들은 그것보다 깊은 곳에서 발생한다. 구텐베르크와 리히터에 따르면 지진으로 인해 방출되는 총 에너지의 12퍼센트가 깊이 70~300킬로미터의 약간 깊은 지진, 그리고 3퍼센트가 그 하부의 깊은 지진으로 방출되었다. 약간 깊은 지진 및 깊은 지진의 발생 빈도는 깊이에 따라 대략 300킬로미터까지 급격히 감소하며 그 이하에서는 최대 깊이 대략 700킬로미터까지 거의 변화가 없다.

약간 깊은 지진 및 깊은 지진들은 판들의 수렴 경계에서 한 판이 지구 내부로 비스듬히 섭입하는 베니오프 지진대에서 발생한다. (그림 4-8을 보면 베니오프 지진대의 지진학적 구조를 살펴볼 수 있다.) 경사각은 대략 45도이나 어떤 것은 더 작고 어떤 것은 거의 수직이다. 베니오프 지진대에서 발생하는 얕은 지진들은 수렴 경계의 지층에 작용하는 지구조력에 의한 탄성 반발설로 설명할 수 있다. 그러나 약간 깊은 지진과 깊은 지진은 그 지진들이 일어나는 깊이에서는 온도가 높기 때문에 암석이 약해져 탄성 변형이 불가능해진다. 따라서 이 지진들을 설명하려면 얕은 지진과 다른 메커니즘이 필요하다. 약간 깊은 지진은 지층에서 탈수 현상이 일어나고 유휘암(eclogite)이 생성될 때, 그리고 깊은 지진은 감람석(olivine)이 첨정석(spinel)으로 변할 때 순간적으로 변형이 일어나 발생한다고 여겨지고 있다. 진원에 서로 수직으로 작용하는 한 쌍의 우력은 역학적으로 서로 수직으로 작용하는 한 쌍의 압축력과 장력과 같은 효과를 불러온다. (「지진의 물리학 특강」 I 참조) 따라서 진원에서 발생하는 순간적인 변형은 외부에서 작용하는 압축력과 장력에 의한 것과 같이 지진을 발생시킬 수 있게 된다.

베니오프 지진대는 일본, 뉴헤브리디스(New Hebrides), 통가 열도, 알래스카와 남아메리카 안데스 산맥 서쪽 등지의 깊은 해구와 연관되어 있다. 예외의 경우는 힌두쿠시와 루마니아 지역이다.

판구조론이 제창되기 전에는 앞에서 설명한 지진들의 분포를 적절히 설명할 수 있는 지구 동역학적 모형이 없었다. 판구조론에 따르면 지구의 상층부 또는 암석권은 판으로 불리는 10여 개의 안정한 평판으로 나뉘어 있다. 판은 평균 두께가 대략 100킬로미터에 이르고 그 하부의 연약한 암석층인 연약권 위로 인접한 판에 대해 상대적으로 수평 이동을 한다. 판이 그 하부의 연약권 위로 수평 이동하는 속도는 1년에 수 센티미터 정도이다. 지진과 화산 활동은 인접하는 판과의 경계 부분에 작용하는 지구조력으로 인해 일어난다. 중앙 대양저 산맥에서 맨틀 물질이 상승해 냉각됨으로써 새로운 암석권이 생성된다. 질량 보존 법칙에 따라 수평으로 이동하는 판은 해구에서 베니오프 지진대를 따라 맨틀 속으로 섭입하면서 사라진다. (그림 4-11과 그림 4-12를 다시 한번 살펴보면 좋다.)

전 지진 에너지의 대략 98퍼센트가 판의 경계에서 방출되고, 단지 2퍼센트만이 판 내부에서 방출된다. 거의 85퍼센트가 해양판이 맨틀 속으로 섭입하는 해구에서 베니오프 지진대를 따라 방출된다. 이러한 해구에서 규모 8.0 이상의 지진들이 발생했다. 도쿄(1923년), 칠레(1960년), 알래스카(1964년), 멕시코(1985년), 수마트라(2004년) 및 동일본(2011년)을 강타한 지진들이 바로 그것이다. 1960년 5월에 일어난 모멘트 규모 9.5의 칠레 지진은 20세기 최대 규모의 지진이었다. 이 지진은 길이 1,000킬로미터, 폭 200킬로미터의 광범위한 지역에서 최대 5.7미터의 지각 융기와 2.7미터의 침강을 초래했다. 9퍼센트의 지진 에너지가 상승하는 마그마에 의해 새로운 판이 생성되는 대양저 산맥에서 방출된다.

알래스카 남부의 알류산 해구에서 태평양판이 북서 방향으로 진

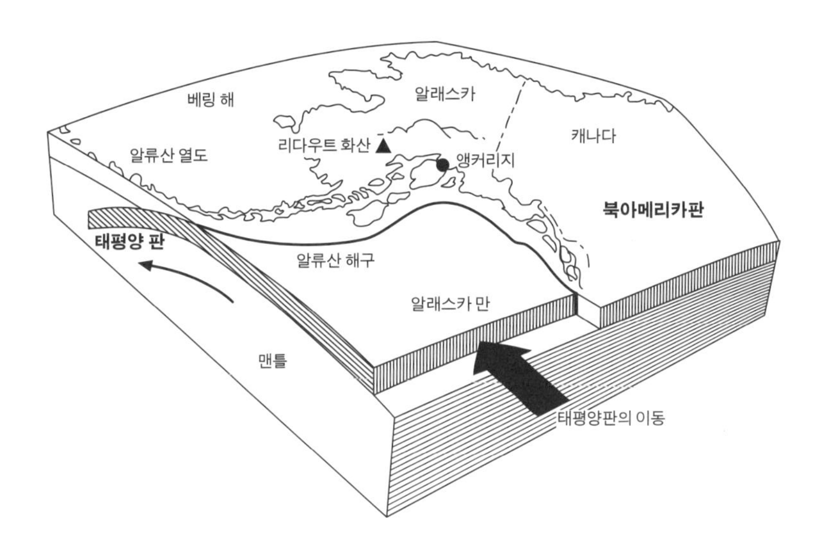

그림 8-1. 위. 태평양판이 알류산 해구에서 북아메리카판 밑으로 섭입한다. **그림 8-2.** 아래. 해닝 배이 단층(Hanning Bay Fault). 1964년 알래스카 지진으로 약 4미터의 수직 오프셋이 발생했다.

행하면서 북아메리카판 밑으로 섭입한다. (그림 8-1) 이 경계에서 약 1,000년간 섭입이 진행되다가 1964년의 알래스카 지진이 발생했으며 이 지진으로 광범위한 지역에서 판의 탄성 반발로 지각이 융기했다. (그림 8-2) 태평양판이 일본 해구와 마리아나 해구에서 북서 방향으로 각기 북아메리카판과 필리핀판 밑으로 섭입하면서 높은 빈도로 지진과 화산이 발생하고 있다. (그림 4-12)

전 세계의 유명 지진대들

가장 유명한 단층대는 태평양판과 북아메리카판의 경계인 변환 단층대인 샌앤드리어스 단층대이다.(그림 8-3) 샌앤드리어스 단층대는 멕시코 서해의 동태평양 산맥(East Pacific Rise)에서 북캘리포니아 서해의 후안데푸카 산맥(Juan de Fuca ridge) 사이에 걸치는 단층계의 일부로서 길이 약 1,300킬로미터의 단층대이며 태평양판과 북아메리카판의 상대적인 운동을 흡수한다. 이 단층대는 대부분이 대륙 안에 놓여 있으며 그 폭은 80~150킬로미터이다. 이 단층대의 주단층인 샌앤드리어스 단층은 거의 수직인 주향 이동 단층이며 대체로 북동-남서 방향의 압축력이 작용해 산과 골짜기의 지형을 만들었다. 지난 3000만 년 동안 우수 주향 운동으로 최대 320킬로미터 이동했다. 지진들은 대체로 12~15킬로미터 깊이에서 발생한다.

또 다른 유명한 단층대는 알파이드 지진대의 일부로, 터키를 통과하는 1,500킬로미터의 북아나톨리아(North Anatolian) 단층대이다. (그림 8-4) 이 단층대에서 작은 규모의 아나톨리아판(Anatolian Plate)

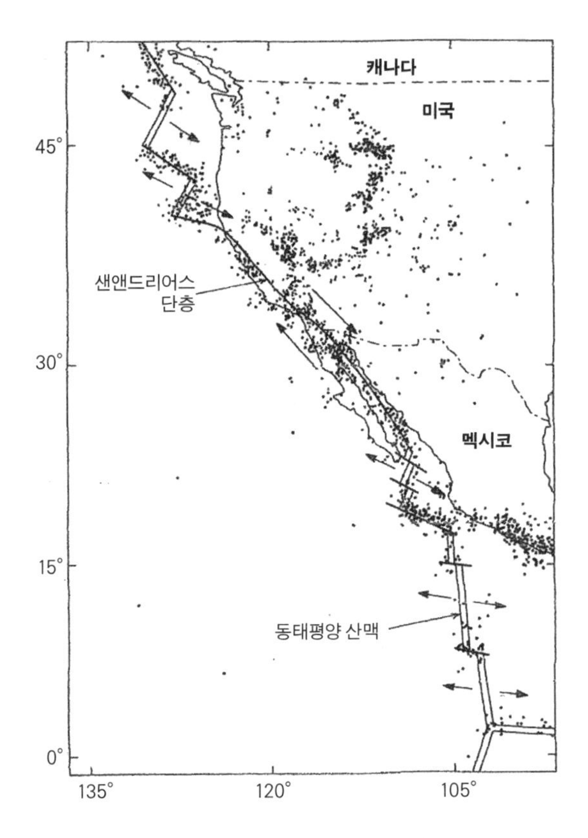

그림 8-3. 대규모 변환 단층인 샌앤드리어스 단층대. 이중선은 대양저 산맥의 확장 해령을 나타내고 점은 진앙을 나타낸다.

이 유라시아판에 대해 서쪽으로 움직인다. 북아나톨리아 단층은 샌앤드리어스 단층과 같이 우수 주향 단층이며 지진 활동이 활발해 지난 1,000년간, 1939년 터키의 에르진칸(Erzincan)에서 발생한 규모 8.0 지진을 포함해 20여 회의 대규모 지진들이 발생했다. 이 지진대는 인구 밀도가 높고 건조물이 부실해 지진에 의한 인명 피해가 크다. 예를 들어 1939년의 에르진칸 지진과 규모 7.4의 1999년 이즈미트

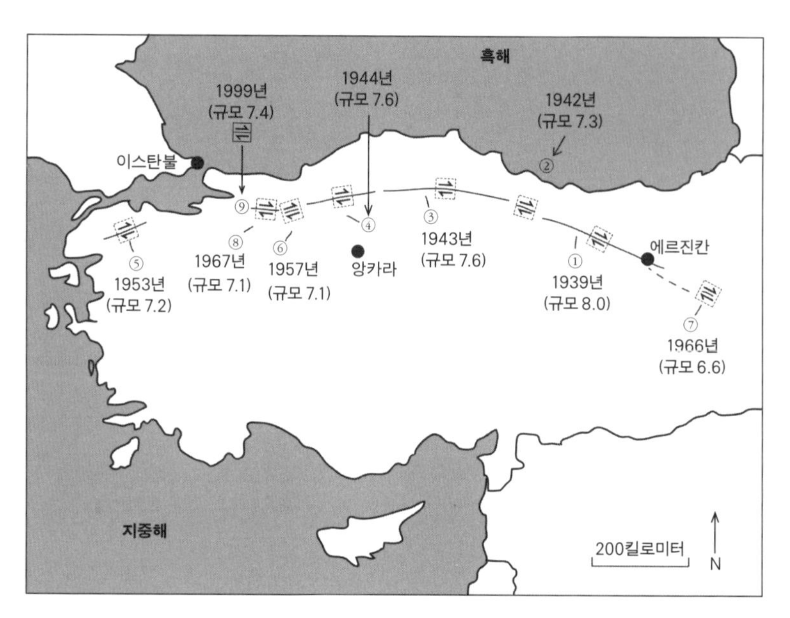

그림 8-4. 북아나톨리아 단층대에서 발생한 대규모 지진들(1939~1999년). 진앙들이 점차 서쪽으로 이동하고 있음을 볼 수 있다.

(Izmit) 지진으로 막대한 피해를 입었다. 이 지진대에서 지진 발생 지점이 점차 서쪽으로 이동하는 현상이 관찰되고 있다. 이즈미트에서 서쪽으로 100킬로미터 떨어진 최대 도시 이스탄불에서 20년 내에 규모 7.4의 강진이 발생하리라는 연구가 발표되어 터키 정부가 우려하고 있다.

히말라야 산맥과 중국에서 일어나는 지진 활동은 인도판(Indian plate)이 유라시아판에 대해 연간 4~5센티미터의 속도로 북상하기 때문에 발생한다. (그림 4-12) 이로 인해 현재 연간 0.5센티미터 정도의 비율로 상승하는 히말라야 산맥과 티베트 하부에 드러스트 단층들이 생성되었고 지구상에서 가장 높고 넓은 대지가 생성되었다. 1897년에 발생한 아삼(Assam) 대지진으로 한 지점에서 10.7미터에 이르는 지각 융기가 일어났다. 2015년 4월 25일에 일어난 모멘트 규모 7.8의 네팔 지진 역시 바로 이 지진 활동의 영향으로 일어났다. 8,000명 이상의 사람이 죽었고, 수많은 문화 유산이 파괴되었다.

유라시아판과 인도판의 충돌로 인해 중국에 주향 이동 단층과 정단층이 혼합된 형태의 대규모 단층들이 생성되었고 이 단층들에서 대규모 지진들이 발생하고 있다. 중국은 기원전 18세기부터 시작하는 오래된 역사 지진 기록을 보유하고 있다. 1556년 현재의 산시 성(陝西省) 지역에서 발생한 추정 규모 8.0의 지진으로 대부분 황토층의 토굴집에서 살던 83만 명이 사망했다. 이것이 현재까지 지진으로 인한 최대 인명 피해가 된다. 1976년 허베이 성의 탕산에서 규모 7.6의 지진이 발생해 25만여 명이 사망했다. 최근 2008년 5월 12일 중국 쓰촨 성에서 발생한 규모 7.9의 지진으로 거의 7만 명이 사망했다.

자바 해구 부근의 인도네시아 호상 열도(그림 4-12)는 또 하나의 지진 활동이 활발한 지역이고 129개의 활성 화산이 있다. 여기에서 오스트레일리아판(Australian plate)이 북진하며 자바 해구에서 유라시아판 밑으로 침강하고 있다. 2004년 12월 26일 수마트라 서해안에서 발생한 규모 9.1의 지진으로 파고 30미터에 이르는 대규모의 쓰나미가 발생해 23만여 명이 사망했다.

대부분의 지진들이 판의 경계에서 발생하지만 중국, 미국 중동부, 캐나다, 오스트레일리아의 경우와 같이 많은 파괴적인 지진들이 판의 내부에서 발생하기도 한다. 대부분의 판 내부 지역에는 판의 경계에서 충돌하는 인접 판들이나 중앙 대양저 산맥에서 융기하는 맨틀 물질에 의해 수평 응력이 작용하고 있으며 이 응력으로 판 내부 지각의 약대, 즉 단층대를 따라 주로 역단층의 지진이 발생하는 경향이 있다. 예를 들어 1811년 뉴마드리드 지진의 경우, 이 일대에서 아칸소주에서 북동쪽의 일리노이 주 남부로 이어지는 200킬로미터가 넘는 단층이 발견되었고 이 단층에서 현재에도 미소 지진들이 발생하고 있음이 관측되고 있다. 판 내부에서 발생하는 지진들은 종종 지표에서 관찰되는 단층과 연관시키기 힘든 경우가 많다. 따라서 그 지진들의 발생 원인이 분명하지 않고 이에 대한 연구도 어렵다. (부록 I 「세계 주요 지진」 참조)

보통 대규모 또는 중간 규모의 지진이 발생할 때 더 작은 규모의 지진들이 진원 부근에서 수 시간이나 몇 달간에 걸쳐 다수 뒤따라 발생한다. 이러한 지진들을 여진이라 한다. 1964년 알래스카에서 발생한 규모 8.6의 지진의 경우에는 진앙 부근의 36만 제곱킬로미터의 지역에서 여진들이 1년 6개월 동안 지속적으로 발생했다. 2015년 네팔 지진의 경우에도 다음 날인 4월 26일 규모 6.7의 여진과 5월 12일에 규모 7.4의 여진이 발생했다.

이러한 현상은 하나의 본진으로 인해 진원 주변에 축적되었던 응력이 단번에 소멸되지 않기 때문에 발생한다. 뿐만 아니라 본진에 의해 진원 주위의 여러 지점에서 응력이 증가해 지각이 깨지면서 소규모의 지진들이 발생하게 된다. 가끔 본진과 같은 규모의 지진이 진앙 근처에서 몇 시간이나 하루 안에 발생하는 경우도 있지만 대부분의 경우 본진이 여진들보다 훨씬 더 강력하다. 여진들의 발생 빈도는 시간이 증가함에 따라 감소한다.

대규모 지진들이 발생하기 전에 가끔 작은 규모의 전진(foreshock)들이 발생하는 경우가 있다. 예를 들어 1930년에 일어난 일본 이즈(伊豆) 지진의 경우 본진이 발생하기 3주 전부터 전진들이 발생해 점차 그 수가 증가해 본진이 발생하기 하루 전에는 70여 회에 이르렀다.

때로는 특정 지역에서 본진이 없이 다수의 작은 규모의 지진들이 수개월에 이르는 장기간 동안 계속해서 발생한다. 예로서 일본 마쓰시로(松代) 지역에서 1965년 8월부터 1967년까지 수십만 회의 지진들이 연속해서 발생했으며 그중 일부는 규모 5에 이르러 건조물에 피해를 입혔다. 가장 많이 발생한 회수는 1966년 4월 17일의 6,780회이다. 이러한 일련의 지진들을 군발 지진(earthquake swarm)이라 한다. 군발 지진은 종종 화산 활동과 연관되어 발생한다. 그러나 화산 지역이 아닌 곳에서도 군발 지진이 발생하곤 한다. 우리나라에서도 16세기에 평안도 상원 지역에서 군발 지진이 발생한 기록이 있다.

9장

—

한반도는 안전한가

—

한반도의 지각 구조와 지진 활동

1518년 7월 2일 갑자기 지진이 있었다. 소리가 우레와 같았으며
천지가 동요했다. 건물이 위로 오르고 흔들렸다. 마치 작은 거룻배가
풍랑을 따라 위아래로 흔들리며 장차 전복하려는 것 같았다.
사람과 말이 놀라 쓰러졌으며 이로 인해 기절하는 자가 많았다.
성과 건물이 무너져 내렸으며, 나란히 있던 항아리가 서로 부딪쳐
깨지는 경우가 이루 헤아릴 수 없었다. (지진이) 혹은 그치고 혹은
일어나 밤새도록 그치지 않았다. 사람들이 모두 빈 마당에 나가서
압사당하는 것을 피했다. 이로부터 이러한 형세가 점차 없어졌으나
지진이 없는 날이 없었다가 마침 내(그)달이 끝나서야 그쳤다.
팔로(八路)가 모두 그러했는데, 전에 없던 드문 이상한 일이었다.

—무인년 지진에 대한 김안로(金安老)의 글

필자는 1978년 봄 미국과 캐나다에서 7년간의 유학 기간을 마치고 서울대학교에 지구 물리학 교수로 부임했다. 필자의 유학 기간 중 일어난 에피소드 하나를 소개하겠다. 1970년 가을 필자가 피츠버그 대학교 대학원에서 수강한 첫 지구 물리학 강좌가 필자의 지도 교수인 월터 파일런트의 지구 중력장 강의였다. 강의 중 파일런트 교수가 설명하지 않고 가볍게 지각 균형설을 말했는데 필자는 그 의미를 알 수 없었다. 강의가 끝난 후 옆자리의 학생에게 그 뜻을 설명해 달라고 하자 그는 연민에 찬 눈으로 필자를 바라보았다. 그것도 모르고 한국에서 미국 대학원까지 왔느냐 하는 눈빛이었다.

학위를 마치고 필자는 1975년 말에 캐나다 빅토리아 지구 물리 연구소(Victoria Geophysical Observatory)에 연구원으로 부임해 캐나다 서해안 지역의 지진 활동을 연구하기 시작했다. 이 지역에서 발생하는 지진들의 진앙을 재결정하고 그 발생 메커니즘을 규명해 이 지진들이 후안데푸카판의 운동과 밀접하게 연관되어 있음을 밝히고 귀국했다. 귀국 당시만 해도 우리나라의 지구 물리학과 지진 연구의 현황에 관해 아무런 정보도 가지지 못했다. 우리나라에서는 지진이 많이 발생하지 않고 또 지진 관측망도 서울과 광주 두 곳에만 설치되어 있었다. 첫 학기 강의를 마치고 앞으로의 연구 주제를 지진학이 아닌 다른 분야로 바꾸어야 할지 심각하게 고민하기 시작했다. 그러나 필자가 귀국한 1978년 가을에 발생한 홍성 지진은 필자에게 국내에서 지진 연구를 지속할 수 있는 귀중한 여건을 제공했다.

최초로 한반도의 지각 구조를 밝히다!

얄궂게도 필자가 한반도의 지구 물리에 관해 발표한 최초의 논문은 지각 균형에 관한 것이었다. 필자는 국립지리원의 중력 자료를 분석해 귀국한 다음 해인 1979년에 한반도가 지각 균형(그림 6-11)을 유지하고 있음을 최초로 밝힌 논문을 발표했다. 이것은 한반도 산악 지방의 지각이 평야 지대보다 더 두꺼움을 시사한다. 지각 균형이 유지되고 있음은 또한 한반도가 수직으로 작용하는 지구조력을 받지 않는 안정된 지역임을 뜻한다.

홍성 지진은 한반도가 지진의 안전 지역이 아님을 환기시켰고, 한반도의 지진 활동에 대한 범국민적 관심을 불러일으켰다. 특히 고리, 월성 지역에 설립된 원자력 발전소들의 지진 위험이 국가적으로 중요한 경제적, 사회적 이슈로 부각되었다. 왜냐하면 이 발전소들이 한반도에 활성 단층이 존재하지 않는다는 전제하에 설계되었고, 홍성 지진은 한반도에 지진을 유발하는 활성 단층이 존재함을 의미하기 때문이었다.

필자는 곧 원자력 발전소들의 내진 설계의 평가에 사용된 지진 자료를 입수하게 되었고, 그중에는 한반도의 지진 활동과 지각 구조에 관한 연구를 시작할 수 있는 귀중한 자료가 있었다. 그 자료가 조선 총독부 관측소 소속의 와다 유지와 하야타 고치가 각기 1912년과 1940년에 출판한 『조선 고금 지진고(朝鮮古今地震考)』와 『지리산 남록 쌍계사 강진 보고(智異山南麓雙磎寺强震報告)』이다.

1936년 7월 4일 경상도 하동군 쌍계사 부근에서 일본 기상청(JMA) 진도 계급 규모 V의 지진이 발생해 쌍계사에 큰 피해를 입혔고 한반도 남부 전 지역에서 감지되었다. (그림 9-1) 당시 조선 총독부 소속의 하야타는 1940년 이 지진에 대한 상세한 보고서를 출판했다. 그것이 바로 『지리산 남록 쌍계사 강진 보고』이다. 그는 야외 조사 및 지진 자료 분석을 수행해 이 지진이 쌍계사 하부의 10킬로미터 깊이에서 발생했다고 추정하고 한반도 및 일본의 11개소 지진 관측소에 기록된 P파 및 S파의 도달 시간을 보고했다.

일본과 한반도 사이에는 그 지각 구조가 불분명한 동해가 있기 때문에 일본 관측소의 자료를 배제하고 필자는 한반도 및 인접한 대마도에 위치한 5개 관측소(진앙 거리 순으로 대구, 부산, 엄원, 인천, 서울)에 도달한 P파 및 S파 초동의 주시 곡선을 결정했다. (그림 9-2) 이 주시 곡선에서 진앙 거리 180킬로미터 부근에서 P파와 S파의 속도가 바뀜을 알 수 있었다. 이것은 이 거리가 교차 거리임을 가리킨다. 교차 거리 이전에 주시 곡선이 직선이 아닌 까닭은 지진이 지표에서 발생하지 않고 10킬로미터 깊이에서 발생했기 때문이다. 이러한 지진파 분석을 바탕으로 필자는 한반도의 지각 구조에 관해 다음의 결론을 도출했다. (지진파 분석으로 지각 구조를 결정하는 방법의 기본 원리는 보론 「지진의 물리학 특강」 V와 VI을 참조하라.)

(1) 한반도에 모호로비치치 불연속면(모호면)이 분명히 존재하고 그 면에서의 P파의 속도는 초속 7.7킬로미터 정도이다.
(2) 한반도가 단층 구조인지, 콘래드 불연속면이 존재하는 다층 구조인지 분명하지 않다. 만일 단층 구조이면 P파와 S파의 평균 속도는 각기 초속 5.8킬로미터, 초속 3.5킬로미터이다.
(3) 한반도 지각의 두께는 대략 35킬로미터이다.

필자의 이 분석을 담은 논문은 1979년 《지질학회지》에 출판되었으며 최초로 한반도의 지각 구조를 결정한 논문이 되었다. 같은 해에 발표된 한반도의 지각 균형에 관한 필자의 논문의 결과를 수용하면 산악 지역에서 지각의 두께가 평야보다 두껍다는 모형이 제시된다.

필자의 논문이 발표된 후 지진 자료 및 폭파 자료를 이용해 한반도의 지각 구조를 분석한 논문들이 출판되었으나 필자의 모형을 크게 수정하지는 못했다. 단지 한반도 내에 콘래드 불연속면이 존재하지

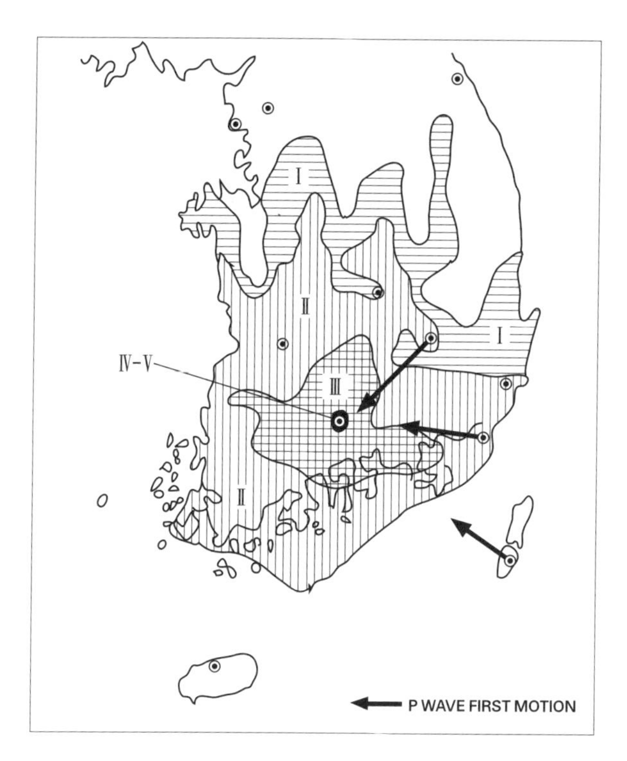

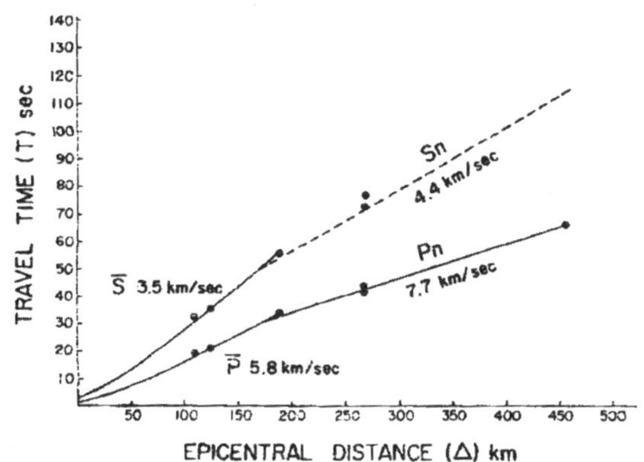

그림 9-1. 위. 1936년 쌍계사 지진의 등진도도. 진도는 일본 기상청 진도 계급(JMA 계급, 로마 숫자)으로 표시되어 있다. 화살표는 초동의 방향을 나타낸다. **그림 9-2.** 아래. 쌍계사 지진의 P파 및 S파 초동의 주시 곡선. P̄파 및 S̄파는 진앙에서 관측소로 직접 전파하는 직접파이고 Pn파 및 Sn파는 모호면을 전파하는 선두파이다. 두 그림 모두 필자의 1979년 논문에서 인용한 것이다.

않음이 밝혀졌다. 이는 한반도 지각을 상부 지각과 하부 지각을 뚜렷하게 구분하는 경계면이 없고 지각 전체가 대체로 균질함을 의미한다. 한반도 지각의 가장 상세한 3차원적 구조는 2007년 필자와 미국 세인트루이스 대학교의 로버트 허만(Robert Herrmann) 교수가 공동 연구한 결과로서 유현재, 허만, 조광현과의 공저로《미국 지진학회지》에 출판되었다. 이 논문에서 기상청 80여 개 관측소 하부의 지각과 상부 맨틀 구조가 제시되었다. 현재까지의 한반도 지각에 관한 연구 결과를 종합하면 다음과 같다.

(1) 한반도는 대체로 균질한 지각으로 이루어져 있으며 그 두께는 26~38킬로미터이고 평균 두께는 대략 33킬로미터이다.
(2) 지각에서의 P파와 S파의 평균 속도는 대략 초속 6.3킬로미터, 3.5킬로미터이고, 상부 맨틀의 P파 속도는 대략 초속 7.8킬로미터이다.
(3) 한반도에서 지각 균형이 유지되고 있으며 산악 지역의 지각이 평야 지대보다 두껍다.

한반도는 지진 활동이 활발한 일본 열도와 중국의 사이에 위치하며 지질학적으로 북중국 지괴(North China craton 또는 Sino-Korean craton)의 남동부를 점유한다. (그림 9-3) 한반도에서 중생대(2억 5000만 년 전~6600만 년 전) 이전의 오랜 기간에 걸쳐 특기할 만한 지각 변동이 있었는지는 잘 알려지지 않고 있다.

중생대에 한반도는 안정된 지괴를 이루지 못하고 많은 지각 변동을 겪었다. 중생대에 일어난 지각 변동은 오래된 순으로 보면 다음

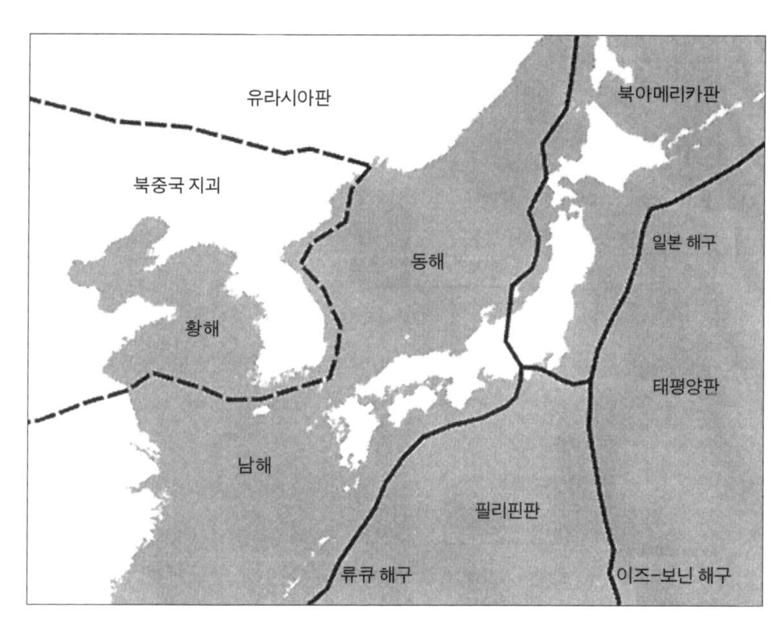

그림 9-3. 한반도 주변의 지구조적 환경.

과 같다. 삼첩기(트라이아스기, 2억 3000만 년 전부터 1억 8000만 년 전까지)에 송림 변동이, 쥐라기(2억 년 전부터 1억 4500만 년 전까지)에 대보 조산 운동이, 그리고 백악기(1억 4500만 년 전부터 6600만 년 전까지)에는 불국사 변동이 일어났다. 삼첩기의 송림 변동은 한반도의 북부에서 더 활발히 일어났으며 화강암이 관입했다. 다음에 일어난 쥐라기의 대보 조산 운동은 한반도에서 일어난 지각 변동 중 그 영향이 가장 큰 지각 변동으로 한반도의 광범위한 지역에 습곡과 드러스트 단층 등의 변형을 일으켰고 한반도 전체에 걸쳐 대보 화강암류가 관입했다. 백악기에는 주로 한반도 남동부에서 불국사 변동이 일어났으며 이로 인해 불국사 화강암이 관입했다. 이 중생대 지각 변동들로 한반도의 지각은 심히 교란되었으며 북동-남서 또는 북북동-남남서 주향의 많은 단층들이 생성되었다. 신생대(6600만 년 전 이후)에 들어서는 동해가 열리면서(2300만 년 전 전기 마이오세에 일어난 일이다.) 남동부에 단층 활동이 일어났고, 또한 한반도 중부의 추가령 지구대에서 단층 활동과 화산 활동, 그리고 한반도 남해와 동해 그리고 백두산 지역에서 화산 활동이 발생했다.

판구조론의 견지에서 보면 한반도는 유라시아판 내부에 위치하며 태평양판이 북아메리카판과 유라시아판 밑으로 북서 방향으로 섭입하는 일본 해구에 가깝다. (그림 9-3) 깊은 지진과 및 약간 깊은 지진이 유라시아판 밑으로 섭입하는 태평양판의 베니오프 지진대를 따라서 동해에서 발생한다. 백두산의 화산 활동도 이 베니오프 지진대와 연관되어 있다고 보는 학자도 있다. 동해 동쪽 끝에서 발생하는 지진들은 유라시아판과 북아메리카판의 경계에서 발생하는 것들이다.

역사 지진으로 한반도의 지진 활동의 특성을 밝히다!

지진 자료는 크게 보아 역사 지진 자료와 계기 지진 자료로 나눌 수 있다. 역사 지진 자료는 19세기 말 지진계가 발명되기 이전에 각종 문헌에 기록된 지진에 관한 자료이다. 계기 지진 자료는 지진계에 기록된 지진 자료이다. 계기 지진 자료는 지진의 발생 시간, 진앙과 크기 등을 정확하게 결정할 수 있는 이점이 있으나 그 기간이 불과 100여 년에 지나지 않아 어떤 지역의 지진 활동을 완전하게 나타내지 못하는 문제점이 있다. 이에 반해 역사 지진 자료는 진앙이나 그 크기 등을 정확하게 결정할 수 없는 단점이 있으나 장기간에 걸친 자료임으로 특정 지역의 전체적인 지진 활동을 나타내는 이점이 있다. 또한 지진 활동의 장기간에 걸친 시간적 변화도 역사 지진 자료에서 분석할 수 있다.

전 세계적으로 역사 지진 자료는 고대 문명이 발달했던 지역, 즉 중국이나 알파이드 지진대의 동부 지역인 그리스에서 아프가니스탄에 이르는 지역에서 많이 발견된다. 세계에서 가장 오래된 역사 지진 기록은 기원전 1831년 중국에서 발생한 지진에 관한 것이다. 알파이드 지진대에서는 1700년간의 역사 지진 기록이 있다.

우리나라에서 일어난 역사 지진에 관한 연구는 와다 유지에 의해 시작되었다. 그는 1912년에 출간한 『조선 고금 지진고』에서 우리나라의 각종 사료를 조사해 기원후 2년(고구려 유리왕 21년)부터 우리나라에 지진계가 설치된 1905년 2월까지 1,644개의 지진 기록을 수집해 그 목록을 발표했다. 그가 조사한 사료는 『삼국사기』, 『고려사』, 『조선왕조실록』, 『증보문헌비고』 등 14종에 달했다. 그는 이 지진들의 발생 일자와 감진 지역을 기록했으나 진앙은 결정하지 않았다. 또 그는 지진의 크기를 다음의 네 가지 계급으로 구분했다.

진도 계급

(1) 단순히 지진 진동만 기록한 것.

(2) 방향을 표시하거나 또는 "우레 같은 소리", "가옥이 떨리다.", "땅이 크게 진동하다." 등을 기록한 것.

(3) 다소 피해를 기록한 것.

(4) 대규모 피해 또는 사상자 등을 기록한 것.

필자는 1978년 이 논문을 보고 한반도에 이렇게 많은 역사 지진의 기록이 있음을 알고 놀랐으며, 앞으로 이 역사 지진들의 자료를 보완하고 역사 지진들의 진앙과 크기를 결정하는 연구가 한반도 지진 활동을 규명하는 데 핵심 과제가 될 것임을 인식했다.

서울대학교 정봉일 교수는 사료에서 지진 자료를 추가 수집해 기원후 2년부터 1900년까지 총 1,766개의 역사 지진 자료를 분석한 논문을 1981년에 출간했다. 그러나 그는 진앙과 진도를 객관적으로 결정하는 기준을 제시하지 않았고 단지 주관적으로 이들을 추정했다.

한반도 역사 지진의 진앙과 진도를 결정하는 객관적인 방법과 절차는 1985년에 필자가 국내 최초로 제시해《지질학회지》에 발표했다. 역사 지진의 진앙과 진도의 결정에서 가장 어려운 부분이 피해 상황에 대한 기록이 없고 단지 광범위한 감진 지역만 기록된 경우이다. 이 경우 필자는 감진 지역을 포함하는 곡선을 그리고 그 지역의 면적과 같은 원의 반경을 구했다. 진앙은 감진 지역의 중심으로 추정하고 같은 면적을 갖는 원의 경계에서 진도는 수정 메르칼리 진도(MMI) 계급으로 III이라고 가정했다. 진도는 원의 경계에서 중심인 진앙으로 접근할수록 증가해 진앙에서 최대의 값을 갖는다고 가정하고 이 값을 다음의 방법으로 결정했다.

1936년 쌍계사 지진의 경우 거리에 대한 진도의 감쇠 양상은 등진도도인 그림 9-1처럼 나타낼 수 있다. 필자는 1978년 홍성 지진에 대한 등진도도를 작성하고 이 자료와 쌍계사 자료를 결합해 한반도에서 진도의 거리에 대한 감쇠 공식을 결정했다. 이 감쇠 공식과 MMI III인 감진 면적과 같은 면적을 갖는 원의 반경으로부터 진앙에서의 최대 진도를 결정할 수 있었다.

필자 등은 1985년에 이 방법에 따라 객관적으로 그 진앙과 진도가 결정된 MMI 진도 계급 V 이상의 역사 지진들을 이용해 한반도의 지진 위험도를 분석했다.

필자가 결정한 진도 감쇠 공식은 한반도에서 발생한 MMI 진도 계급 VIII 이하의 지진 자료를 이용해 결정했고 따라서 진도의 거리에 따른 감쇠 양상을 그 이상의 진도에 대해 확장할 필요성이 제기되었다. 일반적으로 진도의 감쇠 양상은 진도에 따라 다르다. 필자는 김정기와 함께 20세기에 북중국 지괴에서 발생한 MMI 진도 계급 VIII 이상의 지진 자료를 포괄해 진도-거리의 함수 관계를 결정해 그 결과를 2002년에 《미국 지진학회지(*Bulletin of Seismological Society of America*)》에 출판했다.

지진의 에너지는 진도가 아니라 규모에 따라 규정되므로 한반도의 지진 활동과 지진 위험도를 정량적으로 분석하기 위해서는 역사 지진들의 진도를 규모로 환산해야 한다. 필자는 이전희와 함께 20세기에 북중국 지괴에서 발생한 지진들에 대해 규모-진도 변환식을 결정해 2003년에 《미국 지진학회지》의 자매지인 《지진 연구 회보(*Seismological Research Letters*)》에 발표했다. 이 변환식으로 한반도에서 발생한 역사 지진들의 진도를 규모로 바꿀 수 있다.

역사 지진을 정량적으로 분석하는 방법에 관한 연구를 진행하면서 필자는 서울대학교 국사학과 한영우 교수와의 공동 연구를 통해 각종 사료에서 추가 지진 자료를 수집했다.

대학에서 은퇴하던 해인 2006년 필자와 양우선은 이제까지의 한반도의 역사 지진 연구를 정리해 《미국 지진학회지》에 「한반도의 역사 지진 활동(Historical Seismicity of Korea)」을 발표했다. 총 2,226개의 기록에서 지진으로 판정하기 어려운 41개 기록을 배제하고 2,185개의 역사 지진 기록에 대해 가능한 대로 그 진앙, 진도, 규모를 결정하고 그 목록을 제시했다. 역사 지진의 분석을 통해 한반도의 지진학적 특성을 규명한 필자의 논문은 《미국 지진학회지》의 심사 위원으로부터 "절실히 필요한 기념비적 연구(greatly needed, monumental work)"라는 평가를 받았다. 부록의 「한반도 주요 역사 지진」을 보면 한반도의 주요 역사 지진(MMI≥VIII)의 목록을 확인할 수 있는데, 역사 지진의 경우 그 진앙이나 크기를 불완전한 역사 문헌의 기술에서 추정해야 하므로 불가피하게 다소의 오차가 수반된다. 필자의 역사 지진 자료 대부분의 진앙 및 진도의 오차는 각기 0.25도 및 ±1로 추정된다.

분석이 유보된 41개의 자료의 예로서는 380년 5월 서울 부근에서 지면에 폭 30척, 깊이 50척의 균열이 발생해 3일이 지난 후 닫혔다는 기록을 들 수 있다. 이 현상이 지진으로 인해 발생했다면 대규모의 피해가 발생했을 텐데, 피해 기록이 없다. 따라서 이러한 자료의 분석은 추후의 연구 과제로 남기고 일단 제외했으나 그 목록은 제시했다.

한반도에서 기원후 2년부터 1904년까지 발생한 규모 4.1 이상의 역사 지진들의 진앙들을 지질도 위에 나타내면 그림 9-4와 같다.

그림 9-4를 보면 한반도의 전역에서 지진들이 발생했음을 알 수 있다. 이는 한반도 전역에 활성 단층들이 존재함을 시사한다. 한반도 북동부의 지진 활동이 다른 지역에 비해 낮음을 볼 수 있다. 또 대규모 지진들의 진앙들은 한반도에서도 주로 북동-남서 또는 북북동-

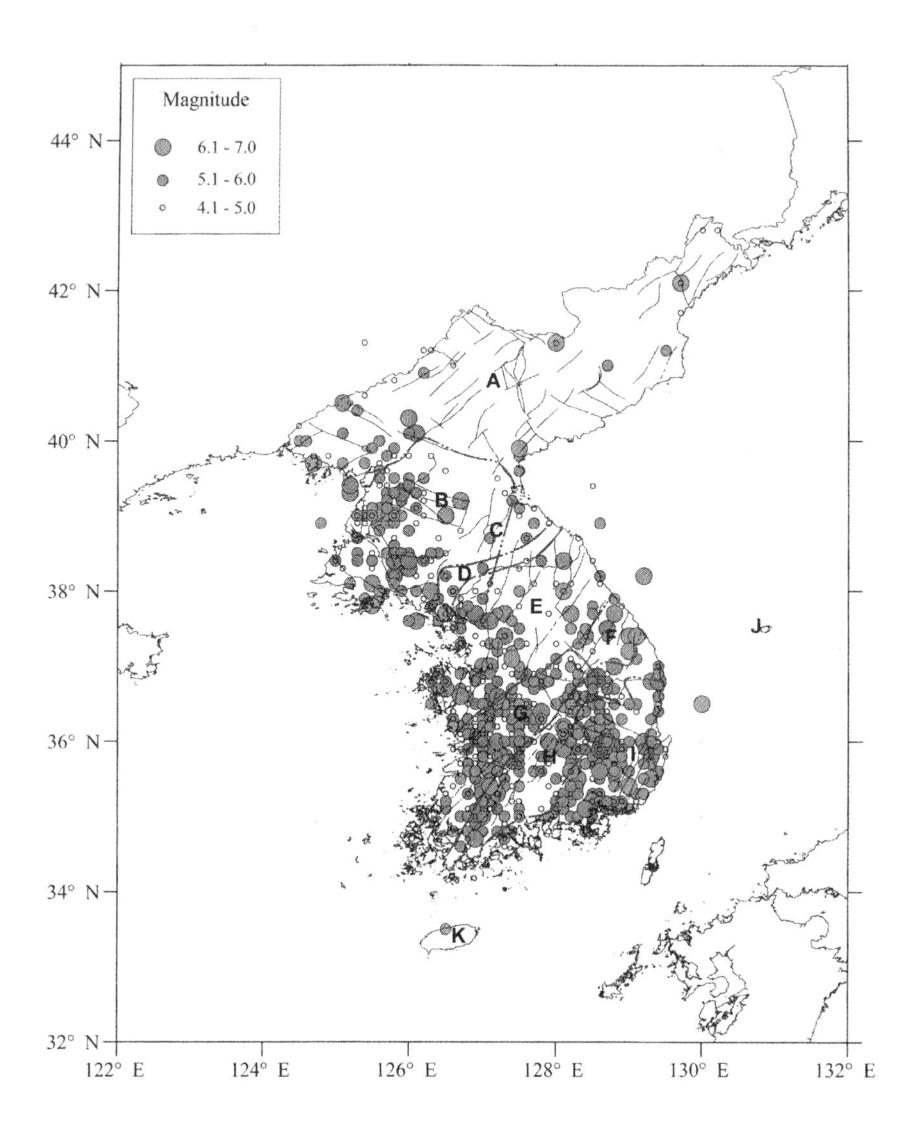

그림 9-4. 기원후 2년부터 1904년까지 한반도에서 발생한 역사 지진들의 진앙을 한반도 지질도 위에 표시한 것. 실선은 선형 구조(tectonic lineaments)를 나타내고 그 대부분이 단층이나 추정 단층(inferred fault)이다. 주요 지질 구조들은 다음과 같다. A: 낭림 육괴; B: 평남 분지; C: 추가령 지구대; D: 임진강 벨트; E: 경기 육괴; F: 태백산 육괴; G: 옥천 습곡대; H: 영남 육괴; I: 경상 분지; J: 울릉도; K: 제주도.

남남서 주향의 주요 단층이나 지질 구조의 경계와 잘 일치함을 알 수 있다. 이는 주요 지질 구조의 경계가 단층임을 가리킨다.

한반도 내의 대다수 주요 단층들이 중생대 지각 변동을 통해 생성되었기 때문에 이 단층들과 주요 지질 구조의 경계가 현재까지 지속적으로 활성 단층으로 남아 있는 것이라 여겨진다. 중생대의 격렬한 지각 변동이 한반도의 지각을 심하게 교란해 새로운 단층들을 생성했을 뿐만 아니라 주요 지질 구조의 경계를 깨트렸다고 보인다. 한반도 북동부에서 지진 활동 빈도가 낮은 까닭은 이 지역이 다른 지역에 비해 지각 변동의 영향을 덜 받은 것에 기인한다고 여겨진다.

한반도 역사 지진 활동의 시간에 따른 변화를 보기 위해 매 세기별 지진 발생 횟수를 표시하면 그림 9-5과 같다. 한반도에서 지진으로 인해 방출된 지진 에너지는 리히터 규모와 에너지의 관계식을 이용해 구할 수 있다. 그림 9-6은 한반도에서 기원후 2년부터 1904년까지 방출된 누적 지진 에너지를 보여 준다.

그림 9-5과 9-6에서 보는 바와 같이 한반도 지진 활동의 시간적 변화는 매우 불규칙했다. 한반도에서 15~18세기에 이례적으로 높은 지진 활동이 일어났으며 이 기간에 지난 2,000년간 한반도에서 방출된 지진 에너지의 거의 3분의 2가 방출되었다. 이 시간적으로 이례적으로 높은 한반도의 지진 활동은 규모를 도입한 리히터의 명저 『기초지진학(*Elementary Seismology*)』에 전 세계적으로 지진 활동이 낮은 지역에서 발생하는 이례적으로 높은 지진 활동의 대표적인 예로서 언급되어 있다. 이 기간을 제외하고는 한반도의 지진 활동은 그 빈도가 대체로 낮은 편이었다. 이처럼 매우 불규칙한 지진 활동이 판 내부 지

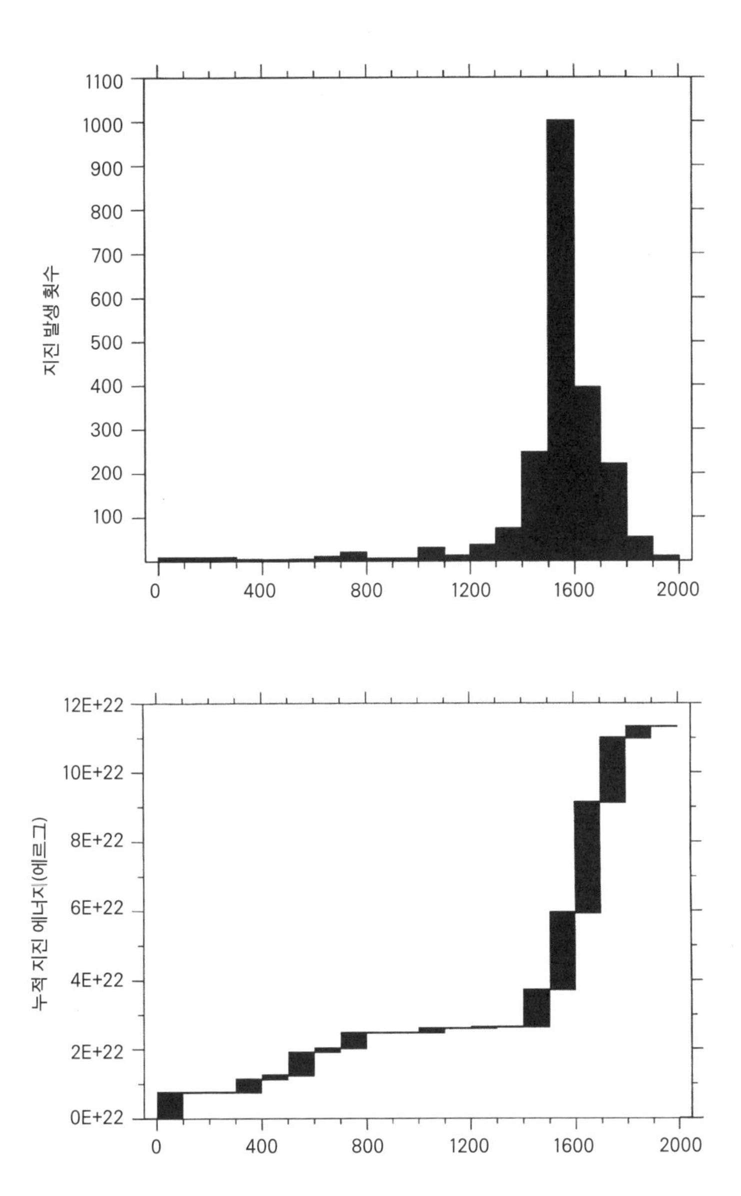

그림 9-5. 위. 한반도에 발생한 역사 지진들의 세기별 분포. **그림 9-6.** 아래. 한반도에서 발생한 역사 지진들에 의해 방출된 누적 지진 에너지(cumulative seismic energy).

진 활동의 전형적인 특성이다.

한반도는 유라시아판 내부에 속하므로 판 내부 지진 활동의 전형적인 특징을 보여 준다. 지난 20세기 동안 1~14세기까지 낮은 활동이 지속되다 15~18세기에 이례적으로 높은 지진 활동이 발생했고, 19세기에 들어와서 다시 낮은 지진 활동으로 복귀했다.

한반도에서 발생한 역사 지진들의 규모와 누적 빈도의 관계를 보면 그림 9-7과 같다. (보론 「지진의 물리학 특강」 VII 참조) 이 그림에서 진도-규모의 관계식은 지진 자료가 비교적 완벽하다고 여겨지는 리히터 규모 M_L 4.7(MMI 계급으로는 V 이상이다.)의 지진들을 이용해 구했다.

한반도 내에서 발생한 최대의 지진은 1643년 7월 24일 울산 근처에서 발생한 규모 6.7(MMI VIII~IX)로 추정되는 지진이다. 이 지진은

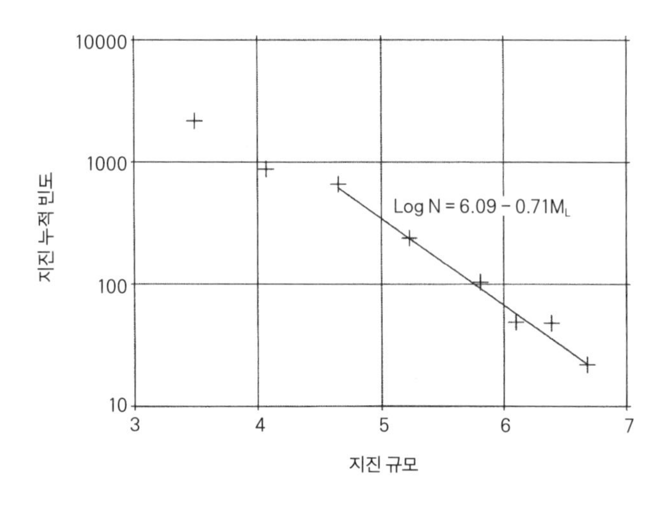

그림 9-7. 기원후 2년부터 1904년까지 한반도에서 발생한 역사 지진들의 규모와 누적 빈도와의 관계.

서울과 전라도에서도 느껴졌으며 대구, 안동, 영덕 등지에서는 봉화대와 성가퀴가 무너진 곳이 많았고 울산에서는 땅이 갈라지고, 물이 용솟음쳤다고 기록되어 있다. 가장 큰 인명 피해를 불러온 지진은 서기 779년 경주에서 발생했으며 집들이 무너져 100여 명이 사망했다. 이 외에도 특기할 지진은 1565년 5월 29일 평안도 상원에서 발생한 군발 지진으로 1566년 5월 19일까지 거의 1년간 지속되었다.

한반도에서 계기 지진 관측은 1905년 인천에 최초로 지진계가 설치되어 시작되었다. 그 후 점차 지진 관측망이 증가해 일본의 강점이 끝나던 1945년까지 조선 총독부 산하의 6개의 측후소(서울, 인천, 대구, 부산, 추풍령, 평양)에서 지진 관측이 이루어졌다.

한반도 계기 지진에 관한 최초의 논문은 1980년 필자와 정희옥 그리고 김상조에 의해 각기 《지질학회지》와 《광산지질》에 출판되었다. 이들은 일본 기상청의 이치가와 마사지(市川政治) 박사가 제공한 1926년과 1943년 사이에 한반도에서 발생한 계기 지진 자료에서 진앙, 규모를 결정하고 규모-진도 간의 b 값을 결정했다. 진앙 결정에서 필자는 1979년에 필자가 결정한 한반도 지각 구조 모형을 이용했고, 김상조는 일본 기상청의 근거리 주시 곡선을 이용했다. 그러나 두 방법에 따라 결정한 진앙의 차이는 대부분 크지 않았다. 규모-빈도 관계의 b 값으로 필자와 김상조는 0.80과 0.75를 제시했다. 그림 9-8은 필자와 정희옥이 결정한 진앙들을 한반도의 지질도 위에 표시한 것이다. 그림 9-9는 필자와 정희옥이 결정한 b 값을 다시 그린 것을 보여 준다.

그림 9-8에서 진앙과 단층과의 관계는 역사 지진의 경우처럼 명백

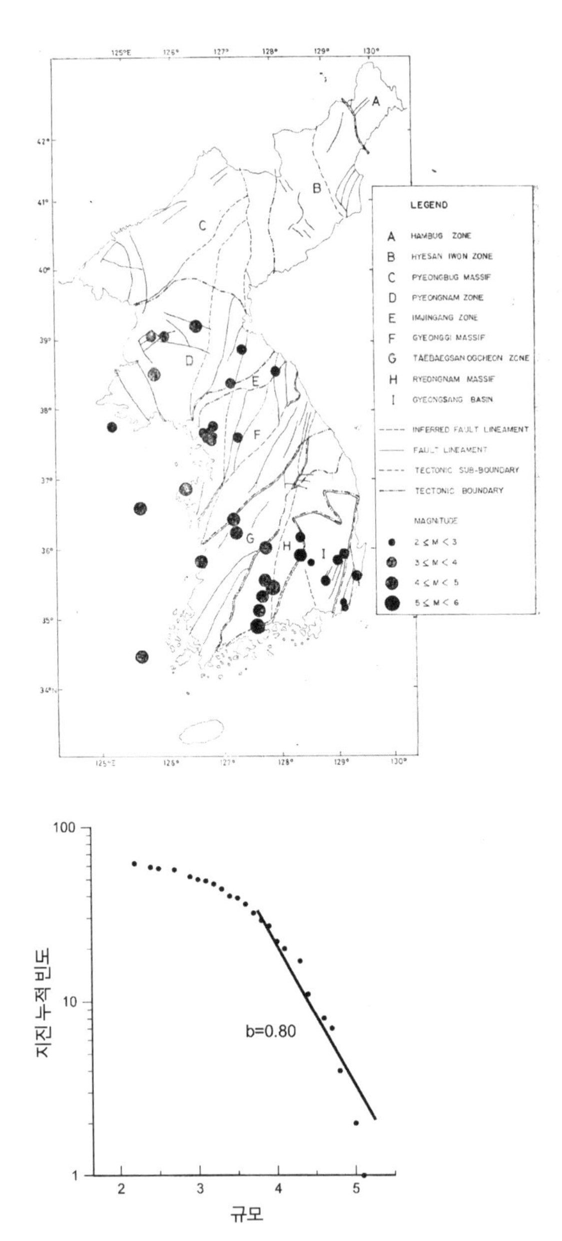

그림 9-8. 위. 1923~1943년에 한반도에서 발생한 지진들의 진앙을 간소화된 지질도상에 표시한 것. **그림 9-9.** 아래. 한반도에서 1926~1943년에 발생한 지진들의 규모 대 누적 빈도.

하지는 않다. 그러나 한반도 북동부의 지진 활동이 다른 지역에 비해 낮음은 분명히 드러난다. 필자는 쌍계사 부근에서 북북동 방향으로 선형으로 배열한 지진들의 진앙 분포가 그 지역에서 같은 방향의 주향을 갖는 추정 단층과 잘 일치함에 주목해 지진들이 이 단층에서 발생했을 가능성을 시사했다.

1905년부터 1945년까지 조선 총독부의 지진 관측망에 포착된 323회의 지진들은 필자와 정남식, 정태웅에 의해 분석되어 2003년 《미국 지진학회지》에 발표되었다. 이 기간에 지진 발생 빈도는 연평균 8회 정도였다. 그림 9-10은 1905~2004년에 발생한 지진들의 진앙 분포를 보여 준다. 역사 지진의 경우와 마찬가지로 한반도 동북부의 지진 활동이 다른 지역에 비해 낮다. 이는 이 지역이 중생대의 지각 변동에 덜 파쇄된 것을 가리킨다. 계기 지진들의 진앙과 단층 및 주요 지질 경계와의 연관성은 주요 역사 지진의 경우처럼 그렇게 분명하지는 않다. 이는 작은 규모의 계기 지진들이 발생한 단층들의 규모가 작기 때문에 지표상에 뚜렷하게 나타나지 않은 탓이라고 생각한다.

한반도의 지진 발생 메커니즘

한반도에서 발생하는 지진들의 발생 메커니즘에 관한 해석은 1984년 일본 도쿄 대학교 시마자키 구니히코(島崎邦彦) 교수에 의해서 주어졌다. 그는 1936년 쌍계사 지진의 단층면해를 결정하고, 이 지진이 동서 내지 동북동-서남서 방향으로 작용하는 압축력에 의해 쌍계사 부근에서 북북동의 단층면을 따라 역단층 성분을 포함한 우수 주향

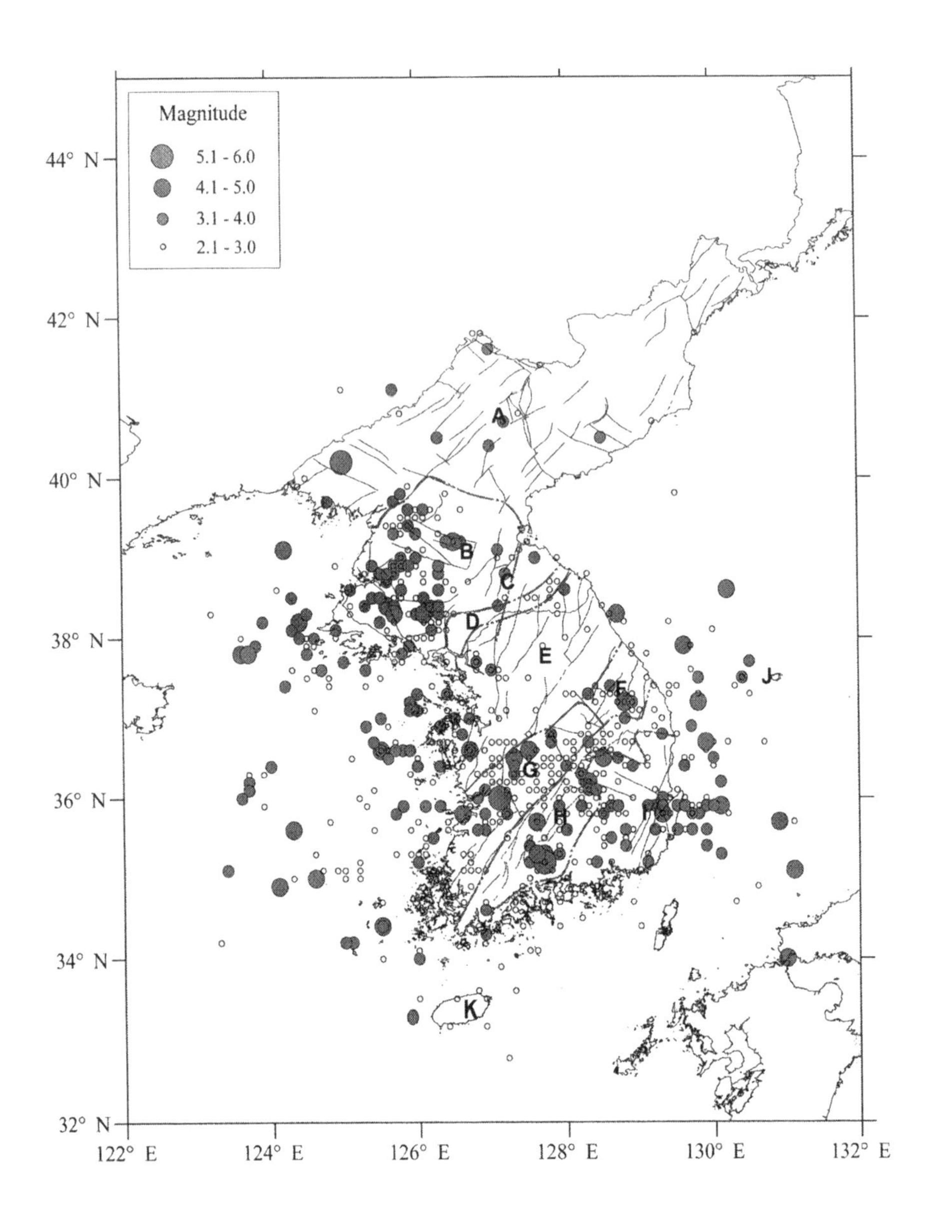

그림 9-10. 1905년과 2004년 사이에 한반도에서 발생한 지진들의 진앙과 지진 관측소를 간소화된 지질도에 표시한 것이다. 주요 지질 구조들은 다음과 같다. A: 낭림 육괴; B: 평남 분지; C: 추가령 지구대; D: 임진강 벨트; E: 경기 육괴; F: 태백산 육괴; G: 옥천 습곡대; H: 영남 육괴; I: 경상 분지; J: 울릉도; K: 제주도.

단층이 만들어지는 과정에서 발생했음을 밝혔다. 실제로 그림 9-8에서 쌍계사 부근에 북북동 주향의 추정 단층이 존재함을 알 수 있다. (점선으로 표시되어 있다.)

인도판과 태평양판은 각기 히말라야 산맥과 일본 해구에서 유라시아판과 충돌하며 이 두 충돌 지역을 지구상의 가장 가까운 거리인 대원주(great circle)로 연결하면 대략 동서 내지는 동북동-서남서 방향으로 한반도를 통과한다. 따라서 판 구조론에 따라 한반도에 작용하는 압축력의 방향은 대략 동북동-서남서가 되며 이 압축력으로 인해 수직 운동의 역단층 지진이 발생한다. 그러나 기존 단층에 압축력이 작용하면 대부분의 경우 그 단층면을 따라 수평 운동이 발생하며 따라서 주향 이동 단층과 역단층이 혼합된 사교 단층의 지진이 발생한다.

시마자키 교수는 한국과 인접한 중국 북동부에서도 거의 같은 방향의 압축력에 의해 주향 단층과 역단층이 혼합된 메커니즘의 지진들이 발생함을 보였다. 한반도에서 발생하는 지진들에 대한 최근의 연구도 대부분의 지진들이 동서 내지 동북동-서남서 방향의 압축력에 의해 단층의 주향 방향으로 수평 운동이 발생하는 주향 이동 단층과 역단층이 혼합된 메커니즘을 보여 주고 있다. 따라서 한반도에서 발생하는 대부분의 지진들은 유라시아판과 충돌하는 인도판과 태평양판에 의해 한반도에 작용하는 동북동-서남서 방향의 압축력에 의해 기존 활성 단층에서 단층면을 따라 역단층과 주향 단층 운동이 동시에 일어나며 발생한다고 볼 수 있다. 한반도 전체로서는 압축력을 받고 있지만 지각이 불균질함으로 인해 국지적으로 이와 다

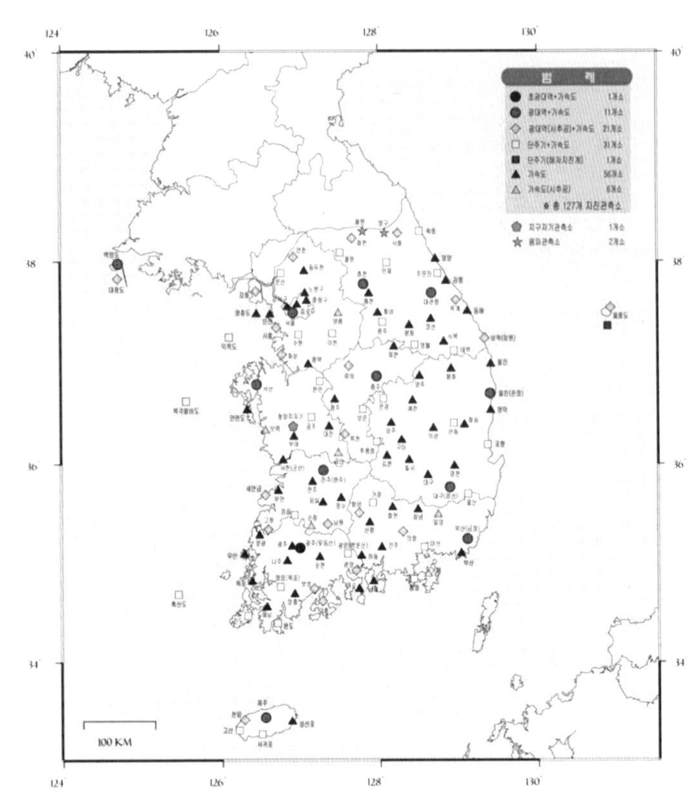

그림 9-11. 기상청의 전체 지진 관측망(2014년 1월 1일).

른 메커니즘을 갖는 작은 규모의 지진들도 발생할 수 있다.

1945년부터 1963년에 WWSSN의 지진계가 서울에 설치될 때까지 한반도에서 지진계를 통한 지진 활동의 관측은 이루어지지 않았다. 기상청에 의한 본격적인 지진 관측 활동은 1978년 홍성 지진이 발생한 것을 계기로 1980년 기상청에 6개의 지진 관측망이 설치된 이후부터이다. 1978년 이후의 한반도의 계기 지진 활동은 기상청이

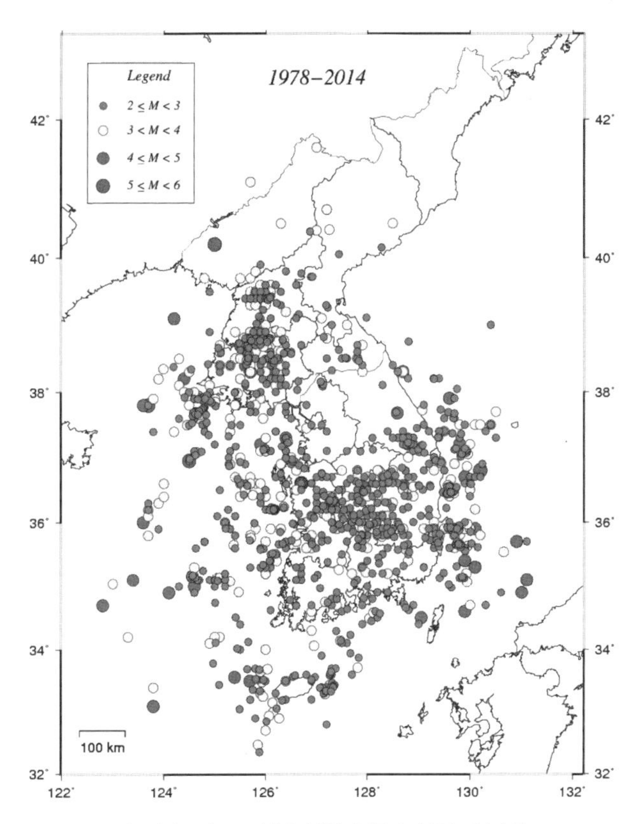

그림 9-12. 1978~2014년에 한반도 및 그 주변에서 발생한 지진들의 진앙 분포(기상청).

분석해 발표하고 있다. 현재(2014년 1월 기준) 기상청의 지진 관측망은 가속도계 및 울릉도의 해저 지진계를 포함해 127개의 관측소로 구성되어 있다. (그림 9-11)

계기 지진의 평균 연 발생률은 20세기 초에는 대략 10여 회인데 1980년대 이후로는 지진 발생 회수가 대략 20여 회에 이르고 현재에는 40여 회에 이른다. 이러한 지진 활동의 증가는 대부분 전국적으로 지진 관측망이 확장되어 지진계에 감지된 지진들의 수가 증가한 것과 분석 기술의 발달에 원인이 있으리라 생각된다. 실제로 규모 3.0 이상의 계기 지진들의 연 평균 발생 횟수는 대략 10회로 큰 변화가 없다.

그림 9-12는 기상청에서 발표한, 1978~2014년에 한반도 및 그 주변에서 발생한 규모 2.0 이상 지진들의 진앙 분포를 보여 준다. 이 그림에서 유의할 점은 지진들이 한반도 남부에 지진 관측망이 있는 기상청의 관측 자료로 분석되었다는 것이다. 따라서 한반도 북부에서 발생한 다수의 작은 규모의 지진들이 누락되었을 가능성이 크다.

반면에 그림 9-10은 1905~1945년의 한반도 북부에 위치한 조선총독부 지진 관측망 자료가 진앙 결정에 활용되었음으로 비록 이 기간 중 지진 관측소의 수는 현 기상청에 비해 훨씬 적지만 그림 9-12에 비해 한반도 전체의 지진 활동을 더 완전히 나타냈다고 볼 수 있다. 그림 9-12에서 진앙과 한반도 단층과의 연관성을 밝히기는 어렵다. 그러나 한반도 역사 지진 및 1905~2004년의 계기 지진 자료에서 밝혀진 지진 활동은 한반도 지진 활동의 전반적인 특성을 나타낸다고 볼 수 있다.

20세기의 계기 지진 중 특기할 만한 지진은 앞에서도 여러 번 언급한 적이 있는 1936년 7월 4일의 지리산 쌍계사 지진과 1978년 10월 7일 홍성 지진이다. 쌍계사 지진의 규모는 5.1이며, 한반도 남부에서 광범위하게 감지되었다. (그림 9-1) 일본 기상청(JMA) 진도 계급으로 V(MMI 계급으로 VIII)였으며 쌍계사 건물의 천장이 내려앉고 돌담이 무너지고 돌탑이 파쇄되었다.

【1】 The Dong-A Ilbo 1978年10月9日 月曜日

洪城에 큰地震

피해 5億臺

家屋 2千8百채 균열

爆音·停電·유리窓박살

2명負傷

7日저녁 6時20分…42年만의 强度4 서울은 無感

【洪城=李正來·李鍾願·李勝遠기자】 7일저녁6시20분경 강도4의 지진이 忠南서북부지방에서 발생, 洪城군洪城읍 일대에 큰 피해를 주었다. 이날 5천6백여가구의 洪城읍엔 4~5초동안 계속된 지진으로 五官리1구 朴慶緖씨(32) 흙벽돌집이 무너진것을 비롯, 공식집계와는 달리 전주택의 50%인 2천8백40여채에 균열이 생겼다. 또 사적231호 洪州성곽이 무너지고 洪城군청등 12개 공공기관의 유리창 5백여장이 파손되고 상품 장독 연탄등이 마구 부서져 추산피해액은 5억원에 이르고있다. 〈6、7면에 관련기사〉

지진의 震度분류

입을 벌려 갈라진 지표. 길이10m, 깊이10cm, 폭 1cm 크기로 갈라진 洪城驛앞 일대(上). 가운데 부분이 크게 파손, 무너질 위험에 놓여있는 홍성전신전화국굴뚝.

그림 9-13. 홍성 지진을 보도한 당시 언론 기사.

1978년의 홍성 지진의 규모는 5.0이며 MM 진도는 VIII이다. 이 지진으로 홍주 읍성의 축대가 무너지고 김좌진 장군 추념비와 일부 건물이 파손되었다. (그림 9-13) 이 지진으로 인한 건조물의 파괴로 약 5억 원의 재산 피해가 발생했다. 이 외에도 1996년 12월 13일 영월에서 발생한 규모 4.5의 지진, 1997년 6월 26일 경주에서 발생한 규모 4.3의 지진, 그리고 2007년 1월 20일 오대산에서 발생한 규모 4.8의 지진들로 건물 벽면에 균열이 생기고 담이 무너지는 등의 건조물에 다소의 손상이 발생했다. 한반도에서 발생한 규모 4.0 이상의 주요 계기 지진 목록은 부록 III에 정리해 두었다.

역사 지진과 계기 지진을 통틀어 볼 때 한반도의 주요 지진들은 주로 중생대의 지각 변동들로 인해 생성된 주로 북동-남서 또는 북북동-남남서 주향의 단층들과 주요 지질 구조들의 경계면에서 발생했다. 이는 한반도 주요 지질 구조의 경계가 중생대 지각 변동에 의해 깨어져 활성 단층으로 작용하고 있음을 시사한다. 소규모의 지진들은 지표에 뚜렷하게 나타나지 않은 소규모의 단층에서 발생했다고 여겨진다. 한반도의 지진 활동은 각기 히말라야 산맥과 일본 해구에서 유라시아판과 충돌하는 인도판과 태평양판에 의해 동서 내지 동북동-서남서 방향으로 작용하는 대규모 압축력이 한반도 내 지각의 약대(弱帶)인 활성 단층의 암석을 파열해 발생한다고 여겨진다. 한반도 내 주요 지진들은 주향 이동 성분이 우세한 역단층의 메커니즘을 갖는다.

10장

숨겨진 지진원

한반도의 활성 단층

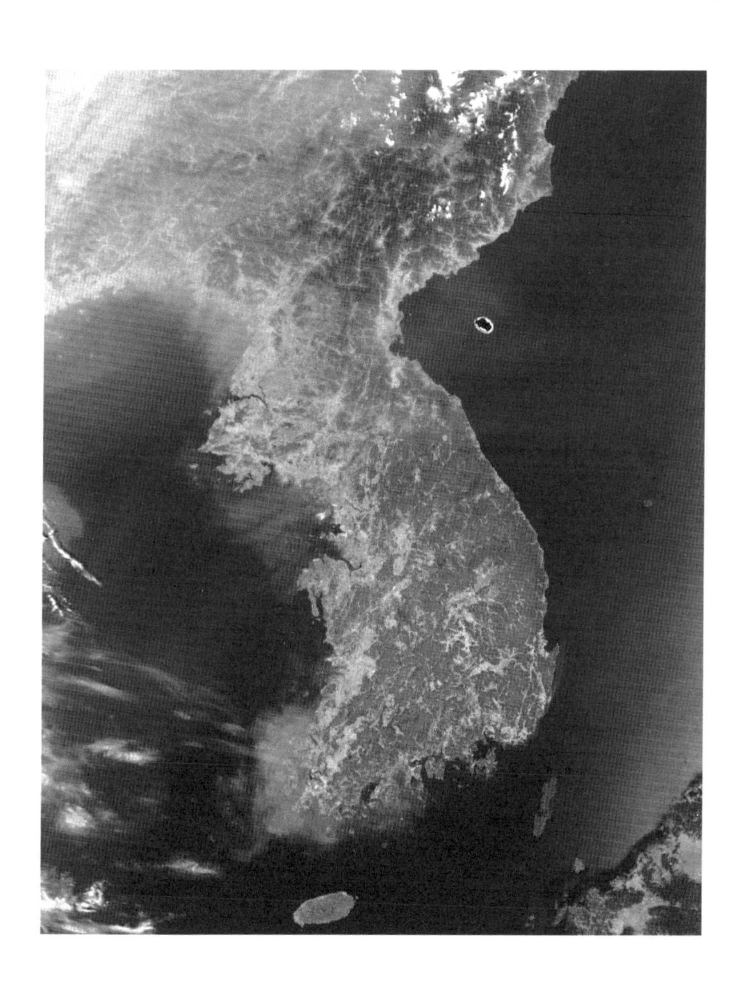

양산 단층이 활성 단층일 가능성이 50퍼센트,

비활성 단층일 가능성이 50퍼센트이다.

—국내 어떤 지질학자

한반도에 활성 단층은 존재하는가?

20세기 지진학에서 이루어진 가장 중요한 발견 중 하나는 지진들, 그중에서도 특히 진원 깊이 70킬로미터 미만의 얕은 지진들은 단층에서 발생한다는 사실이다. 그렇다고 지각에 존재하는 모든 단층에서 지진이 발생하는 것은 아니고, 그 일부에서만 지진이 발생하는데 이러한 단층들을 활성 단층이라 한다.

활성 단층은 보통 지질학적으로 제4기(258만 8000년 전부터 현재까지)에 단층 운동이 발생된 단층으로 정의된다. 이러한 정의는 제4기의 지구조 운동이 현재에도 진행되고 있다는 이해에 기초를 둔다.

최근에는 단층을 단순하게 활성 또는 비활성으로 구분하지 않고 단층의 활성 정도(degree of activity)로 구분하는 추세가 증가하고 있다. 지진 재해와의 관계를 고려하자면 아무래도 이것이 보다 실제적이기 때문이다. 예를 들어 캘리포니아의 샌앤드리어스 단층이나 터키의 아나톨리아 단층에서는 수백 년 간격으로 대규모 지진들이 발생하는가 하면 네바다의 딕시 밸리(Dixie Valley) 단층에서는 수천 년 또는 수만 년 간격으로 대규모 지진들이 발생한다. 또 어떤 단층은 지진학적으로 매우 활발하지만 단지 작은 규모의 지진들만 많이 발생한다. 따라서 단층은 단순히 활성 또는 비활성으로 구분하는 것은 지진 재해의 관점에서 보면 큰 도움이 되지 않는다.

단층의 활성 정도는 지질학적 방법, 즉 연대가 알려진 지층에 대한 단층의 오프셋이나 지형학적 방법, 즉 단구(terrace)나 하천(stream)의 오프셋 또는 단층 절벽의 연대 등에 따라 평가된다. 또한 역사 지진이나 계기 지진 자료 등이 이용되기도 한다. 일본의 경우 활성 단층을 단층면의 이동률(slip rate)을 이용해 다음의 다섯 가지 계급으로 구분하기도 한다. (표 10-1)

미국에서는 최근에 건조물의 내진 규제를 위한 목적으로 단층의 활동성에 관해 다른 정의를 사용하고 있다. 예를 들어 미국 원자력 규제 위원회(U. S. Nuclear Regulatory Commission, USNRC)는 활동 가능 단층 또는 활동성 단층(capable fault)을 다음 기준의 하나 이상을 만족하는 경우로 규정하고 있다.

(1) 단층 운동이 지표면이나 그 근처에서 지난 3만 5000년 이내에 최소한 1회 발생했거나 또는 50만 년 이내에 반복해 발생했다.

(2) 계기 지진 관측 결과 충분한 정확도를 갖고 강진의 진앙과 연관시킬 수 있다.

(3) (1)항 또는 (2)항에 해당되는 활동 가능 단층과 구조적으로 연관되어 단층 운동이 동반해 발생할 수 있다.

한편, 캘리포니아 주에서는 단층 주위의 건조물의 내진 설계를 입법화하기 위해 활성 단층을 홀로세(Holocene), 즉 현재로부터 1만 년 이내에 지표면에 변위를 일으킨 단층으로 정의하고 있다.

활성 단층에 대한 이러한 정의들은 단지 지진 재해의 측면에서 내진 설계를 입법화하기 위한 편의로서만 유용할 뿐이다. 지질학적으로는 활성 단층을 제4기에 단층 운동이 일어난 단층으로 정의함이 합리적이다.

한반도의 지진 활동을 다룬 9장에서 논의한 바와 같이 한반도의

표 10-1. 일본 활성 단층의 구분.

계급	이동률(S) (밀리미터/년)	예
AA	$10 \le S < 100$	난카이(南海) 드러스트
A	$1 \le S < 10$	중앙 구조선
B	$0.1 \le S < 1$	다치가와(入川) 단층
C	$0.01 \le S < 0.1$	후코우주(深溝) 단층
D	$0.001 \le S < 0.01$	

전역에서 다수의 지진들이 발생했다는 것은 한반도의 전 지역에 활성 단층이 존재함을 시사한다. 계기 지진의 경우 지진들이 특정 단층에서 발생했음이 명백히 밝혀지면 그 단층은 활성 단층으로 간주할 수 있다. 여기서 고려해야 할 문제는 계기 지진의 진앙들이 대부분의 경우 수 킬로미터 또는 그 이상의 오차를 갖는다는 점이다. 이것은 진앙과 관측소 사이의 지각 구조가 균질하지 않으나 진앙의 결정 과정에서는 균질하다고 가정하기 때문에 발생한다.

역사 지진들의 진앙은 지진의 피해 상황이나 감진 지역에 따라 추정되므로 그 오차가 계기 지진의 진앙보다 더욱 커지는 것이 보통이다. 그러나 대규모 지진은 대규모 단층에서 발생하므로 역사 지진 기록에서 어떤 대규모 단층 근처에서 대규모 지진이 발생했다면 이 단층은 활성 단층으로 간주할 수 있다. 그 대표적인 예가 뒤에 설명할 양산 단층이다.

한반도는 중생대의 격렬한 지각 변동을 통해 지각이 심하게 교란되고 깨어져 다수의 단층들이 생성되었고, 또 주요 지질 구조의 경계도 깨어졌다. 그림 9-4에서 본 바와 같이 반도 내에서 발생한 대규모 역사 지진들의 진앙은 중생대에 생성된 대규모 단층들과 깨어진 주요 지질 구조의 경계와 잘 일치한다. 이것은 이 지질 구조들이 활성 단층임을 지시하고 있다. 신생대에 들어서는 백두산과 추가령 지구대 그리고 한반도 남해와 동해에서 화산 활동이 발생하면서 지각이 깨졌다.

양산 단층은 지진을 일으킬 활성 단층인가?

한반도에 활성 단층이 존재한다는 최초의 구체적 주장은 1983년 필자와 나성호가 《지질학회지》에 출판한 논문 「양산 단층의 미진 활동에 관한 연구」에서 제기되었다. 양산 단층은 경상 분지 내 부산에서 양산, 경주, 포항, 영해로 이어지는 총 연장 약 170킬로미터의 대규모 단층이다. (그림 9-8) 경상 분지는 중생대 대보 조산 운동에 이어 백악기에 한반도 남동부에 생성된 육성 퇴적물, 화산 쇄설암과 화산암으로 구성된 퇴적 분지이다. (그림 10-1) 경상 분지에 다수의 단층들이 존재하고 있으며 이들은 불국사 변동으로 생성되었다고 여겨진다. 이 단층 중에서 가장 두드러진 단층이 양산 단층이며 이 단층에서 약 25킬로미터의 우수 주향 이동이 발생했다.

한국동력자원연구소(현 한국지질자원연구원)는 1982년 8월 26일부터 12월 17일까지 양산 단층을 따라 5개 지점에 지진계를 설치하고 이 지역의 지진 활동을 조사했다. 필자와 나성호는 이 지진 관측망에 기록된 다수의 규모 3.0 이하의 미소 지진들을 분석했다. 이 기간 중 매일 평균 1회의 미소 지진들이 양산 단층과 인접한 동래 단층과 언양 단층에서 발생했다. (그림 10-2) 그림 10-3은 1982년 9월 12일 양산에서 경주 쪽으로 두 번째 관측소인 하북면 삼감리 관측소에서 기록된 미소 지진들의 지진파를 보여 준다.

그림 10-2에서 보는 바와 같이 지진계들이 거의 선상으로 배열되어 있고, 대부분의 미진들이 단지 2개 관측소에만 기록되어 진앙을 정확히 결정하는 데 어려움이 있었다. 이 경우 진앙은 지진계가 배열

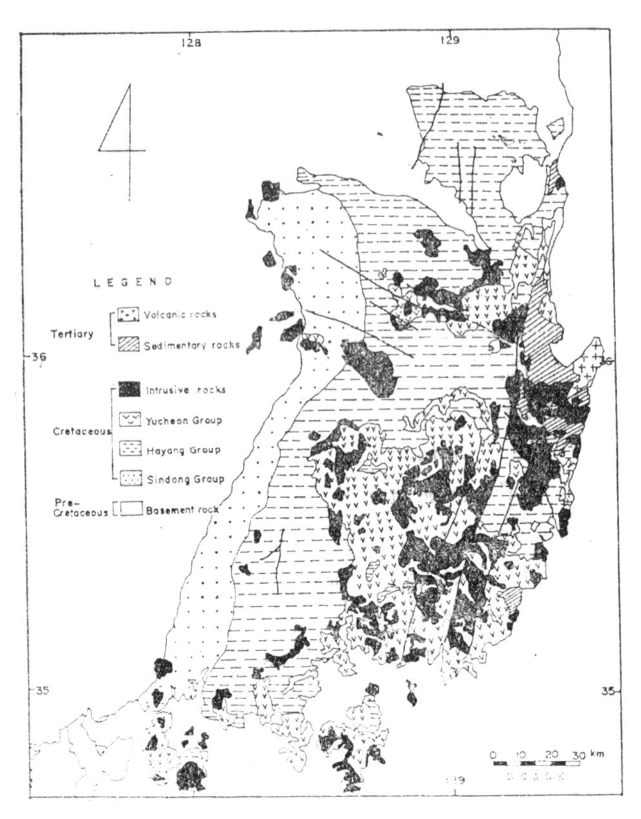

그림 10-1. 경상 분지의 지질도.

된 양산 단층의 양쪽에 대칭으로 위치하는 지점의 하나가 된다. 그림 10-2에서 찬 원(solid circle)들은 정확히 결정된 진앙을 표시하고 빈 원(open circle)들은 그중 하나가 진앙을 나타낸다.

한편 『삼국사기』에는 경주에서 수정 메르칼리 진도(MMI) 계급으로 VIII 이상으로 추정되는 파괴적인 지진이 10회 발생했음이 기록되어 있다. (표 10-2)지진은 단층에서 발생하고 또 대규모 지진들은 대규모 단층에서 발생한다. 경주를 통과하는 대규모 단층은 양산 단

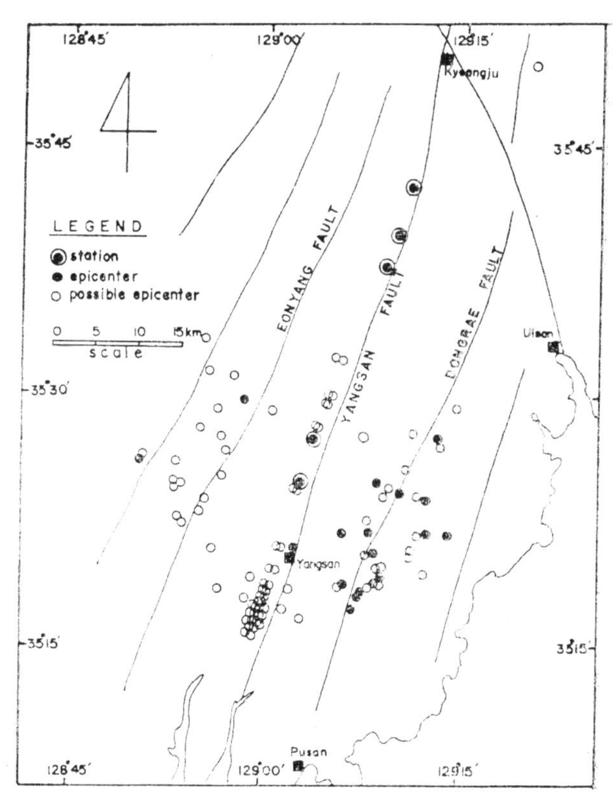

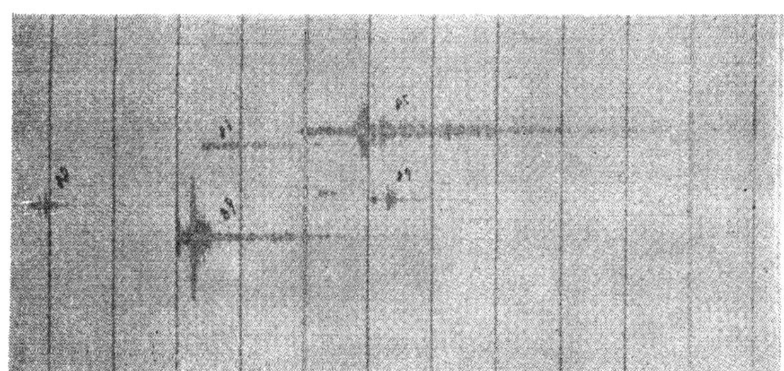

그림 10-2. 위. 양산 단층 일대의 지진 관측소와 진앙들. 실선(solid lines)들은 단층이나 선형 구조선을 나타낸다. 동심원은 관측소, 찬 원들은 진앙, 그리고 양산 단층 주변의 빈 원들은 가능한 진앙을 나타낸다. **그림 10-3.** 아래. 1982년 9월 12일 하북면 삼감리에서 기록된 미소 지진들

표 10-2. 경주에서 발생한 MMI VIII 이상의 파괴적 지진들.

연도(년)	달(월)	피해 기록	MMI
34	2	땅이 갈라지고 샘물이 솟았다.	VIII~IX
100	10	집들이 무너지고 사람들이 죽었다.	VIII~IX
123	5	집들이 땅속으로 가라앉고 연못이 생겼다.	VIII~IX
304	8	샘물이 솟았다.	VIII
304	9	집들이 무너지고 사람들이 죽었다.	VIII~IX
458	2	남문(南門)이 무너졌다.	VIII
471	3	땅이 20장(丈) 갈라지고 탁한 물이 솟아올랐다.	VIII~IX
510	5	집들이 무너지고 사람들이 죽었다.	VIII~IX
630		궁전의 땅이 갈라졌다.	VIII
779	3	집들이 무너지고 100여명이 죽었다.	VIII~IX

층이므로 경주에서 발생한 표 10-2의 파괴적 지진들은 양산 단층에서 발생했다고 볼 수 있다.

필자는 경주에서 발생한 대규모 역사 지진들과 양산 단층 일대에서 1982년에 발생한 미소 지진들을 근거로 양산 단층이 활성 단층이라고 주장했다. 필자의 주장은 한반도가 지진 안전 지역이라는 부정확한 고정 관념을 갖고 있던 정부와 국민에게 큰 충격으로 받아들여졌는지 1983년 3월 6일자 《한국일보》 전면 톱기사로 보도되기도 했다. (그림 10-4) 특히 양산 단층 주변의 고리, 월성에 설립된 원자력 발전소들이 양산 단층이 비활성 단층이라는 전제 위에 내진 설계되어 있었기 때문에 이 발전소들의 지진 위험이 중요한 국가적 이슈로 부각되었다.

한국일보
賃貸주택 企業化유도
特別法제정 金融·稅制지원 육성
梁山일대 매일微震
活性단층대 평균 1차례씩
危險없으나 強震 있을수도
濠, 노동당 執權
7년만에 總選서
땅끝에서 오다
지미코

그림 10-4. 1983년 3월 6일자《한국일보》. 양산 단층이 미소 지진이 발생하는 활성 단층임이 전면 톱기사로 보도되었다.

양산 단층이 활성 단층이라는 필자의 주장에 대해 일부 지진학자들은 1984년에 필자가 이 일대의 인공적 폭파에 의한 지반 진동을 미진으로 오인했고, 불합리한 해석 방법으로 연구를 수행했기 때문에 양산 단층이 활성 단층이라는 필자의 주장은 입증할 수 없다는 반론을 제기했다. 이 반론에 대해 필자는 1985년 그들의 주장이 성립할 수 없고 따라서 양산 단층은 명백한 활성 단층이라는 재반론을《지질학회지》에 발표했다. 이후 양산 단층이 비활성 단층이라는 어떠한 구체적 반론도 제시되지 않았다.

대규모 단층의 경우 단층을 지진 활동이 서로 다른 몇 개의 구역(segment)로 나눌 수 있다. 예로서 샌앤드리어스 단층은 북부, 중부, 중남부 및 남부의 네 구역으로 나뉜다. 각 구역에서 발생하는 지진들에 의한 단층 운동은 대체로 그 구역에 제한되며 인접 구역으로 연장되지 않는 경향을 갖는다. 따라서 각 구역에서 발생 가능한 최대 규모의 지진도 대체로 제한된다.

필자와 진영근은 1991년에《지질학회지》에 발표한 논문에서 양산 단층이 지진학적 근거에 따라 대략 북위 36.2도 및 35.5도를 경계로 북부, 중부 및 남부의 세 구역으로 나뉠 수 있음을 시사했다. (그림

10-5) 역사 지진 및 계기 지진 활동은 남부와 중부 구역의 경계에서 현저히 감소했다. 중부와 북부 지역의 경계에서 양산 단층과 울산 단층이 교차하며 역시 지진 활동이 감소함이 밝혀졌다. 각 구역에서 발생한 최대 지진의 진도는 표 10-3과 같다.

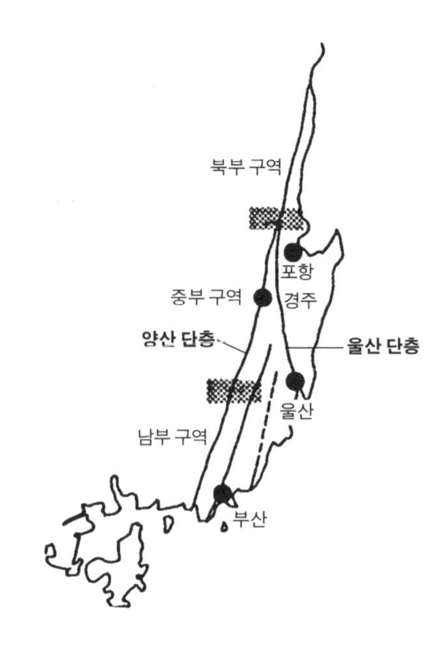

그림 10-5. 양산 단층의 구역화. 그림은 필자의 1983년 논문에서 가져왔다.

양산 단층의 구역화는 이 일대의 지진 위험도 분석과 관련해서 매우 중요한 의미를 갖는다. 1983년 필자는 양산 단층의 미소 지진에 관한 논문에서 양산 단층의 총 연장 170킬로미터가 한 번에 깨어진다면 규모 7.8의 지진이 발생할 수 있음을 시사했다. 그러나 양산 단층이 구역화되어 있다고 하면 표 10-3에서 보는 바와 같이 이 단층에

표 10-3. 각 구역에서 발생한 최대 지진.

구역	일자	진앙	MMI	규모
북부	1405년 3월 12일	36.80N, 129.30E	VII	5.8
중부	779년 3월	35.80N, 129.30E	VIII~IX	6.7
남부	1471년 9월 14일	35.10N, 128.80E	VIII	6.4

서 발생하는 지진은 각 구역에서 훨씬 작은 규모로 발생하는 지진들로 제한되기 때문에 양산 단층 일대의 지진 위험은 훨씬 낮아진다.

필자와 이전희는 1993년 옥천대와 영남 육괴의 경계를 활성 단층으로 간주하고 이 단층에 대한 구역화를 지진 자료를 바탕으로 시도한 논문을 《지질학회지》에 출판했다.

필자와 엄창렬은 1992년 《지질학회지》에 출판한 논문에서 울산 단층에 대한 전기 비저항 탐사 결과 지표에서 기반암까지의 낮은 비저항의 파쇄대가 외동읍 모화리 근처에서는 매우 빈약하나 그 북쪽과 남쪽으로 수직 및 수평 구조가 점차 확대되고 있음을 보고했다. 이것은 모화리를 중심으로 울산 단층이 두 구역으로 나뉠 가능성을 보여 준다. 필자 등은 1992년 동래 단층도 비저항 탐사 결과 두 개의 구역으로 나뉠 수 있음을 시사하는 논문을 《지질학회지》에 발표했다.

한반도의 활성 단층에 대한 트렌치 조사를 통한 고지진학적 연구는 양산 단층으로부터 시작했다. 1990년대 초에 자원연구소와 일본 교토 대학교 오카타 아쓰마사(岡田篤正) 교수 팀은 양산 통도사 입구에서 제4기 활성 단층을 발견했다. 그 후 양산 단층과 울산 단층에 대한 트렌치를 통한 본격적인 고지진학적 연구는, 과학재단의 지원을 받아 필자가 연구 책임자로 1996년부터 1999년까지 수행한 이 단층들의 지진 활동에 관한 연구 과제의 세부 과제로 이루어졌고, 경재복과 교토 대학교의 오카타 교수 연구진에 의해 수행되었다. 트렌치 조사 결과 양산 단층의 두 지점 그리고 울산 단층의 두 지점에서 활성 단층이 발견되었다. 그림 10-6은 양산 단층 남부 울주군 삼남면 상천리에서 확인된 제4기 활성 단층을 보여 준다. 이 공동 연구의 성공

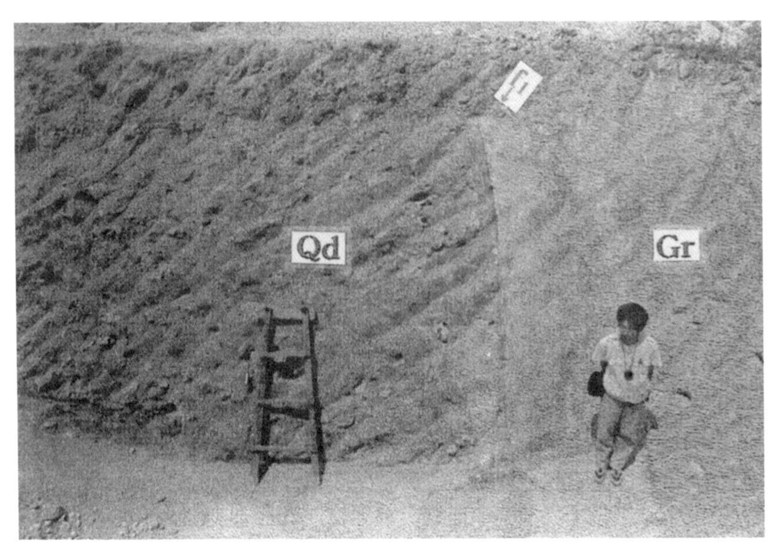

그림 10-6. 양산 단층 남부 울주군 삼남면 상천리 트렌치 장소의 북쪽 벽면 사진. 중생대 화강암과 제4기층의 경계에 발달한 거의 수직을 이룬 단층(f1)이 보인다. Gr: 화강암층, Qd: 제4기 역층.

은 한반도 활성 단층에 대한 고지진학적 연구를 확산시키는 중요한 계기가 되었다. 현재까지 양산 단층 및 울산 단층 일대의 수십 개 지점에서 활성 단층이 확인되었다. (그림 10-7)

양산 단층의 고지진학적 연구로 제4기 지층에 지진에 의한 단층 운동이 확인됨에 따라 이 단층이 제4기 활성 단층임은 이제 더 이상 의심할 여지가 없게 되었다. 소수의 지질학자들은 그때까지 역사 지진의 진앙 추정이 부정확하다는 이유로 이 문제에 대해 유보적 입장을 가지고 있었다.

현재 양산 단층 주변에는 고리, 월성, 울진에 20여 기의 원자력 발전소가 건설되어 운영 중이다. 역사 지진 연구에 따르면 양산 단층에서 수정 메르칼리 진도(MMI) 계급 VIII~IX의 지진들이 수 회 발생했다고 추정된다. 이것은 이 활성 단층에서 미래의 어느 시점에 최소한 이 정도의 지진이 발생할 가능성을 시사한다. 단 그 시기가 언제이고 어느 지점에서 발생할지는 정확한 추정이 어렵다. 이러한 맥락에서 이 단층의 지진 위험은 실로 중차대한 문제라고 할 수 있다. 이 활성 단층의 지진학적 특성에 관한 연구는 그 중요성을 아무리 강조해도 지나치지 않을 것이다.

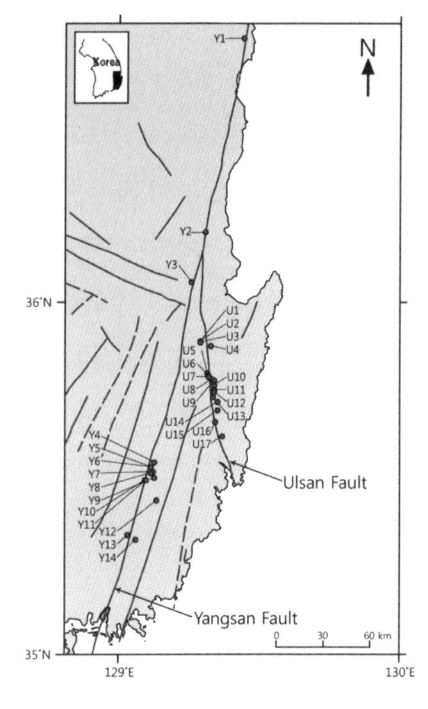

그림 10-7. 양산 단층과 울산 단층대의 제4기 단층들. U1–U17과 Y1–Y14는 각기 양산 단층과 울산 단층의 트렌치 조사 또는 노두의 위치를 나타낸다.

사실 한반도 활성 단층에 관한 연구는 원자력 산업계의 자원을 많이 받았다. 고리, 월성, 울진, 영광에 위치한 원자력 발전소들의 합리적인 내진 설계를 위한 기초 자료의 확보를 목적으로 원자력 산업계는 적극적인 재정 지원을 했고 이것에 힘입어 국내 지질 과학 분야에서 가장 활발한 연구 활동 분야로 부상했다. 1990년대에 국내 건조물의 내진 설계를 위한 기본 자료의 확보 차원에서 원자력 발전소 주변뿐만이 아니라 한반도 전역의 활성 단층에 대한 본격적인 연구가 시작되었다.

9장에서 언급된 것처럼 한반도에 다수의 활성 단층이 존재하며 주요 활성 단층은 중생대의 격렬한 지각 변동을 통해 생성된 단층과 주요 지질 구조의 경계이다. 신생대에 한반도에서 발생한 지각 변동도 활성 단층을 생성했다. 이 활성 단층들의 지진학적 특성, 즉 그 규모, 구조, 단층 운동의 양상과 역사 등에 대한 연구는 한반도의 지진 위험 평가와 지진 재해 대책 수립에 필요한 기본적인 자료를 제공한다. 최근 고리, 월성 지역의 원자력 발전소나 방사성 폐기물 처리장을 둘러싸고 논란이 많다. 지진학, 지질학, 지구 물리 탐사, 지형학 등 여러 지구 과학 분야를 종합한 활성 단층 연구가 어느 때보다도 필요한 시점이다.

11장

지진은 예지할 수 있는가

지진 예지의 세계

실제로 과학이 할 일은 사건을 예측할 수 있는 법칙들을

발견하는 것으로 다시 규정할 수 있다.

—스티븐 호킹

지진 예지에 도전하는 지진학자들

1949년 7월 10일 규모 7.5의 지진이 (구)소련의 타지키스탄(Tajikistan, Tadzhikistan)의 산악 지방에서 발생해 7,200명이 사망했다. 그 전해 10월에 이로부터 서쪽으로 대략 1,100킬로미터 떨어진 아슈하바트(Ashkhabad)에서도 강진이 발생해 11만 명이 사망했다. (구)소련 당국은 이러한 대규모 지진들은 발생 전에 어떤 징조들을 보일 것이라고 생각하고 다시는 그러한 재난을 당하지 않으려고 이를 찾기로 결심했다. 지진 예지(earthquake prediction) 연구를 시작한 것이다.

먼저 지질학자들을 현지에 파견해 상세한 지질 조사를 수행했고, 중력, 지자기, 비저항 등 지구 물리학적 현상도 조사했다. 가장 중점을 두어 분석한 것은 그 지역에서 발생하는 지진들의 기록이었다. 이로부터 15년이 지난 후 1960년대 중반에 소련 과학자들은 지진 발생을 알리는 믿을 만한 징조를 발견했다고 생각했다.

그 지역의 비교적 작은 규모의 지진들을 분석해 그들은 상당한 규모의 지진이 발생하기 전에 P파와 S파의 속도의 비에 흥미로운 변화가 발생함을 발견했다. 보통 P파와 S파의 속도 비는 대략 1.75인데 종종 그 비가 10~15퍼센트 감소했다. 많은 지진계들이 설치되어 그들은 그 속도비의 변화가 발생하는 지역을 알 수 있었다. 낮은 속도 비는 며칠, 수개월 또는 수년간 지속하다가 정상 값으로 되돌아오고 그 직후 비교적 큰 지진이 발생했다. 뿐만 아니라 낮은 비율이 지속되는 기간이 길면 길수록 따라오는 지진의 규모가 컸다.

(구)소련 학자들은 이 흥미로운 결과를 1971년 모스크바에서 열린 국제 학술 대회에서 발표했다. 이 학회에 참석한 컬럼비아 대학교의 지진학자 린 사이크스는 그의 박사 과정 학생이었던 야시 아갈왈(Yash Aggarwal)에게 뉴욕의 애디론댁(Adirondack) 산에서 발생하는 지진들에 대해 비슷한 연구를 시작하도록 지시했다.

아갈왈은 이 지역에서 발생하는 지진 기록들을 면밀히 분석한 결과 실제로 지진이 발생하기 전에 지진파의 속도에 변화가 있음을 발견했다. 뿐만 아니라 러시아의 지진학자들이 지적한 것처럼 속도비의 변화가 지속하는 기간과 잇따른 지진의 규모와도 상관 관계가 있음을 발견했다. 아갈왈과 사이크스는 P파의 속도가 S파에 비해 더 많이 변화한다고 생각했다.

그림 11-1. 윌리엄 브레이스. 매사추세츠 공과 대학 지구 물리학자. 다일레이턴시의 발견자.

한편 캘리포니아 공과 대학의 지진 학자들도 1971년에 캘리포니아의 산 페르난도(San Fernando)에서 발생한 규모 6.6 지진 발생 전 수년간의 인근 지역 지진 기록을 분석했다. 그 결과 3년 전부터 그 지역을 통과하는 지진파의 속도가 변화했음을 발견했다. 뿐만 아니라 그들은 P파의 속도만 오직 10~15퍼센트 감소하고 S파의 속도는 거의 변하지 않았음도 발견했다.

지진이 발생하기 전 P파의 속도가 변하는 현상은 1960년대 중반에 MIT의 지구 물리학자 윌리엄 브레이스(William Brace)의 실험에서 발견되었다. (그림 11-1) 그는 암석을 압축기 속에 집어넣고 압착하자 암석이 깨어지기 직전에 미세한 균열이 발생하면서 그 체적이 증가하는 현상을 발견했다. 이러한 현상을 다일레이턴시(dilatancy)라 한다.

이렇게 암석이 팽창하면 지진파의 속도 변화 등 여러 가지로 그 물성이 변하게 된다. 브레이스는 이 현상이 지진 예지에 이용될 수 있다고 생각했지만 (구)소련 학자들의 연구 결과를 몰랐음으로 더 이상 그 문제를 추구하지 않았다.

그러나 브레이스의 제자들인 스탠퍼드 대학교의 아모스 너(Amos Nur)와 컬럼비아 대학교 라몬트-도허티(Lamont-Doherty) 연구소의 크리스토퍼 숄츠(Christopher Scholz)는 이 문제를 더 연구했다. 아모스 너는 다일레이턴시와 속도 변화의 관계를 설명했다. 기반암에 대한 응력이 증가해 파쇄점(point of fracture)에 접근할 때 수많은 미소한 균열들이 발생하고 다일레이턴시가 일어난다. 균열이 발생하면 먼저 그 틈으로 먼저 공기가 유입되고 다음에 지하수가 침투하게 된다. 너는 유입된 공기로 인해 먼저 P파의 속도가 감소하다가 그 틈을 지하수가 메우면 P파의 속도가 정상으로 돌아오고 마침내 지진이 발생한다고 설명했다. S파는 공기나 액체를 통과하지 못하므로 이 과정에서 그 속도가 영향을 받지 않는다. 다일레이턴시가 발생한 지역이 클수록 지하수가 균열의 틈을 메우는 데 소요되는 시간이 증대한다.

아모스 너의 이론에 근거해 숄츠는 (구)소련과 다른 지역에서 지진이 발생하기 전에 나타나는 몇 가지의 징조, 즉 그 전조 현상(precursory phenomenon)들을 다일레이턴시와 연관해 설명했다. (그림 11-2) 즉 지진이 발생하기 전에 많이 나타나는 지각의 융기나 기울음은 미소 균열의 발생에 따른 체적의 팽창에 기인한다. 그 균열에 지하수가 침투하기 때문에 지층의 전기 비저항 값이 감소하게 된다. 또 그 틈으로 지하에서 방출되는 라돈 기체의 양이 증가해 우물에서 검출되는 라돈의 양도 증가한다. 그러나 미소 지진이 증가하는 현상은 다른 전조 현상에 비해 덜 뚜렷하다.

1973년 7월 초에 아갈왈은 뉴욕 주 북부 산악 지역의 지진 관측망을 확대했다. 2주 동안 그는 매일 160킬로미터를 달리며 지진 기록을 조사했고 마침내 7월 말쯤에 그 지역에서 P파의 속도가 감소함을 발견했다. 8월 1일 그는 지진파의 속도가 정상으로 돌아옴을 발견하고 사이크스에게 수일 안에 2.5의 지진이 발생하리라고 알렸다. 지진의

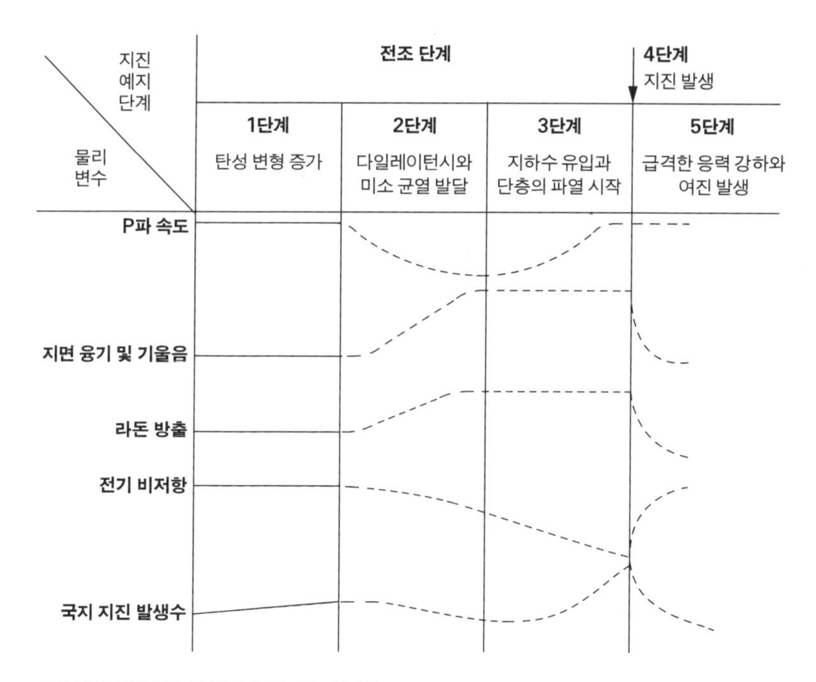

그림 11-2. 지진 예지에 이용될 수 있는 전조 현상들.

규모는 P파의 속도가 감소한 지역으로부터, 그리고 발생 일자는 속도가 정상으로 돌아오는 데 걸리는 기간으로부터 추정했다. 이틀 후 예상한 규모의 지진이 바로 이 지역에서 발생했다. 아갈왈은 그때 너무 흥분해 차를 몰다가 나무에 부딪칠 뻔했다고 한다. 당시 라몬트-도허티 연구소를 방문한 미국 지질 조사소의 한 과학자는 이 성공에 깊은 인상을 받았으나 아직 승리를 선언하기에는 너무 빠름을 알았다. 그는 아갈왈에게 "당신이 이 일을 세 번만 한다면 유명해질 거요."라고 말했다.

4개월 후 캘리포니아 공과 대학의 제임스 위트콤(James H. Whitcomb)

이 또 하나의 예보를 했다. 그는 캘리포니아의 리버사이드(Riverside) 부근에서 1972년부터 P파의 속도가 감소하기 시작해 정상 값 이하에 머물다 1973년 11월에 다시 증가함을 발견했다. 그는 규모 5.5의 지진이 3개월 내에 발생하리라고 예측했고, 다음해 1월 30일 규모 4.1의 지진이 발생했다. 비록 규모는 틀렸으나 지진 발생 자체는 예측한 이 예보는 또 하나의 성공으로 볼 수 있었다.

다일레이턴시 이론을 적용해 지진 예보에 성공한 이러한 사례들은 많은 사람들에게 지진 관측 시설과 분석 방법의 적절한 적용을 통해 지진 예지가 가능하다는 믿음을 주었다. 캘리포니아 공과 대학의 지진학자 클레런스 앨런(Clarence Allen)은 "매우 신나고 유망한 것이 우리에게 다가오고 있다는 것이 대체적인 의견이다."라고 말했다. 그러나 이러한 성공들은 그다음 해에 중국에서 일어난 극적인 대규모 지진 예보의 성공으로 빛을 잃었다.

중국의 성공과 실패, 하이쳉 지진과 탕산 지진

수천 년간 지진의 피해를 받아 왔음에도 불구하고 대부분의 중국 사람들은 진흙 벽돌로 벽을 세우고 기와를 덮은 집에서 살아 왔으며 이러한 집들은 지진이 발생하면 무너지기 마련이었다. 1966년 3월 베이징에서 남서쪽으로 약 320킬로미터 떨어진 싱타이(邢台) 지역에서 두 차례의 강진이 발생해 엄청난 피해를 입혔다. 저우언라이(周恩來) 수상은 그 피해에 큰 충격을 받고 "지진에 대한 국민 전쟁"을 선포하고 지진 예지를 포함하는 지진 연구를 범국가적으로 추진하도록 지시했다.

중국 학자들은 (구)소련이나 미국에서 밝혀진 P파와 S파의 속도 변화, 지면의 융기, 전기 비저항의 변화, 지자기의 변화 등 모든 전조 현상들을 찾기 시작했다. 뿐만 아니라 다른 가능한 전조 현상들도 발견했다. 예로서, 연못이나 용수로에 지진 발생 전에 흙탕물이 생기고, 가끔 지하 가스의 방출 때문인지 이상한 냄새가 났다. 또한 지진 발생 직전에 가끔 하늘에 번개와 같은 이상한 빛이 나며 지면으로부터 불덩어리 같은 것이 솟아올라 떠다니기도 했다.

또 중국 학자들은 서양 과학자들과는 달리 지진 발생 전에 일어나는 동물들의 이상한 행동에도 주목했다. 예를 들어 개들이 짖거나 닭들이 닭장을 떠나고, 말, 쥐, 토끼들이 허둥대고, 물고기들이 갑자기 연못이나 수족관에서 몸부림치곤 했다.

싱타이 강진 이후로 중국 지진학자들은 만주의 랴오닝(遼寧) 지역에 특별한 관심을 두었다. 싱타이 지진 이후 일련의 중규모 지진들이 계속 발생하며 인구가 밀집한 산업 지역인 랴오닝 지역으로 접근하고 있었다. 이 지역은 1861년에 큰 지진이 발생한 이후 지진 활동 빈도가 매우 낮아 지진 발생이 우려되고 있었다.

1974년까지 많은 학자들이 이 지역의 단층을 조사하고 지진계, 자력계(magnetometer) 및 경사계(tiltmeter)를 설치했다. 그 결과 그 지역의 대부분이 융기하고 북서 방향으로 기울어짐을 발견했다. 뿐만 아니라 지자기의 크기도 증가함을 발견했다. 그러나 지진파의 속도 변화는 발견되지 않았다.

1974년 초 수개월간 작은 규모의 지진들이 보통 때보다 5배 많이 발생했다. 베이징 지진국은 중규모 내지 대규모의 지진이 2년 안에 발생하리라고 잠정적인 예보를 했다. 12월 22일 최대 규모 4.8에 이르는 지진들이 갑자기 연속적으로 발생했다. 지방 정부 당국은 주민들에게 지진 발생 시 대처 요령을 교육했고 지진국은 1975년 첫 6개월 이내에 주요 산업 도시인 잉코우(營口) 부근에서 규모 5.5와 6 사이의 지진이 발생하리라 예보했다.

1975년 2월이 되자 지진 발생의 징후가 우려스러울 정도로 빈번해졌다. 지하수면의 변화가 많이 보고되었고 일부 지역에서 지면 경사가 관측되었다. 우물에 거품이 일기 시작했고 동물들의 이상 행동이 관찰되었다. 쥐들이 살던 구멍을 떠나 마치 술 취한 것처럼 비틀거리고 뱀들이 동면하던 구멍에서 거리로 나와 얼어 죽었다. 다수의 작은 지진들의 다시 발생해 72시간 동안에 500회에 이르렀고, 2월 4일 아침에 규모 4.8의 지진이 발생했다. 그리고 그 후에 이상하게 고요해졌다.

지진국은 당국에게 대지진을 대비하라고 통보했다. 오후 2시 기온이 섭씨 -20도로 내려갔을 때 잉코우 지역의 육군 사령관이 방송으로 주민들에게 알렸다. "오늘밤 아마도 강진이 발생할 것이다. 모든 사람들은 집 밖으로 나가라." 비슷한 경고가 인구 9만의 도시 하이쳉(海城)에도 방송되었고 인접한 도시와 마을에 전화로 통보되어 전체적으로 300만 명의 인민들에게 지진경고가 발해졌다.

랴오닝 성 남부 주민들은 당황하지 않고 가게를 닫고 불을 끄고 공원이나 야외로 나와 지진에 대비해 밀짚이나 텐트로 임시 숙소를 마련했다. 병원으로부터 환자들을 이동시키고 가축들도 우리에서 끌어냈다. 그리고 사람들은 추위 속에서 떨며 조용히 앉아 다가올 재난을 기다리고 있었다.

규모 7.4의 지진은 오후 7시 36분에 발생했다. 하늘에 빛의 장막이 생겨 넓게 빛났고 지면이 심하게 진동했다. 모래와 물이 5미터쯤 치솟았고 하이쳉 시 건물의 약 90퍼센트가 무너지거나 심하게 파손되었고 공장과 기계들이 파괴되었다. 도로, 다리, 관개수로가 파손되었고 시골 마을들도 철저히 파괴되었다. 그러나 먼지가 걷히자 사상자는 놀라울 정도로 경미함이 밝혀졌다. 300만 명 이상이 사는 이 지역에서 이 정도의 강진이었다면 수만 명의 사상자가 발생할 수 있었지만 단지 300여 명만 사망했다.

이 사건은 파괴적인 지진을 사전에 경고해 많은 인명 피해를 줄일 수 있었다고 공표됨으로써 지진학에서 하나의 역사적인 이정표로 칭송되었다. 중국에서의 이 성공은 지진학자들에게 믿을 만한 지진 예지가 임박한 것처럼 느껴졌다.

1975년의 잉코우-하이쳉 지진 후 중국 지진학자들은 북중국 인구 약 100만 명의 공업 도시 탕산 부근에서 발생하는 일련의 지진들에 관심을 갖게 되었다. 중간 규모의 지진들이 이 지역에서 발생했으나 이것들이 하이쳉 지진들의 여진인지 아니면 다가오는 대규모 지진의 전조인지 분명히 알 수 없었다. 중국 지진학자들은 감시를 강화했고 중력과 비저항에 장기적 변화가 발생함을 발견했다. 1976년 봄에는 지자기에 급격한 변화가 일어났다. 이리해 무기한의 장기 경보가 발령되었다. 7월 하순에 지하수면의 급격한 변화와 동물들의 이상 행동이 보고되었다. 그러나 이러한 정보들이 너무 산만하고 애매해 단기 경보를 발할 수는 없었다.

그림 11-3. 1976년 7월 28일 중국 북부의 랴오닝 지역 탕산에서 발생한 대지진으로 파괴된 탕산 시내.

7월 28일 오전 4시 조금 전 탕산과 그 주변의 사람들은 마치 대낮과 같이 밝은 빛에 잠이 깨었다. 흰색과 붉은색의 장막이 하늘에서 빛났다. 빛은 300킬로미터 떨어진 곳에서도 볼 수 있었다. 그 후 즉시 지면이 격렬히 요동해 많은 사람들이 집의 천장으로 튕겨졌다. 즉시 수천 개의 가옥이 무너지고 도시 전체가 완전히 파괴되었다.

탕산 지진의 규모는 7.6이었다. 중국 북부 지역은 많은 단층들이 있는 지진 활동이 활발한 지역이었고 그중 하나가 당산을 북동부로 통과하고 있었다. 그러나 이 단층에서 오랜 기간 지진이 발생하지 않았었다. 지진 발생 후 시 중심을 관통해 곳에 따라 1미터가 넘게 벽, 건물, 도로, 수로 들을 찢은 8킬로미터가 넘는 단층이 지표에서 관찰되었다. 15시간 후 규모 7.1의 여진이 발생했고 48시간 안에 규모 4.0이 넘는 여진들이 125회 이상 발생했다. (그림 11-3)

이 지진 예보에 실패해 크게 당황한 중국 정부는 재난 지역으로부터의 모든 뉴스를 차단하고 방문자들을 몰아내고 외국인의 출입을 막았다. 정부는 단지 탕산 지역이 지진으로 큰 인명과 재산의 피해를 입었다고만 보도했다. 그러나 이 지진으로 25만 명이 사망했고 부상자는 40만 명에 이르렀다고 추정되며 이는 1556년 82만 명 이상의 인명을 앗아 간 중국 산시 성 지진 이후의 최대 인명 피해에 해당한다.

탕산 지진은 신뢰할 만한 지진 예지 방법이 임박했다고 믿은 지진학자들에게 커다란 타격을 주었다. 지진들의 분명한 전조 현상으로 여겨졌던 많은 현상들이 그렇게 믿을 만한 것이 못됨이 밝혀졌다. 즉 그것들은 어느 지진에는 나타나고 다른 지진에는 나타나지 않았다. 우물에 거품이 일거나, 동물들이 이상하게 행동하거나 하는 현상은 차치하고라도 가장 중요한 전조 현상으로 여겨지던 다일레이턴시도 그 보편성을 상실했다.

다일레이턴시 지진 예지의 한계들

다일레이턴시에 의해 발생하는 전조 현상(그림 11-2)을 지진 예지에 이용하려는 연구에는 다음과 같은 문제점들이 지적되었다.

첫째로 P파의 속도 변화이다. 이 현상은 1962년 타지키스탄에서 처음 발견되었다. 그 지역에서 지진이 발생하기 전에 P파의 속도가 10~15퍼센트 감소했다고 보고되었다. 그러나 최근의 연구는 이러한 주장의 정확성에 의문을 제기했다. 지진파의 속도를 정확히 측정하기 위해서는 지진의 발생 시간과 진원을 정확히 결정해야 한다. 이러기 위해서는 자연적으로 발생하는 지진 대신 폭파에 의한 인공 지진을 이용해야 한다. 이러한 목적으로 수행된 폭파 시험은 아직까지 지진 발생 전에 P파 속도의 신뢰할 만한 변화를 보여 주지 못했다.

둘째로 지진이 발생하기 전에 일어나는 지면의 변화이다. 1964년 동해를 면하고 있는 일본 니가타에서 발생한 규모 7.4의 지진 전 약 60년간 진앙 부근 해안의 일부는 융기하고 다른 부분에서는 침강함이 관측되었다. 1950년대 말에 이르러 이러한 융기 및 침강이 감소하다 지진 발생 시 진앙 북부 해안이 갑자기 20센티미터 이상 침강함이 측정되었다. 그러나 이 현상은 지진 발생 후 발견되었다. 최근의 연구는 이 측정 결과의 신빙성에 의문을 제기했다. 다른 경우는 캘리포니아 남부의 팜데일(Palmdale) 부근에서 1960년경에 발생하기 시작한 지면의 급격한 상승이다. 이 지역에서 과거에 큰 지진들이 발생했고 앞으로 지진 발생이 예상되는 지역이라 이 융기 현상은 큰 관심을 끌었으나 현재까지 특기할 만한 지진이 발생하지 않고 있다. 그 후 측정에 오류가 있었다는 주장이 제기되었다.

셋째로 활성 단층 지역, 특히 깊은 우물에서 대기로 방출되는 방사성 기체인 라돈 기체이다. (구)소련의 어떤 지역에서 지진이 발생하기 전에 라돈 기체의 농도가 현저히 증가했다는 보고가 있었다. 최근에는 1995년 고베 지진 발생 9일 전 진앙에서 30킬로미터 떨어진 곳에서 라돈 기체의 농도가 10배 증가했다는 결과가 발표되었다. 그러나 여러 지질 환경에서의 라돈 농도의 측정 자료가 부족해 이 현상이 순전히 지진에 의한 것인지 아니면 다른 원인에 의한 것인지 현재로서 입증하기 어려운 문제점이 있다.

넷째로 지진 발생 지역 암석의 전기 비저항 값의 변화이다. 실험실 측정에 의하면 물로 포화된 암석들의 전기 비저항 값이 암석의 파쇄 전에 뚜렷하게 감소하는 현상이 관측되었다. 이 현상을 단층 지역에서 검증하기 위한 실험이 (구)소련, 중국, 일본, 미국 등지에서의 수행되었고 실제로 지진 발생 전에 비저항이 감소하는 현상이 보고되기도 했다. 그러나 종종 사람들이 지하에 설치한 전기 시설에 의해 비저항 값이 큰 영향을 받으므로 순전히 암석의 비저항이 감소한 것인지를 가려내기 어려운 문제가 있다.

다섯째는 지진 활동의 변화로 지진 발생 전에 미소 지진들의 발생 빈도가 증가하는 현상이다. 예로서 1975년 랴오닝의 하이청을 들 수 있다. 다른 예로서 1976년 5월 6일 이탈리아 프리울리(Friuli) 지역에서 발생한 규모 6.5의 지진으로 965명이 사망한 후 이 지역의 여진을 관측해 왔다. 9월 초에 들어서 그 지역의 지진 발생 횟수가 현저히 증가함이 관측되었다. 이것을 근거로 해서 당국은 약한 건물에 사는 사람들은 다른 곳으로 옮기라고 경고했다. 9월 15일 규모 6.0의 강진이 발생해 많은 약한 건물들을 무너졌으나 사망자의 숫자는 극히 적었다. 그러나 중규모 내지 대규모 지진의 대략 40퍼센트만이 전진들을 갖는다.

한편 1960년대에 정립된 판구조론은 지진 예지 연구에 새로운 방향을 제시했다. 판구조론에 따르면 판 경계의 파쇄대에서 판들이 대략 일정한 속도로 움직임으로 대규모 지진들이 상당히 규칙적으로 발생하리라 예상할 수 있다. 따라서 최근에 지진이 발생한 구역은 상당히 오랜 기간 지진이 발생하지 않으리라 예상할 수 있다. 그러나 대규모 지진이 발생한 이후로 오랜 기간 지진이 발생하지 않은 지역에서는 지진이 발생하지 않는 시간이 증가할수록 다음 지진이 발생할 가능성이 더욱 높아진다고 볼 수 있다. 이례적으로 오랜 기간 조용한 판 경계의 구역을 지진 공백(seismic gap)이라고 한다.

많은 시간을 들여 전조 현상을 현장에서 조사하는 작업과는 달리 지진 공백을 찾는 것은 연구실에서도 할 수 있다. 전 세계의 지진대에서 지진들이 발생한 곳을 표시하면 발생하지 않은 지역이 나타나고 그 지역이 지진 공백이 된다. 지진 공백의 크기에 따라 예상되는 지진의 규모도 추정할 수 있다.

린 사이크스는 1971년 알래스카 해안을 따라 몇 개의 지진 공백을 지적했고 그중 하나인 싯카(Sitka)에서 1년 후 1972년 규모 7.6의 지진이 발생했다. (그림 11-4) 또한 1985년 칠레와 멕시코 서해의 섭입대에서 발생한 두 대규모 지진들은 지진 공백에서 발생했다. 그러나 지진 공백은 장기적으로 광범위한 지역에서 지진이 발생할 가능성을 지시

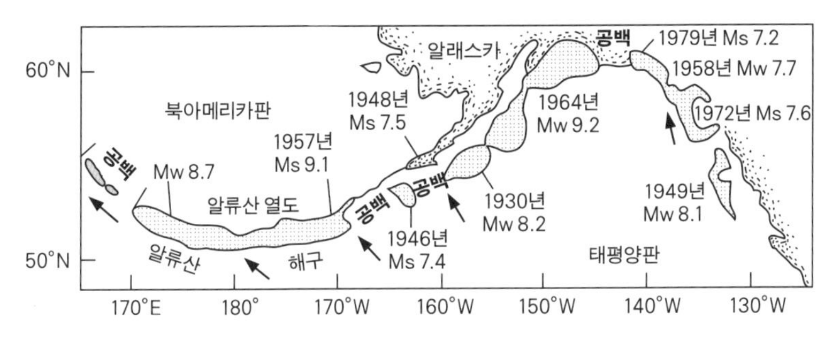

그림 11-4. 1930~1979년에 알래스카-알류산 지역의 대규모 지진에 의한 파쇄대(빗금으로 표시된 지역)와 지진 공백. 화살표는 판 사이의 상대 운동을 나타낸다.

할 뿐이고 지진이 발생할 장소와 시간을 구체적으로 예측하지는 못한다.

최근에 개발된 새로운 방법은 직접 단층을 트렌치해 홀로세에 발생한 주요 지진들을 확인하고 그 연대를 추적하는 것이다. 로스엔젤리스 북동쪽으로 50킬로미터쯤 떨어진 지역의 저지대에 우기에는 팰리트 크리크로부터 공급된 물에 의해 늪이 되는 부분을 샌앤드리어스 단층이 통과한다. 1975년 스탠퍼드 대학교의 대학원생인 케리 시는 이곳을 트렌치 조사한 결과 기원후 545년부터 지난 1,400여 년간 최소한 9개의 고지진들이 발생해 지층을 파열한 것을 발견했다. (그림 3-9) 각 지층의 연대는 그 지층에 포함된 식물들의 방사성 탄소의 양을 측정해 결정할 수 있다.

연대 측정의 결과 그중 가장 최근의 것은 1857년에 발생한 것으로 나타났으며 이 연도는 샌앤드리어스 단층 남부에서 발생한 가장 큰 지진인 수정 메르칼리 진도(MMI) 계급 X-XI의 포트 테혼(Fort Tejon) 지진이 발생한 해와 일치한다. 그러나 이 고지진들의 발생 간격은 거의 300년에서 55년에 걸치는 큰 폭을 가진다. 그 후 비슷한 연구들이 중국과 일본의 활성 단층에서 수행되었다. 이 방법으로 미래의 지진 발생 시기를 정확히 예측하기는 어렵다.

엄밀한 의미에서 지진 예지는 지진이 발생하기 수일 내지는 수년 전에 그 발생 지점, 시간 및 규모를 어떤 한계 내에서 지정하는 것을 의미한다. 지난 수십 년 동안 미국, 일본, 러시아, 중국에서 지진을 예지하는 방법을 찾으려고 많은 노력을 했으나 지금까지 그 결과는 실망스러운 것이었다. 비록 몇 번의 지진 예지가 부분적으로 성공한 경우가 있었으나 신뢰할 만한 지진 예지가 가능하다는 확신을 가질 수는 없었다.

지진 예지가 어려운 이유는 지구 내부에 존재하는 복잡한 활성 단층의 구조와 이에 작용하는 응력의 분포를 정확하게 파악하기 어렵기 때문이다. 이 문제를 지하가 아니라 지표에서 지질 조사나 지구 물리 관측을 통해 해결해야 하기 때문에 어려운 것이다. 일기 예보의 경우는 대기 중에 여러 관측 기구를 띄워 기압, 온도, 풍향, 풍속, 습도 등을 직접 측정할 수 있으나 지진 예지의 경우는 지구 내부에 관측 기구를 설치하는 것이 어렵다. 뿐만 아니라 단층에서 시작한 작은 규모의 파열이 확대되어 지진으로 발달하는 지진 발생 메커니즘에 대한 불충분한 이해도 지진 예지를 어렵게 만들고 있다.

믿을 만한 전조 현상을 찾는 데 실패한 좌절감을 어떤 지진학자는 다음과 같이 말했다. "지진을 예지하기는 어렵다. 특히 발생하기 전에는." 대부분의 지진학자들은 지진 예지가 지진학에서 가장 위대한 성취가 될지는 몰라도 그것이 아주 먼 후의 일이거나 아니면 불가능한 것으로 생각하고 있다. 그럼에도 불구하고 그것이 가지는 엄청난 경제적, 사회적 이익 때문에 지진 예지에 대한 연구는 지속될 가능성이 높다.

유도 지진으로 지진 발생을 통제한다

지진 예지의 경제적, 사회적 중요성과 관련하여 지진 발생이 예상되는 지역에서 인공적으로 지진 발생을 유도할 수 있는가 하는 문제가 제기되고는 한다. 역사적 사례를 살펴보자. 미국 콜로라도 주 덴버 시 근처에서 가끔 지진들이 발생하곤 했지만 전반적으로 그 지역의 지진 활동은 낮은 편이었다. 그러나 그 지역에서 1962년 4월부터 갑자기 지진들이 발생하기 시작해 규모 0.7에서 4.3에 이르는 지진들이 수년간 지속했다. 대부분의 지진들은 덴버 북서쪽에 있는 미국 육군의 무기를 만들고 있던 한 병기고에서 8킬로미터 거리 안에서 발생했다. 무기를 만드는 과정에서 발생하는 부산물의 하나는 오염된 물이었고 처음에는 지표 저장소에서 증발시켰다. 그러나 1961년에 육군은 더욱 환경 친화적인 처리 방식을 채택했다. 즉 깊이 3,670미터까지 굴착한 깊은 우물 속에 이 폐수를 부어 넣기로 한 것이다. 이 작업은 1962년 3월부터 1963년 9월까지 진행되었다가 1년간 중단된 후 다시 1964년 9월부터 재개되어 1965년 9월까지 진행되었다. 그 후로 지진들이 발생했다. 주민들이 폐수를 우물 속에 부어 넣어서 지진이 발생했을지 모른다고 불평해 마침내 이 작업은 중단되었다.

지진과 폐수 유입의 상관 관계를 조사한 결과 실제로 폐수의 유입량과 지진 발생의 빈도 사이에 강한 상관 관계가 발견되었다. 즉 1963년 초에 지진 발생 빈도가 높았다가 1964년에 급격히 감소했으며 다시 폐수의 유입량이 최대에 이른 1965년에 많은 지진들이 발생했다. 이 현상은 우물에 유입된 폐수가 지하 단층의 갈라진 틈에 스며들어 암석의 전단 강도를 감소시켜 지진이 발생한 것으로 설명한다. 그러나 그때 이미 그 지역의 지각에 오랜 기간 응력이 축적되어 지진이 쉽게 발생할 수 있는 조건이 형성되어 있었다.

덴버의 이 현상은 우연히 발견되었지만 계획된 실험으로 확인되었다. 1969년 미국 지질 조사소(U. S. Geological Survey)는 콜로라도의 랭리(Rangley) 유전의 유정들 속에 물을 규칙적으로 유입하거나 뿜어내는 실험을 했다. 동시에 지진계들을 주위에 설치해 국지 지진들을 측정했다. 그 결과 유입된 물의 양과 지진 활동과의 뚜렷한 상관 관계가 밝혀졌다. (그림 11-5) 저수 압력(reservoir pressure)이 제곱인치당 3,700파운드에 이르면 지진 활동이 증가했다. 물을 빼내 압력이 감소하면 지진 활동이 감소했다. 이 실험 전에도 이 지역에서 작은 규모의 지진들이 발생하고 있었으며 이는 이 지역에 상당한 구조력이 작용하고 있었음을 시사한다. 그러한 상태에서 유정으로부터 물이 단층으로 침투한 것이다.

덴버와 랭리에서의 실험은 지각의 단층에서 갑작스러운 파쇄가 일어나 지진이 발생하는 데 물이 결정적인 역할을 하고 있음을 보여 주었다. 이 현상은 지진의 발생을 인공적으로 통제할 가능성을 시사하고 있다. 방법으로는 지진 발생이 특히 우려스러운 지역에 깊은 시추공을 파고 물을 부어넣는 것이다. 이리해 작은 규모의 지진들이 많이

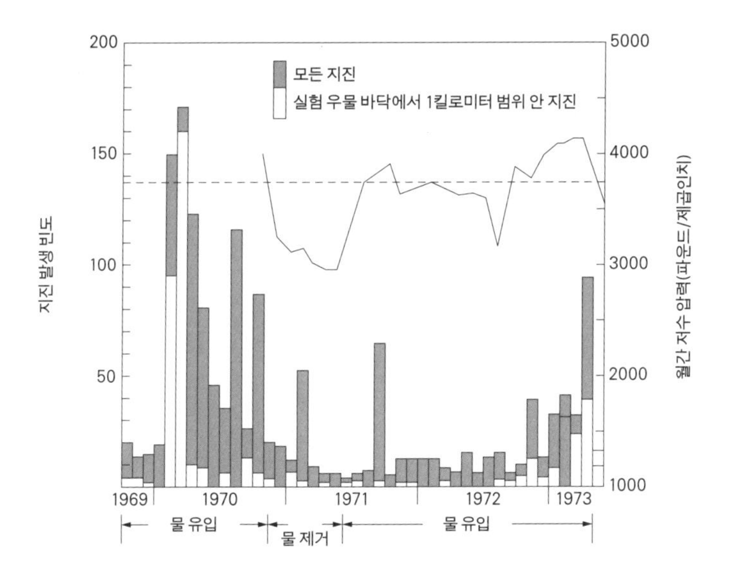

그림 11-5. 콜로라도 주 랭리 유전에서 유정에 물을 교대로 유입하고 빼낼 때의 지진 발생 빈도. 저수 압력은 실선으로 표시되어 있다. 지진을 촉발하는 데 필요한 압력은 3700파운드/제곱인치(점선으로 표시되어 있다.)이다. 이 압력 이하에서 발생하는 지진들은 자연적으로 발생하는 것들이다. 수직 막대는 월별 지진 발생 빈도를 나타낸다.

발생하게 되면 그 지역에 축적된 응력 에너지를 감소시켜 대규모의 지진이 발생할 가능성을 줄일 수 있을 것이라는 아이디어이다. 그러나 대규모 활성 단층대에서 이 방법의 적용은 오히려 대규모 지진을 유발할 수 있는 위험성도 있다.

12장

만약에 지진이 일어난다면

지진 재해 대응

일생의 가장 중요한 문제들은, 대부분의 경우,

실제로 확률의 문제일 뿐이다.

—마르키 드 라플라스

지진에는 두 가지 측면이 있다. 즉 지진은 우리가 살고 있는 지구 내부의 구조와 그 속에서 진행되는 지구 동역학적 과정에 관한 정보를 제공하지만 동시에 건조물을 파괴하고 인명을 살상하는 지진 재해를 불러오기도 한다. 규모 6.0 이상의 강진들은 전 세계적으로 매년 100회 이상 발생하고 있다. 이것은 3일마다 한 번씩 발생하는 셈이다. 또 규모 7.0 이상의 지진들도 대략 20회 발생한다. 이로 인해 매년 전 세계에서 막대한 인명과 재산 피해가 발생한다. 그런데 지진 자체로 희생되는 사람은 적다. 대부분의 사상자는 약한 집이나 건물 들이 무너져 발생했다.

태풍, 화산, 홍수 등 다른 자연 재난의 경우와 마찬가지로 지진의 피해를 완전히 제거할 수는 없다. 지진 재해를 감소시키는 가장 효과적인 대책은 지진 예지라고 할 수 있다. 그러나 지진 예지는 그 실현 전망이 현재로서는 매우 어둡다고 할 수 있다. 그러나 지진학과 공학이 협력해 지진 재해를 감소시킬 수 있다.

지진으로 인한 피해를 평가할 때 지진 재해(seismic hazard)와 지진 위험(seismic risk)을 구분할 필요가 있다. 그러나 아직까지 전문가들도 이것을 명확히 구분하지 않고 사용하고 있는 경우가 있다. 지진 재해는 어느 특정 지점에 장기간에 걸쳐 예상되는 지반 진동과 지면 교란(지면 파열과 액상화)의 강도로 기술한다. 지진 재해는 그 지점과 주변 활성 단층까지의 거리, 그리고 활성 단층에서 발생 가능한 최대 규모의 지진에 의존하고 보통 지진 재해도(seismic hazard map)로 나타낸다.

반면에 지진 위험은 특정 지역(예를 들어 도시나 도)에서 장기간 예상되는 지진으로 인한 피해를 기술한다. 지진 위험은 지진 재해뿐만 아니라 두 가지 추가 요소에 의존한다. 즉 지진 피해에 대한 그 지역의 노출(인구, 건물 수, 산업 기반 시설)과 허약성(지반 진동에 대한 건물의 취약성)에 영향을 받는다. 지진 위험은 연간 피해 금액으로 나타낼 수 있다. 수많은 지질학적 및 경제적 변수가 고려되어야 하므로 지진 위험의 평가는 매우 복잡한 문제이다.

지진학 및 지질학적 정보로부터 특정 지점에서 예상되는 지진 재해를 평가하는 작업을 지진 재해 분석(seismic hazard analysis)이라고 한다. 지진 재해가 결정되면 그 재해에 견딜 수 있도록 가옥, 공장, 학교, 병원, 교량, 댐, 철도, 발전소 등 각종 건조물의 설계를 연구하는 분야가 지진 공학(earthquake engineering)이다.

지진 공학의 지진 재해 분석

지진 재해 분석에는 두 가지 방법이 있다. 첫째는 결정론적 방법(deterministic method)이고 둘째는 확률론적 방법(probabilistic method)이다. 결정론적 방법은 진도나 최대 지반 가속도 등 지진 재해를 지시하는 변수를 하나의 수치로 제시하는 것이고, 확률론적 방법은 일정 기간에 예상되는 여러 수치에 대한 확률로서 제시한다.

지진 재해 분석에 영향을 주는 가장 중요한 요소는 지진원과 지반 진동 감쇠식(ground motion attenuation relationship)이다. 지진원은 크게 선형 지진원(line source)과 면적 지진원(area source)으로 구분할 수 있다. (그림 12-1) 지진은 활성 단층에서 발생하므로 이 단층들이 선형 지진원이 된다. 만약 특정 지역에서 활성 단층들의 확인이 불가능하면 그 지역을 면적 지진원으로 취급한다.

지진원이 결정되면 그 지진원에 해당하는 최대 지진(maximum earrthquake)을 평가한다. 최대 지진은 그 지진원에서 발생 가능한 최대 규모의 지진이 된다. 활성 단층의 경우 최대 지진의 평가는 단층의 길이나 오프셋과 규모의 상관 관계에 관한 경험식들이 이용되기도 한다. 예컨대 1983년 양산 단층이 활성 단층임을 밝힌 필자의 논문에서 단층의 길이와 규모를 연관 지은 경험식을 이용해 170킬로미터의 양산 단층에서 일어날 수 있는 최대 지진의 규모를 7.8로 평가한 바 있다. 그러나 이런 대규모의 지진이 발생할 가능성은 매우 낮다. 왜냐하면 양산 단층이 1991년 필자의 양산 단층의 구역화에 관한 논문에서 시사한 바와 같이 몇 개의 더 작은 길이의 구역(segment)으로 나뉘어 있기 때문이다.

면적 지진원의 경우 최대 지진의 평가는 더 어렵다. 보통 그 면적 지진원에서 발생한 최대 규모의 역사 지진이나 그보다 조금 더 큰 규모의 지진으로 추정한다. 지진 재해 평가 대상의 부지(site)가 단층선상이나 면적 지진원 내부에 위치할 때, 그 부지에서 예상되는 최대 지반 진동은 그 단층이나 면적 지진원의 최대 지진에 해당하는 진동이 된다. 그러나 만약 부지가 단층이나 면적 지진원에서 일정한 거리에 떨어진 곳에 위치한다면 최대 지진에 의한 지반 진동이 평가 부지에 도달할 때 감소되는 현상이 고려되어야 한다. (그림 12-1) 지반 진동을 나타내는 진도나 가속도, 속도 등의 거리에 대한 감쇠 곡선은 규모에 따라 다르다. 그림 12-2는 판 내부에서 발생하는 규모 5와 7의 지진들의 가속도 감쇠 곡선을 보여 준다.

각 지진원의 최대 지진과 부지까지의 거리가 결정되면 그 지진에 의한 부지에서의 지반 진동의 수준을 그림 12-2에서 볼 수 있는 감쇠 곡선을 이용해 결정할 수 있다. 이때 보통 부지와 지진원과의 최단 거리가 적용된다. 이렇게 각 지진원에 대해 결정된 지반 진동의 값들 중에서 최댓값이 결정론적 방법에 의해 평가된 그 부지에서의 지진 재해이다.

확률론적인 지진 재해 분석 방법은 1968년 스탠퍼드 대학교의 지진 공학자 앨린 코넬(C. Allin Cornell) 교수에 의해 최초로 제시되었다. (그림 12-3) 이 방법은 부지의 지진 재해를 단 하나의 지반 진동의

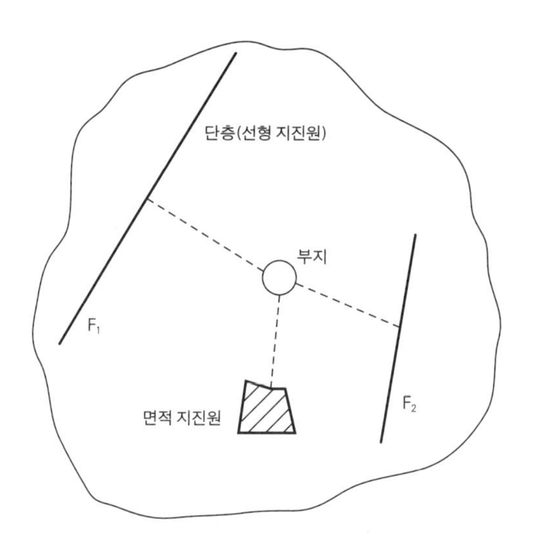

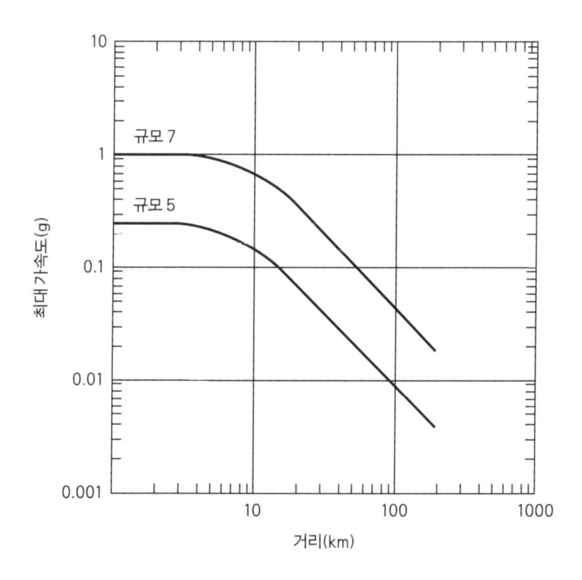

그림 12-1. 위. 선형 지진원 및 면적 지진원. **그림 12-2.** 아래. 규모 5와 7 지진에 의한 최대 지면 가속도의 거리에 따른 감쇠 현상. 중력 가속도 g 값은 980센티미터/제곱초이다. 이 감쇠 곡선은 판 내부 지진들에 적용된다.

그림 12-3. C. 앨린 코넬. 스탠퍼드 대학교 교수. 확률론적 지진 재해 분석 방법을 개발했다.

수치로 나타내는 것이 아니고 일정 기간에 정해진 범위의 연속적인 지반 진동의 값이 나타날 확률로 나타낸다.

결정론적 방법에서는 각 지진원에서 발생하는 최대 지진만을 고려함에 반해 확률론적 지진 재해 평가에서는 규모의 상한치(upper bound)와 하한치(lower bound)를 정하고 그 범위 안의 모든 지진들을 고려한다. 상한치로서는 최대 지진 그리고 하한치로 건조물에 큰 손상을 주지 않는, 예를 들어 규모 5.0 정도의 지진을 상정한다. 일정한 기간 안에 일정 규모 범위의 지진들이 발생할 확률은 규모-진도의 관계식(보론 「지진의 물리학 특강」 VIII 참조)에서 결정할 수 있다.

일정 기간에 지진의 규모와 빈도의 일반적인 관계식은 다음과 같이 주어진다.

$$\log N = a - b M \qquad \text{(식 12-1)}$$

식 12-1에 따르면 특정 지역 지진의 상한치와 하한치의 발생 횟수를 각기 N(u) 및, N(l)이라 할 때, 규모 M_1-M_2 범위의 지진들이 발생할 확률은 이 지진들의 발생 횟수를 각기 N(1)과 N(2)라 할 때 {N(1)-N(2)}/{N(l)-N(u)}가 된다.

확률론적 지진 재해 분석에서 지진원은 결정론적 방법과 마찬가지로 선 지진원과 면적 지진원으로 이루어진다. 결정론적 방법에서 오직 최대 규모의 지진만 고려됨에 반해 확률론적 방법에서는 상한치와 하한치 사이의 모든 규모의 지진들을 고려한다. 각 지진원의 지진 활동은 균일해 모든 지점에서 상한치와 하한치 범위의 모든 규모의 지진들이 같은 규모-빈도 관계식에서 규정되는 확률로 발생한다고 가정한다. 결정론적 방법에서는 지진원과 부지 사이의 가장 짧은 거리에만 지반 진동의 감쇠가 고려됨에 비해 확률론적 방법에서는 지진원의 모든 지점과 부지 사이의 거리가 고려된다.

확률론적 지진 재해는 일정한 기간에 각 지진원의 모든 지점에서 발생하는 상한치와 하한치 범위의 모든 지진들에 의한 지반 진동이 감쇠되어 부지에 작용하는 지반 진동을 전 지진원에 통합해 그 결과가 특정 수준을 초과하는 확률로서 나타낸다.

특정 지역의 지진 재해 분석의 결과는 지진 구역도(seismic zoning map) 또는 지진 재해도(seismic hazard map)로 나타낸다. 지진 구역도는 대상 지역의 각 지점에서 예상되는 지진 재해의 척도, 즉 진도나 지반 진동의 수준을 등고선으로 구획한다. 초기의 지진 구역도는 지질 구조, 제4기 단층, 역사 지진 및 계기 지진 자료를 이용해 결정론적 방법으로 작성되었다. 그림 12-4는 미국의 지진 구역도를 보여 준다. 각 지점에서의 지진 재해를 최대 진도로 표시한 것으로 이는 결정론적인 방법의 의한 지진 구역도이다. 최근에는 거의 모든 지진 재해 분석이 확률론적 방법에 의해 수행된다. 그림 12-5는 확률론적 방법에 의해 작성된 미국의 지진 재해도이다.

지진 재해 분석에서 제기되는 중요한 문제는 불확실성(uncertainty)

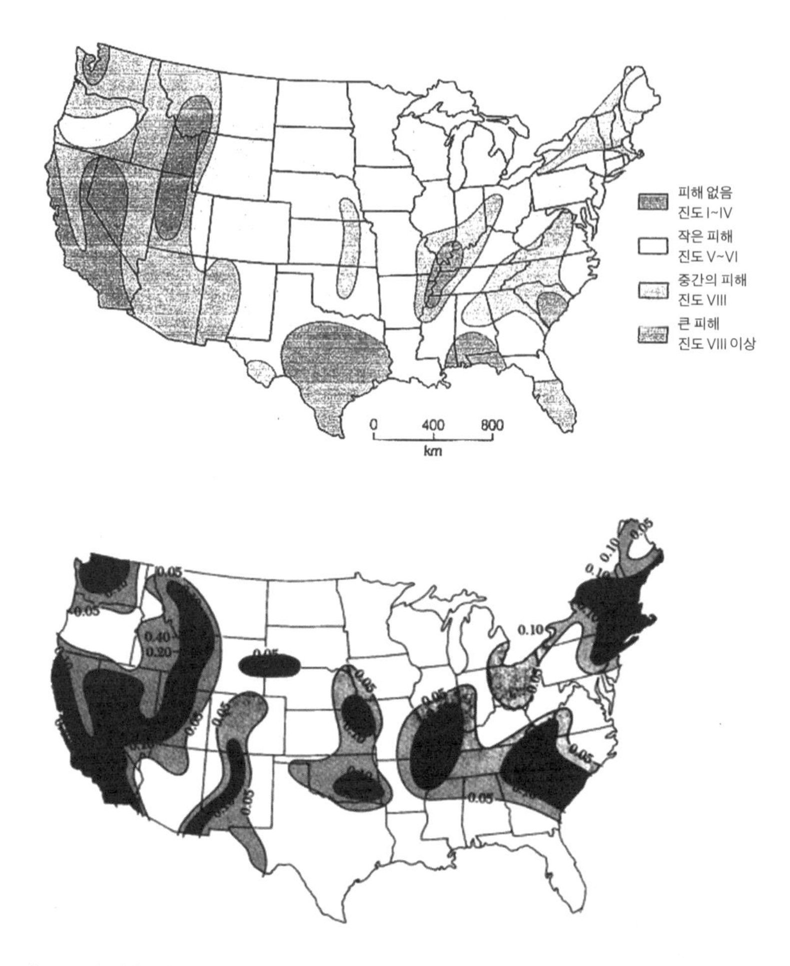

그림 12-4. 위. 결정론적 방법에 의한 미국의 지진 구역도. **그림 12-5.** 아래. 확률론적 방법에 의한 미국 지진 재해도. 등고선은 50년 기간에 초과할 확률 10퍼센트로 예상되는 최대 지반 가속도를 중력 가속도(980센티미터/제곱 초)의 소수(decimal fraction)로 나타낸다.

이다. 즉 분석에 사용되는 자료와 경험 관계식들을 얼마나 신뢰할 수 있는가에 대한 의문이다. 예로서 지진원, 최대 규모, 규모-빈도 관계식, 감쇠 공식들이 과연 얼마나 정확한가의 문제이다. 이 문제를 해결하는 방법의 하나가 논리 수목(logic tree) 방법이다.

논리 수목에서는 지진 재해 분석의 모든 과정에서 그 과정에 관여하는 자료나 경험식들에 여러 대안을 제시하고 전문가들이 그 대안들의 적합성에 가중치(weight)를 주고 가중치의 합이 1.0이 되도록 한다. 전 과정은 마치 한 나무에 여러 가지가 있고 그 가지들에 다시 여러 개의 더 작은 나뭇가지가 생기는 것처럼 전개된다. 마지막의 나뭇가지들에 지진 재해 값들이 주어지고 그 값들의 적합성은 각 과정의 가중치의 곱으로 나타난다. 최종의 결과는 마지막 단계의 지진 재해 값들에 해당하는 가중치를 곱해 합한다. 이 방법은 지진 재해 분석에 내재하는 불확실성을 전문가들의 판단에 의해 모두 수용해 해결한다.

그림 12-6은 한반도의 확률론적 지진 재해도이다. 이 지진 재해도 작성에 한반도의 역사 및 계기 지진 자료가 사용되고 논리 수목의 방법이 적용되었다.

지진에서 살아남기 위한 내진 빌딩 코드

지진 구역도는 건축물 내진 설계 기준 또는 내진 빌딩 코드(seismic building code)를 작성하는 데 이용된다. 지진에 의한 지반 진동의 피해는 건조물의 적절한 내진 설계에 의해 가장 효과적으로 감소시킬 수가 있다. 새로운 건조물의 설계와 시공은 정부가 법령으로 정하는 빌딩 코드에 따른다. 빌딩 코드는 지진으로 인해 예상되는 최대 지반 진동을 고려해 건조물이 견딜 수 있는 진동의 수준을 규정한다. 1983~2001년에 전 세계적으로 지진에 의해 약 16만 명이 사망했으

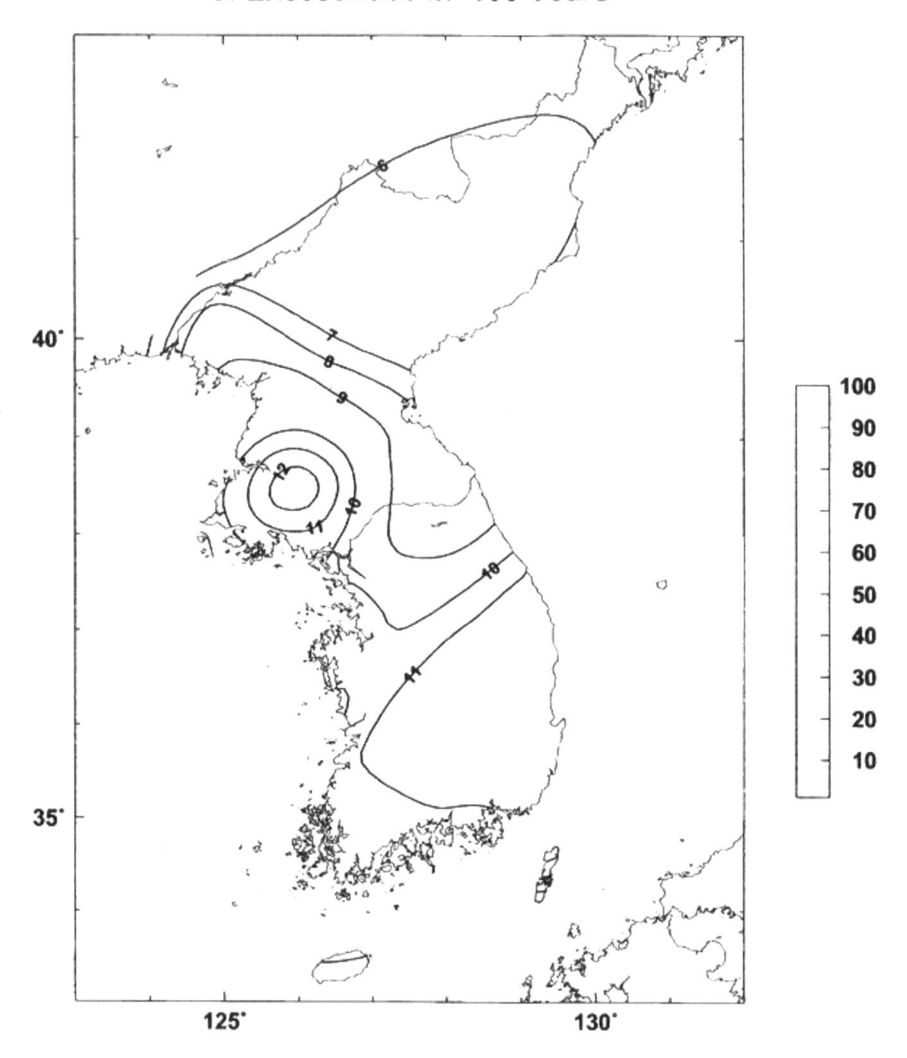

그림 12-6. 확률론적 방법에 의한 한반도의 지진 재해도. 등고선은 100년 기간에 초과할 확률 10퍼센트로 예상되는 최대 지반 가속도를 중력 가속도(980센티미터/제곱 초의 백분율로 표시했다.

나 빌딩 코드에 따라 내진 설계를 한 미국 서부에서는 단지 129명이 사망했다.

내진 빌딩 코드의 취지는 지진에 전혀 손상을 입지 않는 것이 아니라 지진을 견딜 수 있는 건조물을 만드는 데에 있다. 빌딩 코드는 지진에 의해 건조물이 붕괴되는 것을 예방해 그 안에 있는 사람들을 보호하는 것을 목표로 한다. 빌딩 코드에 따라 지은 건물은 작은 규모의 지진에는 손상을 입지 않고, 중규모의 지진에는 큰 구조적 손상을 입지 않고, 강진에도 붕괴되지 않아야 한다.

대부분의 보통 건조물은 빌딩 코드의 지침에 따라 구조상의 손상을 최소화하도록 내진 설계한다. 그러나 대규모 댐, 교량, 고가 도로, 해양 석유 시추 시설, 고층 건물, 원자력 발전소 등은 지진 발생 후에도 그 기능이 유지되도록 더 전문적인 내진 설계가 필요하다. 특히 원자력 발전소를 포함해 발전소는 운전자나 대중에 위해를 주지 않고 지속적으로 전력을 공급할 수 있도록 설계되어야 한다. 병원은 지진 발생 후 부상자들의 치료를 담당할 수 있어야 하고, 학교는 많은 학생들이 밀집해 있으므로 특별한 고려가 요구된다.

특정한 부지의 지반 진동에 고려해야 할 중요한 사항이 부지 효과(site effect)이다. 부지 효과는 부지의 지질 조건에 따라 지반 진동이 크게 영향을 받는 현상을 말한다. 지반 진동은 최근에 쌓인 퇴적물이나 인공 매립지 같은 연역한 토양층에서, 특히 이 층들이 침수되었다면, 견고한 암반에 비해 몇 배나 더 증폭된다. (그림 12-7) 빠른 속도로 기반암을 통과한 지진파가 낮은 속도의 지표 토양층에 도달하면 운동 에너지를 보존하기 위해서 그 진폭이 증대하게 된다. 그러나 이 효과는 지진파의 에너지가 기반암에 비해 토양층에서 더 많이 흡수되므로 부분적으로 상쇄된다. 또 지진파의 주기가 특수한 값을 가질 때 토양층이 공명해 그 진폭이 증대하는 현상도 발생한다. S파의 속도를 V_s라 할 때 두께가 H인 토양층은 주기 $4H/V_s$인 S파에 의해 공명이 일어난다. 부지 효과에 의해 심한 경우 진도의 평가에 3 단위의 차이가 나기도 한다.

지진이 발생하면 지반 진동으로 건조물이 흔들려 무너지고 물체들이 낙하해 인명 피해가 발생한다. 이러한 까닭으로 지진 재해가 날 때마다 "사람을 죽이는 것은 지진이 아니고 건물이다." 하는 말이 나오는 것이다. 대체로 유연한 목재 건물이 벽돌이나 석재로 만든 건물보

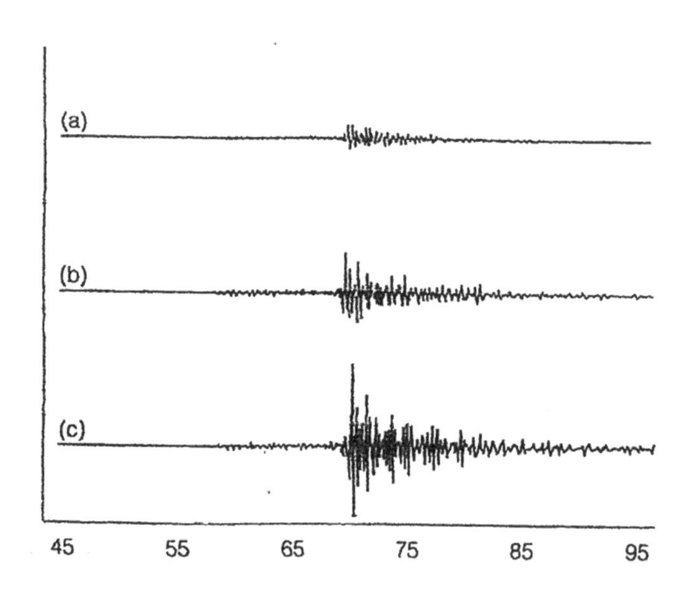

그림 12-7. 다른 지질 환경에서 기록된 규모 4.1 지진의 지진파 기록. (a) 견고한 기반암, (b) 하천 충적토 (c) 진흙 매립지.

다 지진에 대해 더 안전하다. 내진 빌딩 코드가 없을 때 지어진 오래된 석조 건물이 특히 위험하다. 벽돌로 만든 건물도 강철로 적절히 보강하면 훨씬 안전해질 수 있다. 단단한 기반 위에 빌딩 코드에 따라 설계되고 지어진 건물들이 지진에 잘 견딘다.

지반 진동은 여러 가지 요소, 즉 지진의 크기와 진앙 거리, 건물과 그 하부 토양층의 특성에 의존한다. 지진 공학자들은 지반 진동의 특성, 즉 그 주기, 진폭, 가속도, 지속 기간 등을 알아 내진 설계를 한다. 특히 가속도는 건물에 힘으로 작용해 파손을 일으키므로 지진 공학에서 중요하게 취급된다. 지면 가속도를 측정하기 위해 설계된 특수한 지진계가 가속도계이다. 최대 가속도에 못지않게 건조물에 피해를 주는 중요한 요소는 강진의 지속 기간이다. 실제로 건조물의 전반적인 손상은 최대 가속도보다 강진의 지속 기간에 더 밀접하게 연관되어 있다.

현재 전 세계적으로 지진이 많이 발생하는 지역에는 조밀한 가속도계 관측망을 설치해 내진 설계에 필요한 정보를 수집하고 있다. 가속도계는 평상시는 작동하지 않으나 지진이 발생해 지반 진동이 일정한 수준을 초과할 때 작동한다. 가속도계를 지면과 건조물의 여러 지점에 설치해 지진에 의한 지면과 건조물 여러 지점의 반응을 측정한다.

건조물은 대개 그 자체와 그 안에 포함된 내용물의 수직적 무게를 견디도록 설계된다. 그러나 지진이 발생하면 전단파와 표면파에 의해 지면이 수평으로도 진동하게 됨에 따라 복잡한 수평 응력이 건물 전체에 작용한다. 따라서 내진 설계를 할 때 이 수평력에 대한 반응이 최우선으로 고려되어야 한다. 이 수평력은 지진파가 통과할 때 크기,

방향과 주기가 변하며 이에 대한 건조물의 반응은 매우 복잡하다. 건조물의 내진 설계는 건조물이 그 지역의 지진으로 인해 가능한 최대 수평 가속도를 견딜 수 있도록 하는 데 목표를 둔다.

내진 설계에서 고려되어야 할 중요한 사항의 하나는 지진파로 인해 건조물에 공명이 발생하는 현상이다. 지진에 의한 강한 지반 진동은 주기 0.2~2초의 범위에서 발생한다. 빌딩의 고유 진동 주기(natural period of vibration)가 지진파의 주기와 같을 경우 공명이 발생한다. 저층 빌딩은 짧은 주기(0.05~0.1초)의 고유 진동 주기를 갖고 고층 빌딩은 더 긴 고유 진동 주기(1~2초)를 갖는다. 진앙 근처에서 단주기 지진파가 우세하며 따라서 가옥 등 저층 건물이 광범한 피해를 입는다. 반면에 진앙에서 멀어질수록 단주기 지진파는 지층에 흡수되어 장주기파가 우세하게 되고 고층 빌딩의 피해가 증대한다.

1985년 규모 7.9의 지진이 멕시코 서해안의 섭입대에서 발생했다. 이 지진으로 진앙에서 350킬로미터 떨어진 멕시코시티의 단단한 기반암 위에 세운 건조물은 별 피해를 입지 않았다. 그러나 시 중심부 옛 호수에 모래와 점토가 퇴적되어 뭍이 된 지역에 위치한 건물들은 크게 파손되었다. 그 이유는 진앙으로부터 전파된 대략 2초 주기의 표면파로 인해 이 퇴적물에 공명이 발생해 진폭이 크게 증대했기 때문이다. 이 공명은 또 고유 진동 주기가 1~2초인 이 지역의 10~14층의 건물들의 진동을 다시 증폭시켜 큰 피해를 입혔다. 그러나 이 지역에 있는 더 낮은 건물과 더 높은 건물들의 대부분은 구조적 손상을 입지 않았다.

1960년대 이후로 강진계로부터 중요한 관측 자료가 축적되어 지진에 대한 이해가 증대하고 또 고성능 컴퓨터를 사용해 건조물의 반응을 더 잘 분석할 수 있게 됨에 따라 내진 설계 기법이 크게 개선되었다. 그 결과로 최근에는 새로운 내진 설계 기법에 따라 설계된 건조물들의 손상을 크게 줄일 수 있게 되었다. 지진 재해는 새 건조물의 설계와 시공에 최신 내진 설계 기법을 적용하고 옛 건조물을 지진에 더 잘 저항할 수 있도록 개량함으로써 경감될 수 있다. 그러나 기존 건물을 개량하는 데에는 처음 시공할 때 내진 설계를 하는 것에 비해 훨씬 더 많은 비용이 소요된다.

지진 공학자들이 내진 설계의 효과를 실제 지진에서 검증하기 위해서는 오랜 기간을 기다려야 한다. 이러한 이유로 강진이 발생하면 세계 여러 나라에서 지진 공학자들이 지진의 피해를 받은 지역으로 몰려들어 각 건물들이 파괴된 이유, 그리고 더욱 중요하게 파괴되지 않은 이유를 찾아낸다. 일부가 파손된 건물은 내진 설계의 개선에 필요한 단서를 제공한다. 지진 공학자들은 강진이 발생할 때마다 조금씩 지진으로부터 인류의 재산과 생명을 보호할 수 있는 방법을 배우게 된다.

지진의 조기 경보 시스템

최근에 지진 재해 대책의 하나로 주목을 끌고 있는 분야가 조기 경보(early warning)이다. 지진 재해 대응에 가장 효과적인 지진 예보가 현실적으로 거의 불가능하기 때문에 지진 발생 시 이를 조기에 통보해 지진으로 인한 피해를 줄이자는 것이 조기 경보의 목적이다. 현

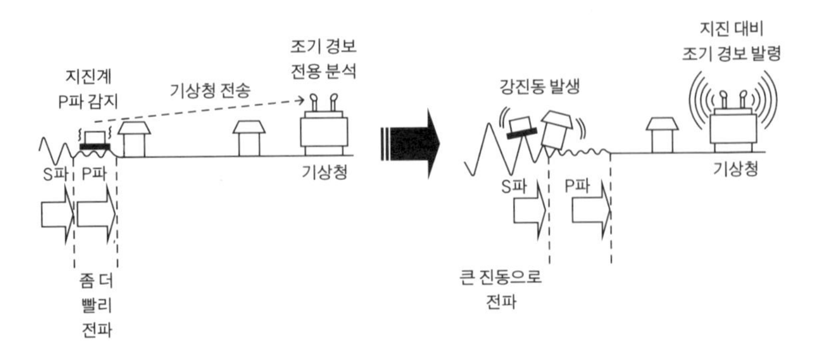

그림 12-8. 조기 경보의 원리. 좀 더 빨리 전파되는 P파를 감지해 기상청에 알려 조기 경보가 발령될 수 있도록 한다.

재 우리나라 기상청은 지진 발생 후 2분 이내에 지진 속보를, 5분 이내에 지진 통보를 제공하고 있다. 조기 경보는 지진 발생 후 가능한 빠른 시간에 이를 통보해 고속 전철, 병원, 정밀 산업 시설의 인명 및 시설물 피해를 줄이자는 취지이다. 지진 조기 경보는 신속한 지진 정보 제공이 목적이기 때문에 지진 발생 시각 및 진앙, 규모 등이 지진 통보 결과와 차이가 나타날 수 있다.

조기 경보의 원리는 그림 12-8에 설명되어 있다. 지진 발생 시 진원으로부터 P파와 S파가 사방으로 전파하는데 P파의 속도가 크므로 S파보다 먼저 도달한다. 그러나 지진동의 진폭은 S파가 P파보다 커서 지진으로 인한 피해는 주로 S파에 의해서 발생한다. 지진 발생 시 진앙 주위에 있는 1~3번 관측소에서 10초 이내에 관측된 P파를 기상청에 전송하면 이를 분석해 피해를 주는 S파의 도달 시간과 강진동에 관한 조기 경보를 발표한다. 현재 우리나라 기상청은 2020년까지 10초 내 조기 경보 완성을 목표로 전국적으로 지진 관측망을 314개소로 확충하고 있다. 그리고 우리나라 지진 환경에 맞는 조기 경보 기술을 개발하고 있다.

지진이 발생하면 당황하지 않고 침착하게 처신해야 한다. 지진은 강한 지면 진동이지만 1분 내에, 종종 15초 안에 끝남을 기억해야 한다. 이 짧은 시간에 재치 있게 행동하면 부상을 피할 수 있다.

만약 공터나 도로 위의 차 안에 있다면 비록 강진이 발생해도 별로 걱정할 필요가 없다. 집안에 있다면 진동이 시작하면 방안에 있는 가장 튼튼한 구조물, 즉 단단한 책상이나 의자 또는 출입구 밑으로 피해야 한다. 그러면 가벼운 내부 시설이나 천장이 떨어지는 것으로부터 몸을 보호할 수 있다. 가능한 한 빨리 건물에서 빠져나와야 한다. 왜냐하면 건물이 파손되었을지도 모르고 또 곧 여진이 발생해 약해진 건물을 무너뜨릴 수 있기 때문이다. 지진이 시작했을 때 거리에 있다면 거리의 중심으로 이동해 깨어진 유리나 빌딩 벽이 떨어지는 것을 피해야 한다.

집이나 아파트에 사는 사람들은 실내에 쉽게 접근할 수 있는 곳에 소화기를 두어 불이 나면 곧 끌 수 있어야 한다. 또 수도관이 파손될 경우에 대비해 마시거나 응급 처치에 필요한 물을 준비해야 한다. 밤에 갑자기 전기가 나가는 수가 있기 때문에 손전등은 항상 준비해야 한다. 부상을 입을 경우에 대비해 의료 구급 상자를 구비해야 한다. 가스히터가 뒤집혀지거나 가스관이 파손되어 불과 폭발을 일어날 수 있음으로 가스관의 밸브를 잠가야 한다. 또 지진 피해의 정도와 범위에 대한 정보를 들을 수 있도록 전지 라디오가 집에 있어야 한다.

우리나라와 같이 지진이 자주 발생하지 않는 지역에서는 주민들이 지진 재해에 대한 정확한 인식을 갖고 일단 지진이 발생했을 때 대처하는 요령에 대해 잘 아는 것이 매우 중요하다.

보론

—

지진의 물리학 특강

—

Ⅰ
단층면해

Ⅱ
지진파의 속도

Ⅲ
지진파 도달 시간과 진앙 거리

Ⅳ
스넬의 법칙

Ⅴ
주시 곡선과 지구 내부 구조

Ⅵ
표면파 분산 분석

Ⅶ
지진 모멘트

Ⅷ
규모-빈도 관계식

○ 지진의 물리학 특강 I ○

단층면해

지진 발생 메커니즘 또는 진원 메커니즘을 설명하는 탄생 반발 모형을 좀더 구체적으로 살펴보자. 그림 I-1에서 FF′는 단층이고 AA′는 진원에서 단층면에 수직인 평면이다. 진원에서 실선의 화살표로 표시되는 응력이 단층면에 작용한다면 I 구역에 있는 사람이 느끼는 초동은 진앙에서 밀려나는 것이고 이것을 압축(compression)이라고 한다. 이처럼 한 면에 평행하게 같은 크기로 서로 반대 방향으로 작용하는 한 쌍의 응력을 우력(couple)이라 부른다. III 구역에도 압축이 발생한다. 반면에 II 구역이나 IV 구역에 위치한 사람은 진앙으로 끌려가는 느낌을 갖게 되며 이를 팽창(dilatation)이라 한다. 이렇게 해 진앙 주위의 관측소에서 관측되는 지진파의 초동은 진앙을 중심으로 해 압축과 팽창이 교대하는 네 구역으로 나눌 수 있다. 압축과 팽창을 구분하는 서로 직교하는 한 쌍의 면 FF′와 AA′를 절면(nodal plane)이라 한다. 지진학의 이론에 따르면 초동의 크기는 절면과 45도 각도를 이루는 평면에서 최대이고 양쪽으로 점차 감소해 절면에서

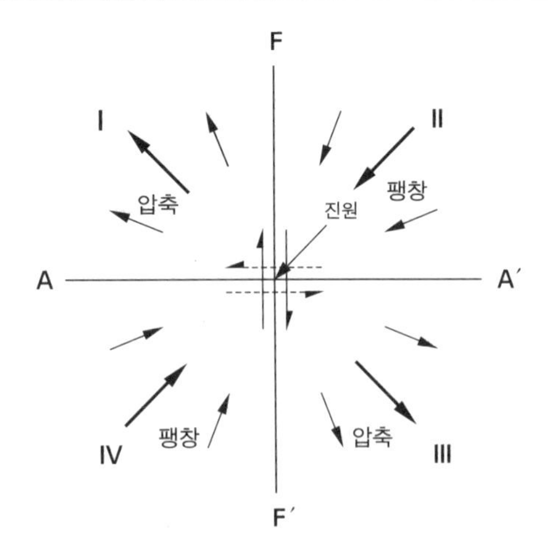

그림 I-1. 진원 주위의 절면과 압축과 팽창의 구분

는 0이 된다. 압축과 팽창을 구분하는 쉬운 방법은 지진계에 포착되는 초동의 수직 성분을 조사하는 것이다. 지진은 지구 내부에서 발생함으로 압축의 경우에는 수직 성분이 지구 내부에서 밖으로 향하고, 팽창의 경우는 그 반대가 된다.

그림 I-1에서 AA′가 단층이고 절선의 우력이 작용해도 FF′가 단층이고 실선의 우력이 작용한 경우와 동일한 양상의 압축과 팽창의 분포가 나타난다. 이리해 단지 초동의 분포만으로는 절면 FF′와 AA′ 가운데 어떤 것이 단층면인가를 구분할 수 없게 된다. 실제로 단층은 야외 지질 조사를 통하거나 아니면 본진에 이어 발생하는 여진의 분포로부터 알아낼 수 있다. 여진은 단층을 따라서 발생한다.

진원에 그림 I-1의 실선과 절선의 두 우력(double couple)이 단층면 FF′와 AA′에 동시에 작용해도 P파의 초동 분포는 실선의 한 우력

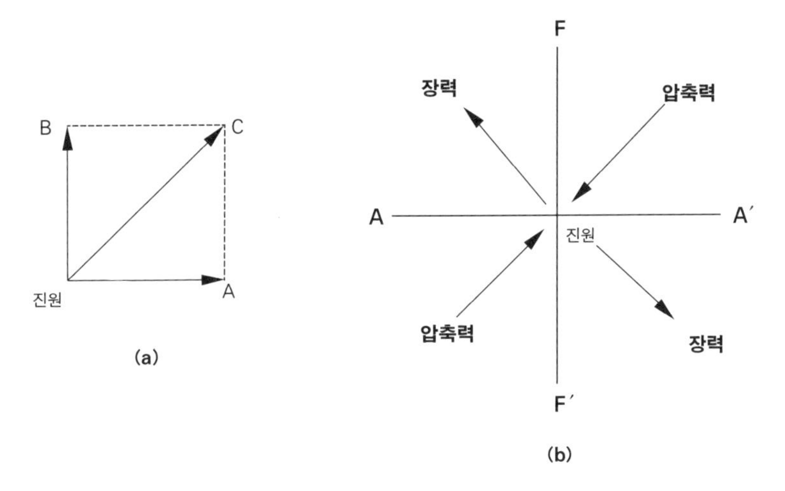

그림 I-2. 진원에 작용하는 장력과 압축력에 의한 지진 발생 메커니즘. (a) 진원에 작용하는 두 힘 A와 B는 그 벡터합인 한 힘 C와 같은 효과를 갖는다. (b) 그림에서 보는 한 쌍의 장력과 압축력은 (a)의 원리에 따라 그림 I-1의 두 절면 FF′와 AA′에 작용하는 한 쌍의 우력과 역학적으로 같은 효과를 갖는다.

(single couple)이 FF′에 작용하거나 또는 절선의 한 우력이 AA′에 작용하는 경우와 동일하다. 이 경우 진원에 작용해 지진을 일으키는 우력이 하나인가 둘인가 하는 문제가 발생한다. 이 문제는 지진학에서 오랜 기간 논쟁이 되었으나 지진 자료가 축적됨에 따라 실제로 진원에 두 우력이 작용해 지진을 일으킴이 밝혀졌다.

역학에서 그림 I-2 (a)의 진원에 서로 직각으로 작용하는 두 힘 A와 B는 그 벡터합인 한 힘 C가 작용하는 것과 같다. 따라서 그림 I-1의 절면 FF′와 AA′에 작용하는 한 쌍의 우력은 그림 I-2 (b)에서 절면과 45도 각도를 이루며 진원에 작용하는 한 쌍의 압축력과 장력과 같은 효과를 갖는다.

○ 지진의 물리학 특강 II ○

지진파의 속도

고체 물질에서 P파와 S파의 속도 v_p와 v_s는 다음과 같이 주어진다.

$$v_p = [(k+4\mu/3)/\rho]^{1/2} \quad (1)$$

$$v_s = [\mu/\rho]^{1/2} \quad (2)$$

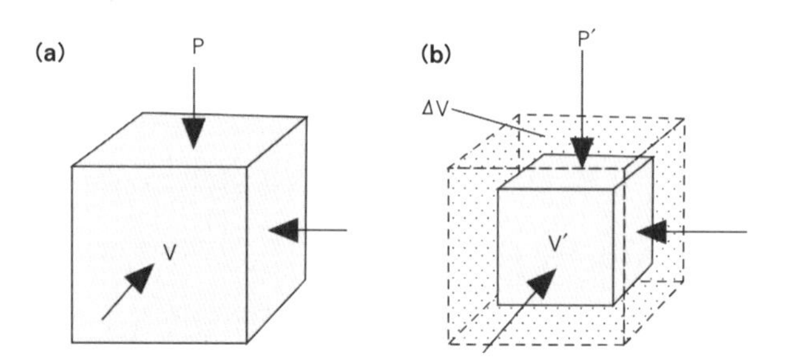

그림 II-1. (a) 체적 V인 물체에 모든 방향에서 균등한 압축력 P가 작용한다. (b) 압축력이 P′로 증가해 체적이 V′로 ΔV만큼 변한다. 체적 탄성률은 압축력의 변화(ΔP) 대 체적 변화율(ΔV/V)의 비이다.

이 식에서 ρ는 밀도이고 탄성 계수 k와 μ는 각기 체적 탄성률(혹은 비압축률)과 전단 계수(혹은 강성률)이다. 탄성 계수는 물질이 응력을 받을 때 일어나는 변형률의 정도를 나타낸다.

체적 탄성률은 어떤 물체에 모든 방향에서 작용하는 균등한 압축력이 P에서 P′로 ΔP 증가해 체적 V가 V′로 ΔV만큼 감소할 때 압축력의 변화(ΔP) 대 체적 변화율(ΔV/V)의 비이다. (그림 II-1)

$$k = \Delta P / (\Delta V/V) \tag{3}$$

그림 II-2의 길이가 L인 정육면체의 윗면이 면에 평행한 전단력 F를 받는 경우, 전단 응력은 전단력 F를 이 힘이 가해진 면적 A로 나눈 값(F/A)이다. 전단 응력에 의해 정육면체에 전단 변형 ΔL이 발생한다. 전단 계수는 전단 응력 대 전단 변형률(ΔL/L)의 비이다.

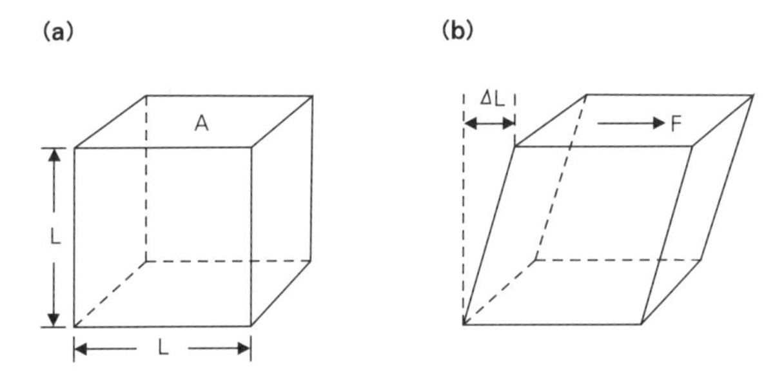

그림 II-2. (a) 전단력이 가해지기 전의 물체 모습. 정육면체 윗면과 아랫면의 넓이는 A이고 변의 길이는 L이다. (b) 전단력 F가 육면체의 윗면에 작용해 윗면이 아랫면에 대해 ΔL의 전단 변형을 한다. 전단 계수는 전단력(F/A) 대 전단 변형률(ΔL/L)의 비이다.

$$\mu = (F/A) / (\Delta L/L) \qquad (4)$$

식 (1)과 (2)에서 알 수 있듯이 P파의 속도가 항상 S파의 속도보다 크다. 또 탄성 계수가 클수록, 즉 외력에 대한 물체의 변형이 작을수록 지진파의 속도는 증가한다. 유체의 경우에는 전단력에 대한 저항능력이 전혀 없으므로($\Delta L = \infty$) 강성률이 없어지고($\mu = 0$) 따라서 식 (2)에서 $v_s = 0$이 된다. 즉 S파는 유체를 통과할 수 없다.

○ 지진의 물리학 특강 III ○

지진파 도달 시간과 진앙 거리

지각이 균질하다고 가정하고 P파와 S파의 속도를 각기 v_p 및 v_s라고 하자. 지진이 시간 T_0에 지표에서 발생해 진앙 거리 Δ인 지점에 P파와 S파가 각기 T_p와 T_s에 도달했다고 하자. 이 경우 지진파의 도달 시간과 진앙 거리 사이에는 다음 관계가 성립한다. (그림 6-1 참조)

$$T_p = T_0 + \Delta / v_p \quad (1)$$

$$T_s = T_0 + \Delta / v_s \quad (2)$$

이 식들을 정리하면 다음과 같다.

$$\Delta = (T_s - T_p)\, v_s \cdot v_p / (v_p - v_s) \quad (3)$$

따라서 만약 지진파의 속도를 알고, S파와 P파의 도달 시간의 차를 알면 진앙 거리 Δ를 구할 수 있다. 식 (3)에서 진앙 거리가 지진파 도달 시간의 차에 비례함을 알 수 있다. 균질하지 않은 지각에서 지진파 도달 시간의 차와 진앙 거리와의 함수 관계는 식 (3)처럼 간단하게 표시할 수는 없으나 6장에서 언급한 그림 6-7의 제프리스-불렌의 주시 곡선을 이용하면 지진파 도달 시간의 차를 이용해 진앙 거리를 구할 수 있다.

○ 지진의 물리학 특강 Ⅳ ○

스넬의 법칙

지진파는 속도가 균질한 매질은 직선으로 전파한다. 그러나 속도가 다른 두 고체 매질의 경계면에 입사할 때 그 에너지가 다른 파, 즉 P파가 S파로, 또 S파가 P파로 바뀌는 상 전환(phase conversion)이 발생하고, 이 경계면에서 이 파들이 반사 및 굴절한다. 단 S파에서 매질의 진동이 경계면에 평행할 경우에는 상 전환이 발생하지 않는다.

예를들어 그림 IV-1처럼 P파가 고체 매질 I에서 속도가 더 큰 고체 매질 II로 입사할 경우 경계면에서 매질 I으로 되돌아오는 P파와 S파의 반사파와 매질 II로 통과하는 P파와 S파의 굴절파가 생긴다. 이 경우 입사파, 반사파, 굴절파의 진행 방향은 다음의 스넬의 법칙에 따라 결정된다. (그림 IV-1)

$$\sin(i_p/v_{pr}) = \sin(i_{pr}/v_{pr}) = \sin(i_{sr}/v_{sr}) = \sin(i_{pt}/v_{pt}) = \sin(i_{ps}/v_{st}) \quad (1)$$

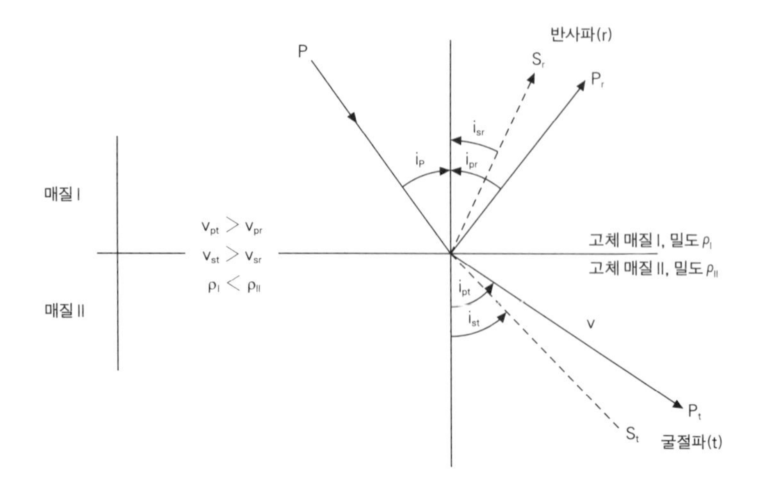

그림 IV-1. P파가 고체 매질 I에서 속도가 더 큰 고체 매질 II로 입사할 때 경계면에서 생기는 반사파와 굴절파. v_{pr}, v_{sr}, v_{pt}, v_{st}는 각기 매질 I과 II에서의 P파와 S파의 속도이다. i_p, i_{pr}, i_{sr}, i_{pt}, i_{st}는 각기 입사 P파의 입사각, 반사하는 P파와 S파의 반사각, 굴절하는 P파와 S파의 굴절각이다. ρ_I과 ρ_{II}는 매질 I과 II의 밀도이고 $\rho_I < \rho_{II}$이다.

스넬의 법칙은 서로 속도가 다른 지층에 지진파가 입사할 때 경계면에서 발생하는 반사파와 굴절파의 전파 방향을 결정하는 중요한 관계식이다.

압축파인 P파가 경계면에 입사할 때 전단파인 S파가 발생하는 상전환이 일어나는 이유는 지진파가 전파할 때 두 고체 매질의 부착이 완벽해 각 매질에서 일어나는 변위와 응력이 경계면에서 같아야 하는 경계 조건(boundary condition) 때문이다. 이 조건은 S파의 반사와 굴절이 없이는 만족시킬 수 없다.

○ 지진의 물리학 특강 V ○

주시 곡선과 지구 구조 탐사

지진파의 전파 거리와 시간의 함수 관계를 나타내는 곡선을 주시 곡선이라 한다. 이 주시 곡선을 이용하면 땅을 굳이 파 보지 않고도 지하 세계의 구조를 알 수 있다. 예를 들어 개념적으로 설명을 해 보자.

만약 지진파의 속도가 v_1인 지층이 더 큰 속도 v_2를 가진 지층 위에 놓여 있다 하자. 이 경우 하부 지층으로 굴절하는 지진파는 스넬의 법칙에 따라 입사파에 비해 경계면 쪽으로 더 큰 각도로 굴절한다. 만약 입사각이 증대해 어느 특정한 값을 갖게 되면 굴절파는 경계면을 따라 v_2의 속도로 전파하게 된다. 이러한 굴절파를 임계 굴절파(critically refracted wave) 또는 선두파(head wave)라 하며 그에 해당하는 입사각을 임계각(critical angle)이라 한다. (그림 V-1)

지면상에 지진계들이 같은 간격으로 관측점 S_1, S_2, …, S_n에 놓여 있고 원점 O에서 폭탄을 터뜨린다고 하자. 이제 맨 처음 도달하는 지진파 초동의 경로를 생각해 보자. 발파점에 가까운 관측점들, 예를 들어 S_1 및 S_2에서는 지면을 따라 v_1의 속도로 도달하는 직접파(direct

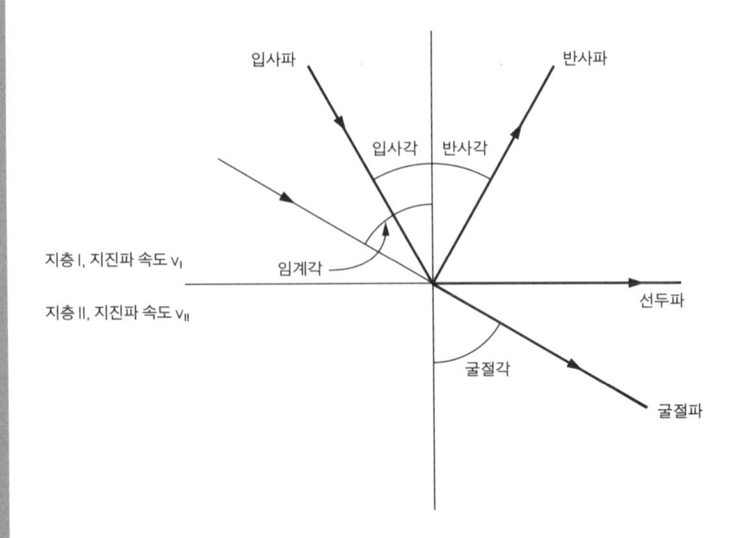

그림 V-1. 임계각과 선두파. 지층 I의 지진파의 속도 v_I가 지층 II의 지진파의 속도 v_{II}보다 작을 경우 경계면에 입사하는 지진파는 입사각보다 더 큰 각도로 굴절한다. 입사각이 증가해 임계각에 이르면 굴절파는 경계면을 따라 전파하는 선두파가 된다.

wave)가 먼저 도달한다. 따라서 이 지진파의 주시 곡선은 경사가 $1/v_1$인 직선이 된다. 그러나 발파점으로부터 거리가 증가해 입사각이 임계각에 도달하면 선두파가 나타나기 시작하며 이 거리를 임계 거리(critical distance)라 한다. 임계 거리를 초과하는 지점에 있는, 예를 들어 관측점 S_7 및 S_8에는 상부 지층과 하부 지층의 경계면을 전파하는 선두파가 먼저 도달하게 된다. 이 굴절파들은 상부 지층을 통과하는데 걸리는 시간이 같으므로 그 주시 곡선은 경사가 $1/v_2$인 직선이 된다. (그림 V-2) 직접파와 굴절파가 동시에 도달하는 거리를 교차 거리

(crossover distance)라 한다.

그림 V-2의 직접파와 선두파의 주시 곡선을 구하고 교차 거리에서 두 파가 동시에 도달하는 현상을 이용해 상부 지층의 두께 H를 v_1, v_2 그리고 교차 거리(D)의 간단한 관계식으로 나타낼 수 있다. 이 관계식으로부터 상부 지층의 두께를 구할 수 있다. $H = D/2 \cdot \{(v_2 - v_1)/(v_2 + v_1)\}$

이 방법으로 모호로비치치는 지각의 두께와 지각과 맨틀에서의 지진파의 속도를 구할 수 있었다.

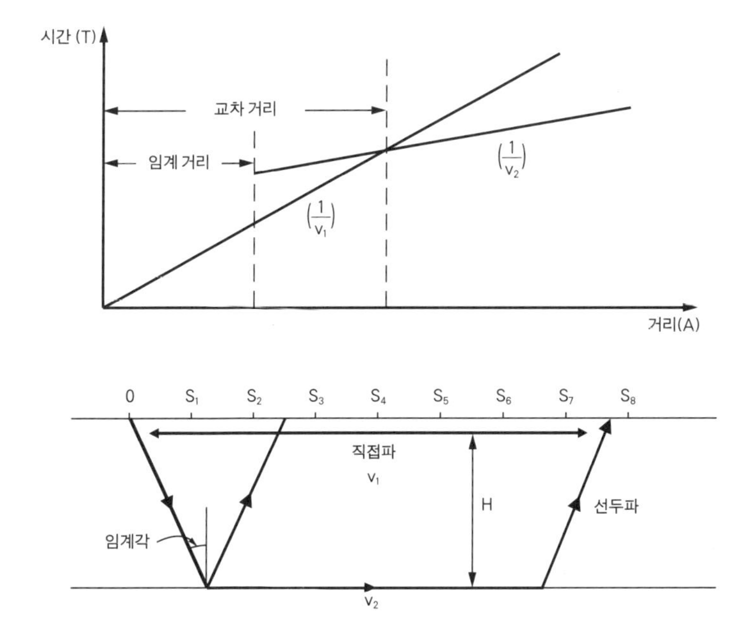

그림 V-2. 두 층을 갖는 층상 구조의 주시 곡선. 직접파와 선두파는 각기 $1/v_1$과 $1/v_2$의 경사를 갖는 직선으로 나타난다. 선두파는 임계 거리부터 나타나고 교차 거리에서 직접파와 선두파가 동시에 도달한다.

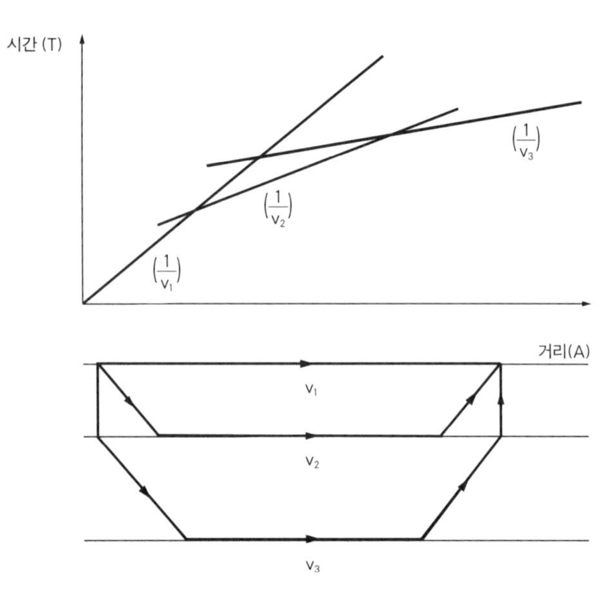

그림 V-3. 3개의 층을 갖는 지층의 주시 곡선.

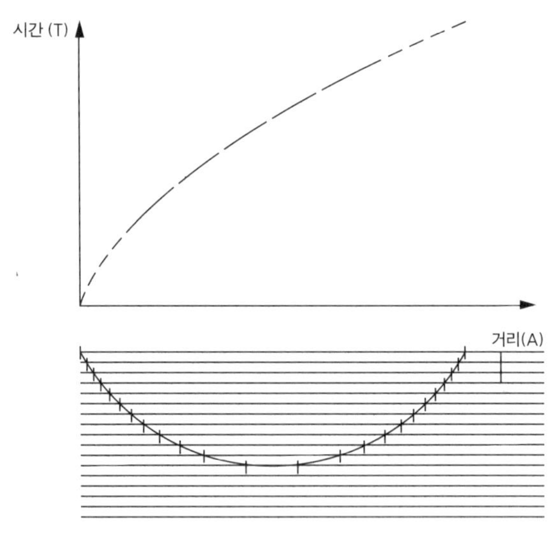

그림 V-4. 다층 구조를 갖는 지층의 주시 곡선.

만약 v_2보다 더 빠른 v_3를 갖는 층이 그 하부에 존재한다면 이 층상 구조에 관한 주시 곡선은 그림 V-3의 형태를 가질 것이다.

이 문제를 일반화시키면 깊이에 따라 속도가 점차 증가하는 지구 내부를 통과해 맨 처음 도달하는 초동의 주시 곡선은 그림 V-4와 같이 볼록한 곡선의 형태에 가까워질 것이다. 이 주시 곡선에 지진파가 통과하는 경로에 있는 지구 내부의 모든 정보가 포함되어 있다. 그러나 층의 두께가 너무 얇거나 어떤 층의 속도가 그 상부 층보다 작으면 그 층은 주시 곡선에 나타나지 않는다. 그림 V-4와 같은 곡선형의 주시 곡선을 분석하여 지구 내부 구조를 방법은 주시 곡선이 직선이 경우처럼 간단하지 않으나 구텐베르크의 스승인 비헤르트가 제시했다.

○ 지진의 물리학 특강 Ⅵ ○

표면파 분산 분석

표면파를 이용해 지구 내부 구조를 결정하는 방법은 표면파의 분산(dispersion)을 이용한다. 표면파는 각기 다른 속도를 갖고 전파하는 다른 주기(또는 파장)의 지진파들의 합성으로 나타나며 따라서 시간이 경과할수록 파 전체가 퍼지는 분산 현상이 발생한다. 표면파를 이루는 각 성분 지진파의 속도는 주기가 클수록 더 깊은 곳의 속도에 의해 더 큰 영향을 받는다. 따라서 지구 내부로 속도가 증가하면 더 큰 주기의 표면파가 더 빠르게 전파한다. 그림 VI-1의 레일리파에서 주기가 큰 파가 더 빨리 도착하며 시간이 지날수록 분산을 통해 파가 퍼짐을 볼 수 있다.

표면파의 속도를 규정하는 두 종류의 속도가 존재한다. 첫째는 각 주기에 해당하는 파의 에너지가 전파하는 속도로서 이를 군속도(group velocity)라 한다. 이 속도는 각 주기의 파가 관측소에 전파하는 시간을 구하고 관측소의 진앙 거리를 이 시간으로 나누어 구한다. (그림 VI-1의 a) 둘째는 표면파의 위상(phase), 즉 표면파를 구성하

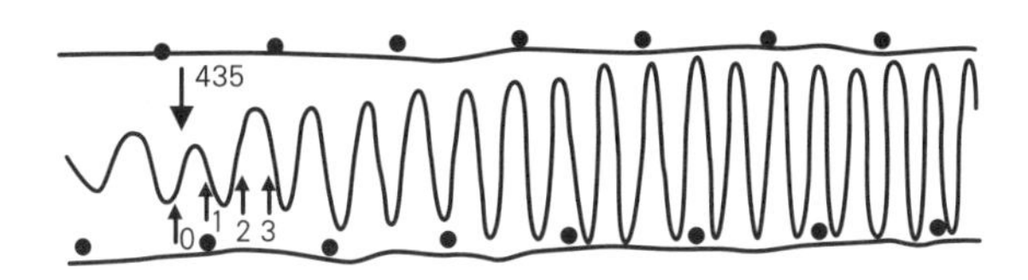

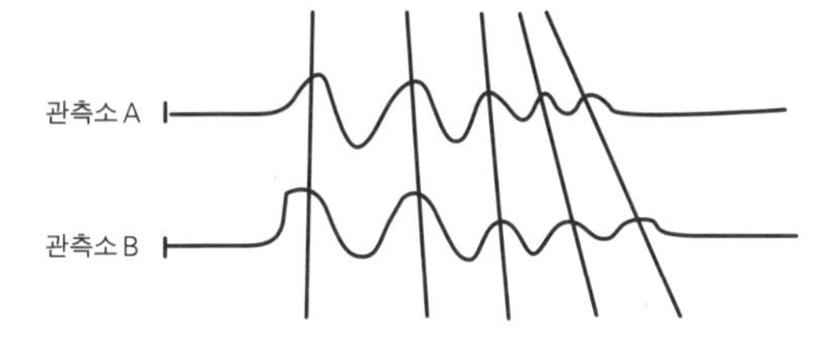

그림 VI-1. 레일리파의 분산 현상. (a) 각 주기의 파에 대한 군속도는 관측소의 진앙 거리를 도달 시간으로 나누어 구한다. (b) 각 주기의 파에 대한 위상 속도는 두 인접한 관측소 A와 B의 진앙 거리의 차를 같은 위상의 도달하는 시간의 차로 나누어 구한다.

는 파들의 마루나 골짜기가 전파하는 속도로서 이를 위상 속도(phase velocity)라고 한다. 이 속도는 그림 VI-1의 b에서 보는 바와 같이 표면파의 마루가 인접한 두 관측소 A와 B에 도달하는 시간차를 측정하고 관측소 간의 거리를 이 시간차로 나누어 구한다.

이렇게 해 각 주기에 대한 표면파의 군속도와 위상 속도의 함수 관계를 나타내는 곡선, 즉 분산 곡선(dispersion curve)을 얻을 수 있다. (그림 VI-2) 표면파의 분산 곡선은 실체파의 주시 곡선과 함께 지구 내부 구조를 결정하는 중요한 도구가 된다.

일단 분산 곡선이 구해지면 이에 해당하는 지구 내부 구조를 가정하고 이 구조에 대한 표면파의 분산 곡선을 이론적으로 계산해 이 곡

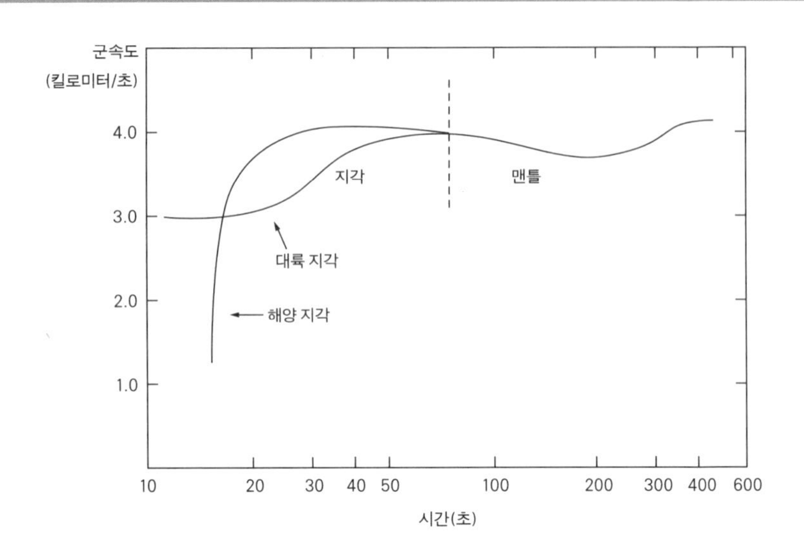

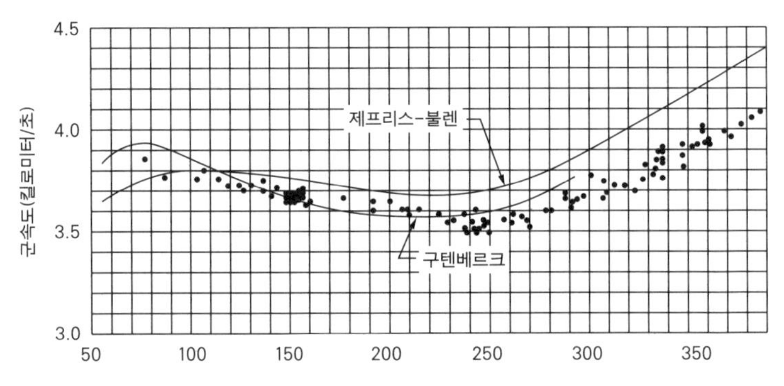

그림 VI-2. 관측된 레일리파 군속도의 분산 곡선. 80초 이하에서는 대륙과 해양의 평균 분산 곡선을 나타낸다.
그림 VI-3. 구텐베르크와 제프리스-불렌의 속도 구조에 대해 계산된 레일리파 군속도의 분산 곡선과 관측 자료. 상부 맨틀에 저속도층이 존재하는 구텐베르크의 분산 곡선이 존재하지 않는 제프리스-불렌의 곡선보다 관측 결과에 더 부합한다.

선과 실제로 관측된 분산 곡선이 일치하도록 내부 구조를 수정해 나간다. 이 과정은 지구 내부를 여러 지층으로 나누고 각 지층에 P파와

S파의 속도, 밀도 및 탄성 계수(체적 탄성률, 전단 계수)를 주어 분산 곡선을 구해야 하기 때문에 계산이 매우 번잡하다. 이러한 이유로 표면파의 분산 연구는 1960년대에 컴퓨터가 도입되어 초고속의 계산이 가능하기 전에는 활발하게 수행되지 않았다.

표면파는 그 진폭이 깊이에 따라 급격히 감소하므로 오직 지각과 맨틀의 연구에 효과적으로 이용된다. 그림 VI-2은 주기 400초에 이르는 범위에서 대륙과 해양에 대한 레일리파 군속도의 분산 곡선을 보여 준다. 주기 80초 이하에서는 대륙과 해양의 평균 분산 곡선을 나타낸다. 80초 근처에서 해양과 대륙에 대한 분산 곡선이 합치는 것을 볼 수 있으며 이는 이보다 더 큰 주기의 군속도에 큰 영향을 주는 두 지역의 맨틀에 차이가 나지 않음을 시사한다.

표면파의 분산 연구가 지진학 및 판구조론에 가장 크게 기여한 바는 상부 맨틀에 저속도층이 존재함을 밝힌 것이다. 그림 VI-3에서 저속도층이 존재하는 구텐베르크 속도 구조에 대해 계산한 레일리파 군속도의 분산 곡선이 존재하지 않는 제프리스-불렌의 곡선에 비해 관측 결과와 더 잘 일치함을 볼 수 있다.

○ 지진의 물리학 특강 Ⅶ ○

지진 모멘트

역학에서 모멘트는 다음과 같이 정의된다. 그림 VII-1에서 힘 F가 거리 B만큼 떨어져 우력으로 지각에 작용한다고 하자. 이 경우 이 우력에 의한 모멘트(moment) M은 F×B가 된다. 탄성 반발설에 따르면

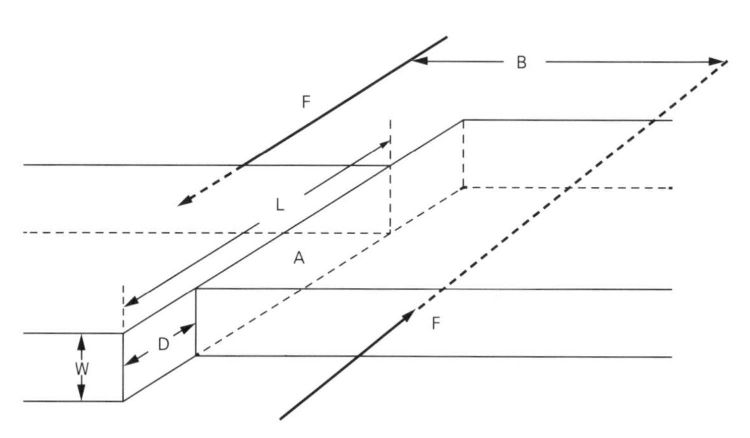

그림 VII-1. 탄성 반발설과 모멘트. 서로 반대 방향의 힘 F가 지각에 작용해 면적 A를 갖는 파열면으로 깨어지며 오프셋 D가 발생한다. 이 경우 모멘트 M은 F×B로 정의되며 $M=\mu\times A\times D = \mu\times L\times W\times D$ 임을 보일 수 있다. μ는 지각의 강성률, L은 파열면의 길이, W는 파열면의 두께이다.

지진이 발생할 때 단층에 작용하는 힘은 우력이다. (그림 3-6 참조) 단층에서 지진이 발생할 경우 이와 연관된 지진 모멘트 M_o는 다음과 같음을 보일 수 있다.

$$M_o = \mu \times A \times D = \mu \times L \times W \times D$$

이 식에서 μ, A, D, L, W는 각기 암석의 강성률, 깨어진 단층의 총 면적, 평균 오프셋, 파열면의 길이, 파열면의 두께로서 앞의 그림 VII-1에서 볼 수 있는 값이다. 이 식을 이용해 지진파 분석을 통해 얻은 지진 모멘트로 깨어진 단층의 총면적과 평균 오프셋을 추정할 수 있다.

○ 지진의 물리학 특강 Ⅷ ○

규모-빈도 관계식

구텐베르크와 리히터의 연구에 따르면 지진의 발생 빈도는 규모가 감소함에 따라 증가한다. 전 세계의 많은 지역에서 발생하는 얕은 지진의 경우에 지진의 발생 빈도와 규모 사이에는 대체로 다음과 같은 관계가 성립한다.

$$\mathrm{Log}\, N = 8.2 - M \qquad (1)$$

이 식에서 N은 규모 M 이상 지진들의 연간 발생 빈도이다. 이 식은 규모가 1 단위 증가하면 지진 발생 빈도는 대략 10배 감소함을 보여 준다. 식 (1)은 다음과 같이 일반화할 수 있다.

$$\mathrm{Log}\, N = a - bM \qquad (2)$$

이 식에서 a 값은 특정 지역에서 특정 기간에 발생하는 규모 0 이

표 VIII-1. 전 세계 연간 발생 지진.

규모(M_s)	규모(M_s)를 초과하는 평균 발생 빈도
8	2
7	20
6	100
5	3,000
4	15,000
3	100,000 이상

상의 지진 발생 횟수를 나타낸다. b 값은 해당 지역의 지진학적 특성을 나타내는 값으로서 지역에 따라 차이가 나며 0.6~1.5 범위에 걸쳐 있다. 표 VIII-1은 전 세계에서 연간 발생하는 지진들의 규모와 발생 빈도를 보여 준다.

부록

표로 보는 지진

1

세계 주요 지진

2

한반도 주요 역사 지진

3

한반도 주요 계기 지진

○ 부록 1 ○

세계 주요 지진

발생	일자(세계시)	지역	사망자(명)	규모	비고
856년	12월	그리스, 코린트	45,000		
1038년	1월 9일	중국, 셴시	23,000		
1057년		중국, 허베이	25,000		
1268년		소아시아, 실리시아	60,000		
1290년	9월 27일	중국, 허베이	100,000		
1293년	5월 20일	일본, 가마쿠라	30,000		
1531년	1월 26일	포르투갈, 리스본	30,000		
1556년	1월 23일	중국, 셴시	830,000		
1663년	2월 5일	캐나다, 세인트 로렌스 강		진도 X	매사추세츠에서 굴뚝이 무너짐
1667년	11월	코카시아, 셰마하	80,000		
1693년	1월 11일	이탈리아, 카타니아	60,000		
1737년	10월 11일	인도, 캘커타	300,000		
1755년	6월 7일	페르시아 북부	40,000		
1755년	11월 1일	포르투갈, 리스본	70,000		대규모 쓰나미
1783년	2월 4일	이탈리아, 칼라브리아	50,000		
1797년	2월 4일	에콰도르, 키토	40,000		

1811년	12월 16일	미국, 뉴마드리드	몇 사람	진도 XI,	1812년 1월 23일과 같은 해 2월 7일 추가 발생
1812년	12월 21일	미국, 산타바바라 근해	몇 사람 부상		
1819년	6월 16일	인도, 쿠치	1,543		
1822년	12월 5일	소아시아, 알레포	22,000		
1828년	12월 18일	일본, 에치고	30,000		
1857년	1월 9일	미국, 포트 테혼			진도 X~XI, 샌앤드리어스 단층 파열
1868년	8월 13일	페루와 볼리비아	25,000		
1868년	8월 16일	에콰도르	40,000		
		컬럼비아	30,000		
1872년	3월 26일	미국, 오웬즈 밸리	약 50		대규모 단층 발생
1886년	8월 31일	미국, 찰스턴-썸머빌	약 60		
1891년	8월 28일	일본, 미노-오와리	7,000		
1896년	6월 15일	일본, 산리쿠	22,000		쓰나미
1897년	6월 12일	인도, 아삼	1,500	8.7	
1899년	9월 3, 10일	미국, 야쿠타트 만		7.8, 8.6	
1906년	4월 18일	미국, 샌프란시스코	700	8.25	대화재
1908년	12월 28일	이탈리아, 메시나	120,000	7.5	
1915년	1월 13일	이탈리아, 아베차노	30,000	7.0	
1920년	12월 16일	중국, 간쑤	180,000	8.5	
1923년	9월 1일	일본, 간토	143,000	8.2	대화재
1932년	12월 26일	중국, 간쑤			대규모 피해
1935년	5월 31일	파키스탄, 퀘타	60,000	7.5	
1939년	1월 24일	칠레, 치얀	30,000	7.75	

1939년	12월 27일	터키, 에르진잔	23,000	8.0	
1948년	6월 28일	일본, 후쿠이		5.131	
1949년	8월 5일	에콰도르, 릴레오	6,000	6.9	
1950년	8월 15일	인도, 아삼	1,526	8.6	
1960년	2월 29일	모로코, 아가디르	14,000	5.9	
1960년	5월 22일	칠레 남부	3,000명 이상	8.5	
1962년	9월 1일	이란 북서부	14,000	7.3	
1963년	7월 26일	마케도니아, 스코페	1,200	6.0	
1964년	3월 28일	알래스카	131	8.6	쓰나미
1968년	8월 31일	이란	11,600	7.4	지표 단층
1970년	5월 31일	페루	66,000	7.8	5억 3000만 달러 피해 대규모 산사태
1971년	2월 9일	미국, 산페르난도	65	6.5	5억 5000만 달러 피해
1972년	12월 23일	니카라과, 마나과	5,000	6.2	
1975년	2월 4일	중국, 랴오닝 성	소수	7.4	예보됨
1976년	2월 4일	과테말라	22,000	7.9	모타구아 단층 200킬로미터 파쇄
1976년	5월 6일	이탈리아, 프리울리	965	6.5	광범위한 피해
1976년	6월 28일	중국, 탕산	250,000 이상	7.6	경제적 큰 피해 50만 명 부상 추측
1977년	3월 4일	루마니아, 브란체아	2,000	7.2	부카레스트 피해
1977년	8월 19일	인도네시아, 숨바와 섬 남부	100	8.0	숨바와 섬과 북오스트레일리아 쓰나미
1979년	12월 12일	에콰도르 근해	600	7.7	2만 명 부상
1980년	10월 10일	알제리, 엘 아스남	3,500	7.7	대규모 피해

1980년	11월 23일	이탈리아 남부	3,000	7.2	약 2,000명 실종, 7,800명 부상
1981년	6월 11일	이란 남부	3,000	6.9	
1981년	7월 28일	이란 남부	1,500	7.3	
1982년	12월 13일	예멘	2,800	6.0	약 300개 마을 큰 피해
1983년	5월 26일	일본, 오가 반도	107	7.7	대규모 쓰나미 피해
1983년	10월 30일	터키	1,342	6.9	
1985년	3월 3일	칠레, 발파라이소	177	7.8	광범위한 피해, 2,575명 부상
1985년	9월 19일	멕시코, 미초아칸	9,500	7.9	40억 달러 이상 피해, 3만 명 부상, 작은 쓰나미
1986년	10월 10일	엘살바도르, 산살바도르	1,000	5.4	1만 명 부상, 20만 명 가옥 상실
1987년	3월 6일	콜롬비아-에콰도르 국경	1,000	7.0	4,000명 실종, 2만 명 가옥 상실, 광범위한 피해
1988년	8월 20일	네팔-인도 국경	1,450	6.6	수천 명 부상
1988년	11월 6일	미얀마-중국 국경	730	7.0	4,808명 부상, 약 3200만 명 피해 막대한 피해
1988년	12월 7일	아르메니아, 스피탁	25,000	7.0	1만 3000명 부상, 50만 명 가옥 상실, 막대한 피해
1989년	8월 1일	이란 서부, 쿠리마 지역	90	5.8	산사태로 두 마을이 매몰되고 15명 부상
1989년	10월 17일	미국, 산타크루스 산	63	7.0	3,757명 부상, 56억 달러 피해
1989년	12월 28일	오스트레일리아, 뉴카슬	13	5.6	오스트레일리아에서 첫 사망자 발생
1990년	6월 16일	필리핀, 루손	1,700	7.8	딕딕 단층 크게 파열
1990년	6월 20일	이란, 카스피 해	40,000 이상	7.7	지표 단층, 40만 명 가옥 상실 광범위한 사태

1992년	6월 28일	미국, 랜더스	1	7.5	지표 단층 70킬로미터 이상 파열
1993년	9월 29일	인도, 라투르	10,000	6.4	지표 단층, 다수 마을 파괴
1994년	1월 17일	미국, 노스리지	56	6.9	지표 단층 없음
1995년	1월 16일	일본, 고베	5,400	6.9	10만 채 이상 건물 파괴 또는 파손, 대화재, 2만 7000명 부상
1995년	5월 27일	러시아, 사할린	2,000	7.5	아파트 붕괴
1996년	2월 3일	중국, 리장	309	6.4	10만 명 이상 가옥 상실
1996년	2월 4일	아프가니스탄	2,500 이상	6.1	가옥 상실 다수
1999년	1월 25일	콜롬비아, 아르메니아	700	5.9	광범위한 피해
1999년	8월 17일	터키, 코자엘리	17,439	7.4	북아나톨리아 단층 126킬로미터 파쇄, 10만 채 이상 건물 붕괴
1999년	9월 21일	대만, 치치	2,333	7.6	첼룽푸 단층 100킬로미터 파쇄, 9,900채 건물 붕괴, 타이베이에서 고층건물 몇 개 붕괴
2001년	1월 26일	인도, 부흐	19,727	7.6	60만 명 가옥 상실, 13억~50억 달러 피해
2002년	11월 3일	알래스카	0	7.0	데날리 단층 330킬로미터 파쇄
2003년	5월 21일	알제리	2,200	6.8	마요르카에 쓰나미
2003년	12월 26일	이란, 밤	43,200	6.6	2만 9000채 가옥 파괴. 지면 최대 속도 초속 123센티미터
2004년	12월 26일	수마트라	210,000	9.3	북인도양 해안에 대규모 쓰나미

2005년	3월 28일	수마트라	700	8.7	쓰나미 피해 경미
2005년	10월 8일	파키스탄	100,000 이상	7.6	3만 2000채 이상 건물 붕괴
2007년	8월 15일	페루 중부 해안	519	8.0	나스카판과 남아메리카판 경계
2008년	5월 12일	중국, 쓰촨	69,195	7.9	
2009년	4월 6일	이탈리아 중부	297	6.3	일부 지진학자가 고소됨
2009년	9월 29일	사모아	192	8.1	
2009년	9월 30	수마트라	1,119	7.9	
2010년	1월 12일	아이티	316,000	7.0	카리브판과 북아메리카판 경계
2010년	2월 27일	칠레, 마울레	525	8.8	나스카판과 남아메리카판 경계, 해안선을 따라 길이 700킬로미터 단층 파쇄
2011년	2월 21일	뉴질랜드, 크라이스트처치	185	6.2	
2011년	3월 11일	일본 혼슈 동해	20,896	9.0	대규모 쓰나미, 후쿠시마 원전 사고
2012년	4월 11일	북수마트라 서해	10	8.6	

* 지진 규모는 1999년 1월 25일 컬럼비아 지진까지는 표면파 규모(M_s)로 표시되어 있고, 그 후의 지진은 모멘트 규모(M_W)로 표시되어 있다.

○ 부록 2 ○

한반도 주요 역사 지진

발생 일자	진앙 (위도, 경도)	진도	규모	기사
89년 6월	37.4 N, 127.3 E	Ⅷ－Ⅸ	6.7	서울에서 지진이 일어나 집이 무너져 많은 사람이 죽었다.
100년 10월	35.8 N, 129.3 E	Ⅷ－Ⅸ	6.7	경주에 지진이 일어나 집이 무너져 사람이 죽었다.
304년 8월	35.8 N, 129.3 E	Ⅷ	6.4	지진이 일어나 샘물이 솟구쳤다.
304년 9월	35.8 N, 129.3 E	Ⅷ－Ⅸ	6.7	경주에 지진이 일어나 집이 무너져 사람이 죽었다.
458년 2월	35.8 N, 129.3 E	Ⅷ	6.4	지진이 일어나 금성(경주) 남문이 저절로 무너졌다.
502년 12월	39.0 N, 125.8 E	Ⅷ－Ⅸ	6.7	지진이 일어나 집이 무너져 사람이 죽었다.
510년 5월	35.8 N, 129.3 E	Ⅷ－Ⅸ	6.7	지진이 일어나 집이 무너져 사림이 죽었다.
779년 3월	35.8 N, 129.3 E	Ⅷ－Ⅸ	6.7	경주에 지진이 일어나 집이 무너지고 100여 명이 죽었다.
1036년 7월 23일	37.7 N, 128.2 E	Ⅷ	6.4	개경, 동경 및 상주, 광주, 안변부 관내 주, 현들에서 지진이 일어나 많은 집들이 파괴되었다.
1436년 5월 29일		Ⅷ－Ⅸ	6.7	서울, 경기, 충청, 전라, 경상, 황해, 평안도에 지진이 일어났다.
1455년 1월 24일	35.0 N, 127.0 E	Ⅷ－Ⅸ	6.7	경상도 초계, 선산, 흥해와 전라도 전주, 익산, 용안, 흥덕, 무장, 고창, 영광, 함평, 무안, 나주, 영암, 해남, 진도, 강진, 장흥, 보성, 흥양, 낙안, 순천, 광양, 구례, 운봉, 남원, 임실, 곡성, 장수, 순창, 금구, 함열 및 제주의 대정, 정의에 지진이 일어나 담과 집이 무너지고 많은 사람이 깔려죽었다.

1518년 7월 2일	37.5 N, 126.5 E	Ⅷ-Ⅸ	6.7	세 차례 큰 지진이 일어났다. 그 소리가 마치 성난 우레 소리처럼 커서 사람과 말이 모두 피하고 담장과 집 그리고 성가퀴(城堞)가 무너졌다. 서울 시민들이 경황실색해 어쩔 줄 몰랐다. 집 밖에서 밤을 지세우고 집에 들어가지 못했다. 노인들은 전에 없던 일이라고 말했다. 팔도가 모두 그러했다. 충청도 해미현에서는 우레와 같은 소리가 일어나고 사람들이 일어서지를 못했으며 사방의 성가퀴가 차례로 무너졌다. 소와 말들이 놀라고 우물 물이 끓고 산에서 돌들이 굴러 내려왔다. 황해도 백천군에서는 땅이 갈라지면서 물이 솟아 올라왔다. 서울과 지방에서 나흘간 큰 지진이 일어나 종묘의 기와가 떨어지고, 궁궐의 담장이 무너졌으며 민가가 부서졌다. 남녀노소가 모두 밖에 나와 노숙하면서 깔려죽는 것을 면했다.
1546년 6월 30일	38.6 N, 126.5 E	Ⅷ	6.4	서울에 지진이 일어나 집들이 모두 흔들리고 담과 벽이 무너졌다. 황해도 우봉, 토산과 경기도 파주, 양주, 가평, 장단, 인천, 강화, 죽산, 적성, 이천, 수원, 김포 등지와 충청도 직산, 홍주, 충주 등지에 지진이 일어났다. 평안도 박천, 용강, 철산, 성천, 운산, 위원, 안주, 증산, 순안, 함종 등지에 지진이 일어났다. 함경도 영흥, 안변, 문천 등지와 강원도 강릉, 정선, 양양, 횡성, 춘천, 간성, 철원, 원주, 평강, 양구, 안협, 고성 등지에 지진이 일어났다.
1568년 11월 29일		Ⅷ-Ⅸ	6.7	팔도에 지진이 있었다.
1643년 5월 30일	35.1 N, 129.2 E	Ⅷ	6.4	서울과 경기도 이천, 죽산 등지에서 지진이 났다. 동래로부터 큰 지진이 일어났으며 해안가 지방이 더 심해 오래된 담장이 무너졌다. 청도와 밀양 사이에 암석이 무너졌으며 초계에서는 마른 하천에서 탁한 물이 나왔다.
1643년 6월 9일	35.6 N, 128.2 E	Ⅷ	6.4	지진이 일어나 진주에서 나무가 부러지고 합천에서는 바위가 무너져 두 사람이 깔려 죽었으며 오랫동안 말랐던 샘에서 흙탕물이 물이 솟아올랐다. 땅이 열 길(丈) 정도 갈라졌다.
1643년 7월 24일	35.5 N, 129.3 E	Ⅷ-Ⅸ	6.7	서울에 지진이 일어났다. 경상도의 대구, 안동, 영덕 등지에도 지진이 일어나 연대(烟臺)와 성가퀴가 많이 무너졌다. 울산에서는 땅이 갈라지고 물이 솟아올랐다. 전라도에도 여산 등지에서 지진이 있었다.

1681년 6월 12일	37.8 N, 129.0 E	Ⅷ-Ⅸ	6.7	서울에서 지진이 일어나 집들이 크게 흔들리고 창과 벽이 떨렸다. 길 가던 사람들이 말에서 놀라 떨어져 죽은 사람이 있었다. 광주(廣州) 등 34읍과 공청도(公淸道, 충청도)의 모든 지역에서 지진이 일어났다. 강원도에서 지진이 일어나 담과 벽이 무너졌으며 집의 기와가 날라 떨어졌다. 양양, 삼척 등지에서 바다에 파도가 크게 일고 바위들이 무너져 내렸다. 함경도 안변, 덕원에서 지진이 일어났다. 황해도에서 지진이 일어났다. 평안도의 평양 등 3읍에서 지진이 일어났다. 경상도에서 지진이 일어났다. 전라도 영암 등 24읍에서 지진이 일어났다.
1681년 6월 17일	38.0 N, 128.3 E	Ⅷ-Ⅸ	6.7	서울에서 지진이 일어났다. 강원도, 충청도 홍성 등 16읍, 평안도 평양 등 3읍, 경상도, 황해도 여러 읍, 전라도 광주 등 19개 관(官)에서 지진이 일어났다.
1681년 6월 26일	37.4 N, 129.0 E	Ⅷ-Ⅸ	6.7	강원도 강릉, 양양, 삼척, 울진, 평해, 정선, 평창 등지에서 지진이 일어났다. 소리가 우레 같고 담벽이 무너지고 기와가 날아갔다. 양양에서는 바닷물이 요동쳤는데 마치 물이 끓는 소리가 났다. 설악산의 신흥사(新興寺) 및 계조굴(繼祖窟)의 암석이 모두 붕괴했다. 삼척 두타산(頭陀山)의 층암은 예부터 움직이는 돌이라고 알려져 왔는데 모두 붕괴했다. 삼척 동쪽 능파대(凌波臺)의 물 가운데 있던 10여 장의 돌이 부러지고 바닷물이 조수처럼 밀려갔다. 평일에 물이 찼던 곳이 100여 보(步) 또는 50~60보 노출되었다. 평창, 정선에서도 산이 크게 흔들리고 암석이 추락했다. 이후 강릉, 양양, 삼척, 울진, 평해, 정선 등지에서도 거의 10여 차례 땅이 흔들렸다. 이때 팔도에서도 모두 지진이 일어났다.
1692년 11월 2일	36.6 N, 127.2 E	Ⅷ-Ⅸ	6.7	서울에서 큰 지진이 발생했다. 경기도, 충청도, 전라도, 경상도, 강원도 등지에서도 지진이 일어났다. 우레 같은 소리가 들렸고 진동이 심한 곳은 집이 키를 까불듯이 흔들리고 창문이 저절로 열렸다. 산천초목이 흔들리지 않은 것이 없고, 새와 짐승들도 놀라서 흩어져 도망가 숨었다.
1700년 4월 15일	36.0 N, 127.5 E	Ⅷ-Ⅸ	6.7	충청도 공주 등지, 전라도 강진 등 12개 읍, 강원도 강릉, 경상도 대구 등 24개 읍에서 지진이 발생했다.

1702년 8월 26일	36.0 N, 127.5 E	Ⅷ-Ⅸ	6.7	서울, 경기도, 충청도, 강원도, 전라도, 경상도에서 지진이 발생했다.
1702년 10월 13일	37.3 N, 127.0 E	Ⅷ-Ⅸ	6.7	전라도 전주와 다른 도에서도 지진이 발생했다.
1707년 1월 3일	37.8 N, 126.3 E	Ⅷ-Ⅸ	6.7	서울과 경기도 강화와 교동에서 지진이 일어났다. 여러 도에서 지진이 일어났다.
1714년 3월 15일	37.9 N, 126.5 E	Ⅷ-Ⅸ	6.7	경기도 강화, 개성, 수원, 안성과 평안도 평양 등 20개 읍, 황해도 해주 등지와 팔도에서 지진이 발생했다.
1727년 6월 20일	39.0 N, 127.5 E	Ⅷ-Ⅸ	6.7	함경도 함흥 등 7개 읍에서 지진이 일어나 집과 성첩이 많이 부서져 내려앉았다.
1757년 7월 30일	36.6 N, 126.7 E	Ⅷ	6.4	충청도 덕산에서 지진이 발생해 사람이 죽었다.
1810년 2월 19일	42.1 N, 129.7 E	Ⅷ-Ⅸ	6.7	함경도 명천, 경성, 회령 등지에서 지진이 일어났다. 집이 흔들리고 성가퀴가 무너졌으며 산록(山麓)이 부서져 떨어졌다. 부령에서 지진으로 38호가 무너지고 사람과 가축이 압사했다. 16일부터 29일까지 매일 8, 9차 혹은 5, 6차 지진이 일어났다. 간혹 땅이 꺼지고 우물이 막히기도 했다. 부령의 청암사(靑巖社)가 바닷가에 있는데, 그중 수남과 수북 두 마을이 바다에 가까워 피해를 입었다. 우물에 모래가 쌓여 막힌 곳이 11개소, 땅이 갈라져 꺼진 곳이 세 군데인데, 둘레와 깊이가 각각 몇 아름(把)이 된다. 바닷가 산꼭대기에 큰 바위가 굴러 그 반이 갈라져 바다 속으로 들어갔다. 지진이 일어나는 날에는 백성들이 모두 놀라고 두려워해 집에서 살지 못했다.

○ 부록 3 ○

한반도 주요 계기 지진

일자 및 발생 시간	규모	진앙	위치
1926/10/05 08:44	4.4	36.2 N, 128.3 E	경북 선산
1927/12/05 06:11	4.0	37.3 N, 128.3 E	강원 평창
1928/11/19 11:45	4.1	38.6 N, 130.2 E	강원 고성 동부 해역
1929/12/27 03:15	4.1	39.2 N, 126.5 E	평남 성천
1931/08/12 15:44	4.7	36.6 N, 125.5 E	충남 대천 서부 해역
1932/03/14 22:53	4.7	34.4 N, 125.5 E	전남 목포 서부 해역
1936/07/04 06:02	5.1	35.2 N, 127.7 E	경남 하동 쌍계사
1938/08/22 09:46	5.0	35.7 N, 127.6 E	전북 장수
1939/08/31 14:08	4.7	36.6 N, 127.5 E	충북 속리산
1940/10/08 19:46	4.3	35.8 N, 126.6 E	전북 부안
1942/10/07 09:04	4.5	36.5 N, 128.5 E	경북 예천
1978/08/30 02:29:43	4.5	39.1 N, 124.2 E	평남 서부 해역
1978/09/16 02:07:05	5.2	36.6 N, 127.9 E	충북 속리산 부근
1978/10/07 18:19:52	5.0	36.6 N, 126.7 E	충남 홍성
1978/11/23 11:06:05	4.6	38.4 N, 125.6 E	황해도 재령 지역
1979/02/08 08:52:19	4.0	36.6 N, 126.7 E	충남 홍성

1980/01/08 08:44:13	5.3	40.2 N, 125.0 E	평북 서부 의주-삭주-귀성 지역
1981/04/15 11:47:00	4.8	35.9 N, 130.1 E	경북 포항 동쪽 약 65킬로미터 해역
1982/02/14 23:37:32	4.5	38.3 N, 125.7 E	황해 사리원 남서부 지역
1982/03/01 00:28:02	4.7	37.2 N, 129.8 E	경북 울진 북동쪽 약 45킬로미터 해역
1982/08/29 03:18:40	4.0	37.2 N, 125.9 E	서해 중부 덕적군도 서쪽 해역
1983/09/17 12:17:42	4.2	38.3 N, 126.1 E	황해 멸악산 북서 지역
1985/01/14 12:44:53	4.2	34.6 N, 129.9 E	부산 남동쪽 약 90킬로미터 해역
1985/06/25 06:40:33	4.0	37.3 N, 126.4 E	서해 중부 영흥도 부근 해역
1987/03/06 07:10:47	4.0	38.7 N, 125.5 E	대동강 하구 남포 부근 지역
1992/01/21 03:36:17	4.0	35.4 N, 129.9 E	경남 울산 남동쪽 약 50킬로미터 해역
1992/11/04 02:30:12	4.4	34.7 N, 122.8 E	전남 서쪽 약 320킬로미터 해역
1992/12/13 20:22:38	4.0	35.3 N, 130.1 E	경남 울산 동남동쪽 약 70킬로미터 해역
1993/03/28 10:16:09	4.5	33.1 N, 123.8 E	제주 서쪽 약 230킬로미터 해역
1994/04/22 02:05:27	4.6	34.9 N, 131.0 E	경남 울산 남동쪽 약 175킬로미터 해역
1994/04/23 12:41:41	4.5	35.1 N, 131.1 E	경남 울산 남동쪽 약 175킬로미터 해역
1994/04/23 13:03:24	4.1	35.7 N, 130.9 E	경남 울산 동쪽 약 150킬로미터 해역
1994/07/26 02:41:46	4.9	34.9 N, 124.1 E	전남 홍도 서북서쪽 100킬로미터 해역
1995/07/24 19:02:52	4.2	38.2 N, 124.4 E	서해 백령도 북서쪽 약 30킬로미터 해역
1996/01/24 05:09:55	4.2	37.9 N, 129.6 E	강원 양양 동쪽 약 80킬로미터 해역
1996/12/13 13:10:17	4.5	37.2 N, 128.8 E	강원 영월 동쪽 약 20킬로미터 지역
1997/06/26 03:50:21	4.2	35.8 N, 129.3 E	경북 경주 남동쪽 9킬로미터 지역
1998/02/10 21:11:25	4.1	37.8 N, 123.6 E	서해 백령도 서남서쪽 약 90킬로미터 해역
1999/01/11 13:07:14	4.2	38.3 N, 128.7 E	강원 속초시 북동쪽 약 15킬로미터 해역
2001/11/24 16:10:31	4.1	36.7 N, 129.9 E	경북 울진 동남동쪽 약 50킬로미터 해역
2002/08/10 21:47:35	4.0	35.1 N, 123.4 E	전남 흑산도 서북서쪽 약 195킬로미터 해역
2003/03/23 05:38:41	4.9	35.0 N, 124.6 E	전남 홍도 북서쪽 약 50킬로미터 해역

2003/03/30 20:10:52	5.0	37.8 N, 123.7 E	인천광역시 백령도 서남서쪽 약 80킬로미터 해역
2003/06/09 10:14:04	4.0	36.0 N, 123.6 E	전북 군산 서쪽 약 280킬로미터 해역
2004/05/29 19:14:24	5.2	36.8 N, 130.2 E	경북 울진 동쪽 약 80킬로미터 해역
2005/06/29 23:18:05	4.0	34.5 N, 129.1 E	경남 거제 동남동쪽 약 54킬로미터 해역
2005/06/29 23:18:05	4.0	34.5 N, 129.1 E	경남 거제 동남동쪽 약 54킬로미터 해역
2007/01/20 20:56:53	4.8	37.7 N, 128.6 E	강원 평창군 도암면-진부면 경계 지역
2008/05/31 21:59:30	4.2	33.5 N, 125.7 E	제주 제주시 서쪽 78킬로미터 해역
2009/05/02 07:58:28	4.0	36.6 N, 128.7 E	경북 안동시 서남서쪽 2킬로미터 지역
2011/06/17 16:38:31	4.0	37.89 N, 124.81 E	인천 백령도 동남동쪽 13킬로미터 해역
2013/04/21 08:21:27	4.9	35.16 N, 124.56 E	전남 신안군 흑산면 북서쪽 101킬로미터 해역
2013/05/18 07:02:24	4.9	37.68 N, 124.63 E	인천 백령도 남쪽 31킬로미터 해역
2013/09/11 13:00:31	4.0	33.56 N, 125.39 E	전남 신안군 가거도 남남동쪽 60킬로미터 해역
2014/04/01 04:48:35	5.1	36.95 N, 124,5 E	충남 태안군 서격렬비도 서북서쪽 100 킬로미터 해역

* 일제 강점기가 끝나 광복한 1945년부터 홍성 지진이 발생한 1978년까지 기상청의 지진 관측망의 미비로 한반도에서 발생한 지진들의 진앙과 규모를 결정할 수 없었다.

참고 문헌

Markus Bath, *Introduction to Seismology* (Birkhauser Verlag, 1973).

Bruce A. Bolt, *Earthquakes* A. Primer (W. H. Freeman and Company, 1978).

Bruce A. Bolt, *Earthquakes* Fifth Edition (W. H. Freeman and Company, 2006).

K. E. Bullen and Bruce A. Bolt, *An Introduction to the Theory of Seismology* (Cambridge University Press, 1985).

Hugh Doyle, *Seismology* (John Wiley & Sons, 1995).

George D. Garland, *Introduction to Geophysics* (W. B. Saunders Company, 1971).

John H. Hodgson, *Earthquakes and Earth Structure* (Prentice-Hall, INC., 1964).

Sheldon Judson, and Marvine E. Kauffman, *Physical Geology* Eight Edition (Prentice Hall, 1990).

Thorne Lay and Terry C. Wallace, *Modern Global Seismology* (Academic Press, 1995).

Robert J. Lille, Pearson Education Company, *Whole Earth Geophysics, Introductory Textbook for Geologists and Geophysicists* (Prentice Hall, 1999).

Frederick K. Lutgens and Edward J. Tarbuck, *Foundations of Earth Science* (Prentice Hall. Pearson Education, 2002).

Walter L. Pilant, *Elastic Waves in the Earth* (Elsevier Scientific Publishing Company, 1979).

Bernard W. Pipkin, D. D. Trent, and Richard Hazlett, *Geology and the Environment* Fourth Edition (Thomson Brooks/Cole, 2005).

Frank Press and Raymond Siever, *Earth* (Freeman and Company, 1978).

Frank Press, Raymond Siever, John Grotzinger, and Thomas H. Jordan, *Understanding Earth* Fourth Edition (W. H. Freeman and Company, 2004).

Leon Reiter, *Earthquake Hazard Analysis* (Columbia University Press, 1990).

Charles F. Richter, *Elementary Seismology* (W. H. Freeman and Company, 1958).

Peter M. Shearer, *Introduction to Seismology* (Cambridge University Press, 1999).

Brian J. Skinner and Stephen C. Porter, *The Blue Planet* (John Wiley & Sons, Inc., 1995).

Frank D. Stacey, *Physics of the Earth, Second Edition* (John Wiley & Sons, Inc., 1977).

Seth Stein and Michael Wysession, *An Introduction to Seismology, Earthquakes, and Earth Structure* (Blackwell Publishing, 2003).

Bryce Walker and The Editors of Time-life Books, *Earthquake* (Time-Life Books, 1984).

Robert S. Yeats, *Living with Earthquakes in California* (Oregon State University Press, 2001).

이기화, 「한반도의 지진 활동과 지각 구조」, 『지구 물리와 물리탐사』 13권 3호 (한국지구물리·물리탐사학회, 2010).

용어 해설

고지진 역사 지진 기록 이전의 제4기 지층에 나타난 지진.

군발 지진 같은 지점에서 본진이 없이 거의 같은 규모로 다수 발생하는 지진들.

규모 지진으로 인해 방출된 파동 에너지에 근거해 지진의 크기를 규정하는 척도.

내핵 지표로부터 대략 5,150킬로미터 깊이에서 시작하는 지구 내부 중심을 이루는 부분. 철과 니켈의 혼합물인 고체로 이루어져 있다고 여겨지고 있다.

다일레이턴시 암석이 응력을 받아 미소한 균열들이 발생해 체적이 증가하는 현상.

맨틀 지각의 하부에서 대략 2,900킬로미터 깊이의 외핵 경계까지를 이루는 부분.

모호 불연속면 지각과 맨틀의 경계. 발견자인 모호로비치치의 이름을 따 모호로비치치 불연속면 또는 간단히 모호라고도 부른다. 깊이는 5~70킬로미터이다.

베니오프 지진대 해구에서 비스듬히 섭입하는 해양판에서 지진이 발생하는 부분. 와다치-베니오프 지진대라고도 부른다.

본진 지진 발생 시 다수의 지진 중 가장 큰 규모의 지진.

분산 지진파가 전파하면서 점차 파형이 퍼지는 현상.

실체파 지구 내부를 통과하는 압축파인 P파와 전단파인 S파.

쓰나미 해저 지각이 깨어지며 수직 성분의 단층 운동이 일어날 때 발생하는 해일. 주로 해구에서 발생한다.

알파이드 지진대 인도네시아에서 히말라야 산맥을 지나 지중해로 이어지는 지진대. 아세아를 횡단하기 때문에 횡(橫)아세아 지진대로 불리기도 한다.

암영대 지구 내부에 액체인 외핵이 존재해 진앙으로부터 각거리 103~142도의 범위에 지진파가 도달하지 않는 영역.

액상화 지진파에 의한 격렬한 진동으로 지표면의 토사층이 액체처럼 거동하는 현상.

양산 단층 부산에서 양산, 경주, 포항, 영해로 이어지는 경상 분지 내 대규모 단층. 한반도의 대표적인 활성 단층이다.

여진 지진 발생 시 본진이 끝난 후 이어지는 더 작은 규모의 지진들.

역사 지진 지진계가 아닌 역사 사료에 기록된 지진.

외핵 맨틀과 내핵 사이에 존재하는 액체 상태의 부분.

자유 진동 대규모 지진이 발생할 때 지구 전체가 마치 울리는 종처럼 동시에 진동하는 현상.

전진 본진 이전에 발생하는 작은 규모의 지진들.

지각 맨틀 위에 존재하는 지구의 가장 바깥 부분.

지진 지구 내부의 단층에서 급격한 운동이 일어날 때 발생하는 탄성파가 도달해 지면이 격렬하게 진동하는 현상.

지진계 지진에 의한 지반 진동을 기록하는 기계.

지진 공백 지진대에서 장기간 지진이 발생하지 않는 구역.

지진 재해도 특정 지역의 지진 재해를 구획한 지도.

진도 지진의 크기를 지반 진동이 지층, 건조물, 인간 등에게 작용하는 효과로 구분하는 척도.

진앙 진원의 수직 방향의 지표 지점.

진원 지구 내부에서 지진이 발생한 지점.

탄성 반발설 단층 주위의 지층이 응력을 받아 변형하다가 어느 한계에 이르면 변형된 부분이 깨어지며 축적된 응력 에너지가 파동 에너지로 바뀌며 지진이 발생한다는 이론.

판 경계 지진 활동 판의 경계에서 발생하는 지진 활동.

판 내부 지진 활동 판의 내부에서 발생하는 지진 활동.

표면파 지구 표면을 전파하는 러브파와 레일리파.

환태평양 지진대 남아메리카와 북아메리카의 서해, 알류산 열도, 캄차카 반도, 일본, 인도네시아, 뉴질랜드로 이어지는 태평양 주변의 지진대.

활성 단층 제4기 이후에 발생한 지진으로 지층이 깨어진 흔적이 있는 단층. 현재 지진이 발생하지 않아도 발생할 가능성이 있는 단층으로 간주한다.

찾아보기

314

라

마

바

사

아

자

차

카

타

파

하

도판 저작권

1-2, 1-3, 1-4, 1-5. The U. S. National Archives and Records Administration; **1-6.** Ikluft; **1-8, 1-9, 1-11, 1-12, 4-2, 4-3, 6-7.** John H. Hodgson, *Earthquakes and Earth Structure* (Prentice-Hall, INC., 1964)에서 인용; **2-5, 2-7, 11-3.** WIKIPEDIA; **2-1, 3-8, 11-5, 12-1, 12-2, 12-3, 12-4.** Bruce A. Bolt, *Earthquakes* Fifth Edition (W. H. Freeman and Company, 2006)에서 인용 및 수정; **2-2.** © Paul Zahl; **2-3.** J. Milne and W.K. Burton, *The Great Earthquake in Japan, 1891*, 2nd ed. (Lane, Crawford &Co., Yokohama, Japan, 1892); **2-4.** Twitter / Sky Alert; **2-6.** The U. S. National Archives and Records Administration; **2-8.** Brian J. Skinner and Stephen C. Porter, *The Blue Planet* (John Wiley & Sons, Inc., 1995); **2-9, 2-10.** © Mainichi Shimbun; **3-4.** Sheldon Judson, and Marvine E. Kauffman, *Physical Geology*, Eight Edition (Prentice Hall, 1990)에서 인용 및 수정; **3-7.** https://baynature.org; **3-9, 12-7.** Bernard W. Pipkin, D. D. Trent, and Richard Hazlett, *Geology and the Environment*, Fourth Edition (Thomson Brooks/Cole, 2005); **4-1, 5-11.** © World Wide Standardized Seismograph Network(WWSSN); **4-7.** Caltech Archives; **4-8.** Brian J. Skinner and Stephen C. Porter, *The Blue Planet* (John Wiley & Sons, Inc., 1995); **5-9.** http://www.sciencemuseum.org.uk/objects/geophysics/1966-94.aspx; **5-12.** © STRECKEISEN; **7-2.** Peter M. Shearer, *Introduction to Seismology* (Cambridge University Press, 1999); **8-1, 8-2, 8-3, 11-4.** Hugh Doyle, *Seismology* (John Wiley & Sons, 1995); **9-11, 9-12, 12-8.** 기상청.

모든 사람을 위한 지진 이야기

1판 1쇄 펴냄 2015년 9월 15일
1판 3쇄 펴냄 2023년 6월 30일

지은이 이기화
펴낸이 박상준
펴낸곳 (주)사이언스북스

출판등록 1997. 3. 24.(제16-1444호)
(우)06027 서울특별시 강남구 도산대로1길 62
대표전화 515-2000, 팩시밀리 515-2007
편집부 517-4263, 팩시밀리 514-2329
www.sciencebooks.co.kr

ISBN 978-89-8371-730-6 03400